中国石化"十四五"重点图书规划出版项目

本质安全油库建设

佟 伟 编著

中国石化出版社

内 容 提 要

本书从“人、机、环、管”四个方面，总结了本质安全油库建设实践中好的经验、好的做法，内容主要包括本质安全的概念、人员管理、设备设施管理、环境保护管理等，将安全管理与技能操作相结合，探讨建设本质安全油库的有效路径。

本书可供从事原油储存行业的各级管理干部、技术人员参考，也适用于一线员工提升岗位认知与技能，是一本实用的科普书、工具书。

图书在版编目(CIP)数据

本质安全油库建设／佟伟编著．—北京：中国石化出版社，2022.8

ISBN 978-7-5114-6837-6

Ⅰ．①本… Ⅱ．①佟… Ⅲ．①油库-建设-本质安全 Ⅳ．①TE972

中国版本图书馆 CIP 数据核字(2022)第 154645 号

中国石化出版社出版发行

地址：北京市东城区安定门外大街 58 号

邮编：100011　电话：(010)57512500

发行部电话：(010)57512575

http://www.sinopec-press.com

E-mail：press@sinopec.com

北京富泰印刷有限责任公司印刷

全国各地新华书店经销

*

710×1000 毫米 16 开本 16.75 印张 309 千字

2022 年 8 月第 1 版　2022 年 8 月第 1 次印刷

定价：108.00 元

《本质安全油库建设》编写委员会

序

PREFACE

随着原油需求的不断增长，我国大型原油储备基地陆续建成。由于大型原油储存基地具有分布广泛、设备设施集中、危险化学品储存量大、事故救援难度大等特点，一旦发生事故，极易造成人身伤害、环境污染和经济财产损失。

天津石化代管中国石化华北地区多个大型原油储存基地，在安全管理实践中，摸索出了一些经验，锤炼了专业化的队伍，各库区在应急管理部组织的大型油气储存基地安全风险评估中均被评为低风险，顺利通过了应急管理部督导核查、地方执法部门执法检查和公司内部各类检查，取得了较好的成绩。为总结相关经验，不断提高本质安全油库管理水平，强化重大安全风险防控，有效防范、遏制重特大安全生产事故发生，根据中国石化“十四五”时期重点图书出版规划安排，天津石化精心组织编写了《本质安全油库建设》。此举值得肯定，是基层专业人员学用相长，立足实践，强化提升的成果。

本书根据新发展阶段、新发展理念和新发展格局对安全生产提出的任务要求，认真总结实践中好的经验、好的做法，始终坚持问题导向，将安全管理与技能操作相结合，立足于有患必除、有险必控，以强化风险防控和隐患排查治理双重预防机制为重点，推动大型石油储存基地安全管理措施落实落地。

本书内容丰富，对原油储存基地面临的问题进行了探讨，是一本非常实用的科普书、工具书，对推动员工加强安全学习、提高安全管理能力，以忠为魂、以民为本、以干为先、以成为要，全面加强安全生产工作，具有重要的意义。

中国石化天津分公司代表、党委书记

前言

INTRODUCTION

当前我国经济发展仍处于重要战略机遇期，前景十分光明，挑战也十分严峻。作为储存原油的大型油库，由于储存介质具有易燃、易爆、易挥发、易流动等特性，管理不善就会发生事故，给人民的生命财产造成巨大的损失。我国大型原油储存基础设施建设发展迅速、分布广泛，在“人、机、环、管”方面尚存在许多不安全因素，为此，国家应急管理部门出台一系列措施，对于提升安全运行水平具有重要的意义。为确保原油储存基地的安全稳定，必须坚持“安全第一，预防为主，综合治理”的方针，坚持落实全员安全生产责任制，提升员工安全能力，通过设备、安全技术应用等基础工作，统筹兼顾，协调发展，实现“员工无失误、管理无空档、设备无隐患、反恐无死角、系统无缺陷”的目标。

本书旨在深入学习贯彻习近平总书记关于安全生产的重要论述，牢固树立安全发展理念，以“识别大风险、消除大隐患、杜绝大事故”为主线，以“零伤害、零污染、零事故”为目标，以推进本质安全油库建设为抓手，坚持从严管理和问题导向，强化“从根本上消除事故隐患”的责任链条，增强全员安全意识，加强危险化学品储运全过程安全管理，严格作业环节管控，提升应急能力，推动安全创新，夯实安全基础，提升安全水平，实现“零伤害、零污染、零事故”的HSE目标。

建设本质安全油库是大型油气储存行业安全管理不断追求的目标，本质安全油库的建设离不开各方面的改进支撑。为此，本书从“人、机、环、管”四个方面探讨建设本质安全油库的有效路径，不断丰富大型油气储存基地安全管理实践。人员管理方面，从岗位责任出发，对各个层级人员的能力和培训提出要求，进而构建安全培训网络矩阵。设备管理方面，对“四个系统”、油库主要设备设施的安全设计、操作与使用进行阐述。环保篇章以建立绿色油库体系为核心，参照国家、地方及中国石化集团公司法律法规、制度标准以及对油库环保的相关要求，从废气、废物、废水、土壤、地下水污染防治情况，库区环境监控技术与环保设施、污染防治设施运维等方面进行总结。油库管理方面，对双重预防机制建设、重大危险源、应急消防、职业卫生等重点工作的管理进行归纳。

由于本书涵盖内容较多，加之编者水平有限、时间仓促，书中难免存在错误与不足，敬请广大读者提出宝贵的意见和建议，将在本书修订时予以更正。

目录

CONTENTS

第一章 油库建设

第一节 油库选址

油库的选址是一项政策性、技术性很强的工作，是油库建设中的一个重要环节。油库的选址应根据建设规模、地域环境、油库的功能定位，以及给邻近建(构)筑物、下游带来的影响等，综合考虑，从宜于建库的场址中，确定出较为合适的油库地址。

一、区域环境

(1) 按照批准的设计任务书，在指定的区域进行库址选择。

(2) 由于油库储存原油，它的位置应尽量避开大型水库重要交通枢纽、机场、电站、重点工矿企业和其他军事战略目标，以免增加各种不安全因素。

(3) 油库和邻近各种建筑物之间应满足一定的安全距离。按照《石油库设计规范》(GB 50074—2014)规定，油库(甲 B、乙类)与库外居住区、公共建筑物、工矿企业、交通线的安全距离，不得小于表 1-1-1 中的规定。

表 1-1-1 油库与库外居住区、公共建筑物、工矿企业、交通线的安全距离 m

序号	油库外建(构)筑物和设施名称	油库等级				
		一级	二级	三级	四级	五级
1	居住区及公共建筑物	100(75)	90(45)	80(40)	70(35)	50(35)
2	工矿企业	60	50	40	35	30
3	国家铁路线	60	55	50	50	50
4	工业企业铁路线	35	30	25	25	25
5	道路	25	20	15	15	15

注：①表中的工矿企业指除石油化工企业、石油库、油气田的油品站场和长距离输油管道的站场以外的企业。其他设施指油气回收设施、泵站、灌桶设施等设置有易燃和可燃液体、气体设备的设施。

②表中的安全距离，库内设施有防火堤的储罐区应从防火堤中心线算起，无防火堤的覆土立式油罐应从储罐外壁算起；装卸设施应从装卸车(船)时鹤管口的位置算起；其他设备布置在房间内的，应从房间外墙轴线算起；设备露天布置的(包括设在棚内)，应从设备外缘算起。

③表中括号内数字为石油库与少于 100 人或 30 户居住区的安全距离。居住区包括石油库的生活区。

④Ⅰ、Ⅱ及毒性液体的储罐等设施与库外居住区、公共建筑物、工矿企业、交通线的最小安全距离，应按相应火灾危险性类别和所在石油库的等级在本表规定的基础上增加 30%。

⑤特级石油库中，非原油类易燃和可燃液体的储罐等设施与库外居住区、公共建筑物、工矿企业、交通线的最小安全距离，应在本表规定的基础上增加 20%。

(4) 当库址选定在靠近江河、湖泊或水库的滨水地段时，通常布置在码头、工矿企业、水电站、桥梁和城市的下游。

(5) 库区场地的最低设计标高，应高于计算最高洪水位 0.5m。

(6) 油库与飞机场的距离，应符合各机场对净空的要求。

(7) 油库的位置最好是处于邻近住宅区的下风方向，以免石油蒸气污染住宅区环境。

(8) 从经济观点来看，商业油库最好靠近城市或用户。

二、库址地势地形

(1) 所选的地形有利于油库的经营和降低投资。

(2) 平原地区建库，库址最好具有明显的缓坡地形，以利于排水等。

(3) 山区建库要尽量利用地形高低的特点，实现油品自流作业。

三、工程地质和水文地质

地质条件应符合 GB 50074—2014 等相关要求。

(1) 油库的库址应具备良好的地质条件，不得选在有土崩、断层、滑坡、沼泽、流沙和泥石流的地区和地下矿藏开采后有可能塌陷的地区。

(2) 一、二、三级石油库的库址，不得选在抗震设防烈度为 9 度及以上的地区。

(3) 一级石油库不宜建在抗震设防烈度为 8 度的Ⅳ类场地地区。

(4) 石油库应选在不受洪水、潮水或内涝威胁的地带，当不可避免时，应采取可靠的防洪、排涝措施。

(5) 一级石油库防洪标准应按重现期不小于 100 年设计；二、三级石油库防洪标准应按重现期不小于 50 年设计，四、五级石油库洪水重现期应按不小于 25 年设计。

(6) 企业附属石油库的库址，应结合该企业主体建(构)筑物及设备、设施统一考虑，并应符合城镇或工业区规划、环境保护和防火安全的要求。

(7) 石油库的库址应具备满足生产、消防、生活所需的水源和电源的条件，还应具备污水排放的条件。

四、水电供应

(1) 油库库址应具备满足生产、消防、生活所需的水源和电源、排洪排水的条件。

(2) 应同时考虑油库建设、运行不可缺少的动力线和通信线路。

第二节　油库总体布置

在油库库址内布置建筑物、设备和道路的位置以及其标高的工作称为油库的总体布置，又称为总图设计，宜按储罐区、辅助作业区、行政管理区分区布置。总体布置包括总平面布置和竖向布置。

一、总平面布置

总平台布置是在 1∶1000、1∶2000 的库址地形图上(局部可采用 1∶500)布置与确定油库各个区的主要建筑物在平面上的正确位置(兼考虑竖向的合理性和经济性)，最后绘出总平面布置图。

(一) 总平面布置原则

(1) 便于收发油作业。

(2) 库内油品尽量做到单向流动。

(3) 合理分区，以便于各种作业安全生产。

(4) 库内布置的各种设施，符合防火、环保卫生等有关设计规范，确保油库安全。同时力求紧凑。

(5) 辅助设施要尽量靠近主要用电、用气位置，以节省投资和经营费用。

(6) 应适当留有扩建的土地。

(二) 总平面布置基本方法

1. 储罐区布置

储罐区是油库的核心区域，在工艺上应使收发油作业方便，输油管路尽量短。同时要考虑防火问题。

2. 易燃和可燃液体装卸区

铁路装卸区宜布置在石油库的边缘地带，铁路线不宜与石油库出入口的道路相交叉。

公路装卸区应布置在石油库临近库外道路的一侧，并宜设围墙与其他各区隔开。

3. 辅助作业区布置

辅助作业区是为生产服务的，其有关设施应尽量接近生产单位，以利于生产。通常包括变电所、消防泵站、移动消防队等。

4. 行政管理区布置

行政管理区的一些业务部门，一般布置在油库出入门口附近。

5. 库区消防道路

（1）油库储罐区应设环形消防道路。四、五级油库储罐区、覆土油罐区、储罐单排布置且储罐单罐容量不大于 5000m^3 的地上罐组，可设置尽头式消防车道。

（2）储罐总容量大于或等于 120000m^3 的单个罐组应设环行消防道路。

（3）多个罐组共用 1 个环形消防车道时，环形消防车道内的罐组储罐总容量不应大于 120000m^3。

（4）同一个环形消防车道内相邻油罐组防火堤外堤脚线之间应留有宽度不小于 7m 的消防空地。

（5）消防车道与防火堤外堤脚线之间的距离，不应小于 3m。

（6）储罐至少应与 1 条消防车道相邻，储罐中心与最近一条消防道路之间的距离不应大于 80m；

（7）消防车道的净空高度不应小于 5.0m，转弯半径不宜小于 12m。

二、竖向布置

进行竖向布置和总平面布置时，要统筹兼顾。在不同的地形条件下，确定油库全部建筑物、管线和各类设备的标高，也称为竖向布置。合理利用地形、地势分别设计布置各功能区标高。要在保证油库有良好的作业条件前提下，以库内土石方挖填量最小、库内地势利用最好为目的。

（一）确定标高的原则

（1）库区场地应避免洪水、潮水及内涝水的淹没。

（2）对于受洪水、潮水及内涝水威胁的场地，当靠近江河、湖泊等地段时，库区场地的最低设计标高，应比设计频率水位高 0.5m 及以上。在海岛、沿海或入海口等地附近时，应比设计频率水位高 1m 及以上。

（3）当有可靠的防洪排涝措施，且技术经济合理时，库区场地也可低于计算水位。

（4）行政管理区、消防泵房、专用消防站、变电所等宜位于地势相对较高的场地处。利于指挥和保证油、水泵在各种突发条件下都能正常工作。

（5）石油库四周应设高度不低于 2.5m 的实体围墙。企业附属石油库与本企业毗邻一侧的围墙高度可不低于 1.8m。

(6) 行政管理区与储罐区之间应修建不燃烧材料的围墙。当采用非实体围墙时，围墙下部0.5m高度范围内应为无孔洞的实体墙。

(7) 石油库临海、邻水侧的围墙，其1m高度以上可为铁栅栏围墙。

(二) 确定标高的具体步骤

(1) 首先确定基准标高。

(2) 确定储罐区油罐基础和作业区泵房地坪的标高。

(3) 确定管线和与管线相联系的其他建筑物的标高。

(4) 确定与管线无联系的其他建筑物的标高。

第三节 油库建设程序

按照我国油库建设程序，从提出项目建议书到油库建成投产，大体上要经过任务提出、编制可行性研究报告、设计、施工、验收与投用等环节。

一、任务提出

建设油库的任务提出以项目建议书的形式，呈报相关部门审批。项目建议书应包括：项目必要性、位置、建库规模和内容、外部条件和初步方案、投资概算、资金来源、工期以及经济和社会效益分析等。

二、编制设计任务书或可行性研究报告

根据批复的项目建议书，编制可行性研究报告，并报上级审批。可行性研究报告是油库设计的依据。主要包括：

(1) 现状、油库建设的必要性。

(2) 建库规模和建库内容。

(3) 外部条件和协作关系(城建、规划、环保等)的初步意见。

(4) 概算、资金来源及偿还能力。

(5) 项目经济效益和社会效益。

(6) 进度和开工、竣工时间。

(7) 附图：工程位置、周围环境、方案图。

三、油库设计

油库设计是油库建设过程的重要环节。油库设计的任务是按照设计任务书的要求，在确定的范围内进行油库的总体布置、工艺流程设计，选择主要设备、区域划分、单项设计等，为施工提供全套图纸和资料。

（一）安全设计

依据油库的特性，针对油品物性，对其危险性进行分析，主要包括易燃、易爆、易产生静电、易中毒等物性。对每一危险特性，应分析成因及可能造成的后果。设计实施过程以工艺为主线，设备、消防、仪表、配电、土建等专业配合完成各单元的设计。

对油品储存过程中，因材质选用不当，操作参数控制不当，安全阀、压力表损坏失效，设备本体、管道、附件发生腐蚀，保护装置失效，以及设备破损、违章操作等诸多原因可能引起的泄漏、火灾爆炸成因进行分析，主要从火灾爆炸、物理爆炸、中毒窒息、灼烫、冻伤、机械伤害、高处坠落、触电、淹溺、雷击危害、车辆伤害、噪声危害、物体打击、腐蚀等方面进行逐一辨识。

（二）过程安全措施

总平面布置、消防系统、公用工程设计时除了要考虑上述危险有害因素外，同时还要兼顾二期的预留问题，必要时可适当提高系统的消防以及公用工程能力。总图设计中应根据油库发生最严重事故时污油污水的数量，就近设置相应规模的事故应急池。

（1）油罐区主要的安全措施包括：罐体一二次密封、高低液位报警、可燃有毒气体浓度报警、视频监控系统、安全仪表系统（包含紧急切断）、雷电预警系统、储罐地基处理、进出油管道双阀及补偿器、涂层与阴保联合防腐、防火堤容量及抗渗性、罐区外水封井设切断阀、罐体防雷防静电接地、消防自控系统、消防器材配备等。

（2）供配电及通信单元的安全措施：二级负荷采用双回线路供电、配电间电缆阻燃、电缆穿越封堵、移动用电设备有漏电保护器、各类建构筑物防雷接地、危险场所防静电、设置行政电话、计算机网络、监控管理系统、防爆无线通信系统等。

（3）公用工程及其他安全措施：蒸汽管道保温、化验室机械排风、有油气泄漏可能的建构筑物通风、操作人员防护措施等。

（三）加强储罐的完整性设计

完整性是指在特定的操作条件下，使影响员工、环境、设备安全的风险值达到一个可接受的水平。储罐储存大量的危险介质，一旦失效，很可能带来严重后果，因此需要很好地管理和维护储罐的完整性。

储罐完整性的每一个环节都需要技术标准的支持，EEMUA 159、API 653、API 575、SY/T 5921、SH 3046 等国内外有关标准，对于储罐完整性方法做出了具体的规定和建议。API 和 EEMUA 以退化速率作为计算下一次检测时间间隔和剩余寿命的依据，对于罐底板、罐壁板和罐顶板给出了两个最小厚度。但目前这种方法的应用有限，因为两次检测之间的时间间隔很长，难以得到可靠和准确的数据(尤其是平底罐底板)，以便与以前的结果比较而得出一个趋势。另外还有不可预测的均匀腐蚀损失。SY/T 5921—2017《立式圆筒形钢制焊接油罐操作维护修理规范》规定：油罐的修理周期一般为6~9年，新建油罐第一次修理周期不宜超过10年。

在操作中，将上述标准进行比对，结合油库的实际情况，对储罐的沉降、倾斜、罐壁、罐底、罐顶、检测、水压试验等指标进行逐一分析，形成完整性管理标准列表，同时设计时充分考虑储罐的完整性检测和维修。

（四）设计检查

1. 选择安全分析方法

根据油品的物性及工艺流程特点，油库安全评价方法主要有：预先危险性分析法、安全检查表法、爆炸危险指数评价、危险度评价法、事故树分析法、重大危险源辨识方法、事故后果定量计算等方法。对于大型油库，鉴于项目储存物料量大且易燃易爆，发生事故后危险性大、影响面广，除选择上述方法外，还应进行火灾计算和储罐破裂事故后果模拟计算以便给出量的概念。

2. 进行安全分析

对每一设计单元进行安全分析时所选用的分析方法可能不同。如对于厂址、总平面布置与消防单元，主要涉及地质条件危险有害因素分析，气象、水文等自然条件的危险有害因素分析，防火间距不足可能带来的危险，厂区道路、铁路设置不当的危险，消防系统缺陷危险，建、构筑物方面危险有害因素分析，公用工程设施危险有害因素分析等。而对于油罐区单元，主要有工艺、设备危险有害因素分析，自然灾害危险有害因素分析，事故易发部位和危险点分析，爆炸危险指数评价，事故后果定量计算等。

3. 编制指向性安全检查表

依据GB 50074《石油库设计规范》、GB 50160《石油化工企业设计防火标准》(2018版)等安全法规、标准和储罐完整性标准列表、可行性研究报告等资料编制指向性安全检查表，分别对每个设计单元进行安全检查。

4. 形成设计检查报告

按照危险度评价取值和危险程度分级表，得出本单元的危险度计算值和危险度等级，形成危险度评价；依据指向性安全检查表，提出整改项。并特别注意以下要求：

(1) 总图布置、地基处理、设备、管道及建构筑物设计要安全可靠，具有合理的防御自然灾害风险的能力，符合规范规定的要求。

（2）工业建筑设计应满足防火和防腐等规范的要求。

（3）按照物料的性质和操作状况，压力容器及管道设计应满足 GB/T 150《压力容器》、TSG D0001《压力管道安全技术监察规程—工业管道》的要求。

（4）根据生产危险场所的特性与要求，对总图、设备、管道、电气、仪表的设计与选型，应满足防火、防爆、防雷、防静电等设计规范的要求。

（5）在全厂设计中，应充分考虑有效的消防措施或设施，满足有关规范的要求。

（6）对生产中有毒、有害物料的排放或泄漏，以及其他危及人身安全的场所，应采取符合工业安全、卫生设计规范和规定要求的防患和控制措施。

（7）环保设计应贯彻“预防为主、防治结合、综合治理”的方针，工业“三废”等有害物的浓度和排放量应达到国家、行业及地方规定的排放“标准”。

（五）设计修正与循环

根据设计检查报告，对原设计方案进行讨论、整改。对于重大项目，特别是含重大危险源的一级油库，对以上步骤要循环操作，持续改进。PDCA 循环过程在项目前期主要集中在可研阶段。可研设计方案完成后，在基础设计阶段和详细设计阶段，设计修正是对原可研设计中采用的安全设施设计的补充、完善、细化，把各种措施具体落实在设计的说明书及图纸上。设计评审后的阶段，因进行循环过程而突显的各种问题，还可能在施工阶段的设计变更以及设计联络单上体现出来。工程竣工后，项目所在地政府部门参与的消防、安全设施竣工验收，形成的评价整改意见，同样要划分在本质安全设计程序内。

四、油库施工

完成施工图设计，并经相关单位的审查与批准后，可开展油库建设施工。

在施工组织设计中，应说明工程的总进度，主要工程的进度和次序，主要工程的工程量与施工方式，以及施工中涉及的劳动配备、水电供应与施工机具配置等。在整个施工过程中都要注意施工质量的检查，使各项工程都达到设计要求。各种埋地或管沟工艺管路在下沟前应进行水压试验。工艺、流程及进度符合相关规定要求。施工全部结束后，应绘制竣工图。

五、油库验收

根据油库建设所涉及的各项国家或行业建设标准、规范及工艺要求、工程设计、施工设计等对油库工程质量验收。包括随施工过程中进行的工程质量检查、单项工程完工后的验收、隐蔽工程完工后的专项验收、输油设备安装完毕后的试运行等。

待整个工程竣工后，需要成立验收专项工作小组，对油库进行全面竣工验收，应循序：施工情况汇报→现场检查→工程质量评定及问题处理→签署工程验收书→移交工程全部技术资料。

六、油库投产

为保证顺利投产，应在投产前确认工程条件、人员和生产技术准备均已达到投产条件，确保一次投产成功。

（一）工程应具备的条件

1. 输油管线

投产前，输油管线应完成敷设、清扫和试压，通过中交且初评合格，并在投产前完成安全检查和投产条件确认，各项技术资料齐全。

（1）输油管线全部贯通，完成规定的强度及严密性试压等相关工作预验收。

（2）输油管线全部完成通球、扫线及放水工作。

（3）输油管线截断阀、支墩、三桩等设施完工。

（4）管线外防腐层符合设计要求，阴保系统投用，其管线电位测试合格。

（5）管道埋深符合设计要求。

2. 油库主要设备设施

主要是检查确认原油储罐、输油泵、工艺管线和阀门、计量系统、电气系统、仪表系统等生产设备设施及安全、消防、环保、防雷等专业要求是否达到投产条件。

（1）原油储罐

应确认原油储罐及配套设施按设计要求完成安装，具备进油条件。具体确认内容如下：

① 罐体人孔等螺丝紧固，与管线等连接处完好。

② 罐底排污管线上的排污阀关闭，油罐防火堤外排水阀处于关闭状态。

③ 中央排水系统完好。

④ 浮舱完好，气密性试验合格。

⑤ 防雷防静电连接完好，接地电阻测试结果符合规范要求。

⑥ 罐前进出油管线电动阀远程测试正常后打到远控状态，否则打到现场控制状态。罐根手动阀完好、无异常，处于全开状态。

⑦ 罐顶呼吸阀阻火器和自动通气阀完好，罐顶静电导出线连接完好，液位检测仪表系统完好。

⑧ 罐高、低液位报警及高高联锁功能投用，低低联锁先摘除待储罐进油到安全罐位下限以上再投用，罐区可燃、有毒气体报警装置投用。

⑨ 自动报警、灭火系统投用，视频监控系统投用。

(2) 泵机组

泵机组安装、电机空载试运、机组找正、管线连接、仪表调校完成，泵机组具备试运条件。

(3) 工艺管网及阀门

完成管道的强度及严密性试压并合格。阀门完成强度及严密性试验。电动阀门通电进行就地电动、手动试运、远控测试和限位调试工作。手动阀门开关灵活。

(4) 电气系统

供电系统按设计完成，完成相应的测试工作并经验收合格。泵机组、电动阀门、油库照明等配套设施的电气系统安装完成，完成相关的电气试验和投电工作。

(5) 控制、仪表系统

控制系统安装就位，系统的软件安装、组态、调试完成，与中控系统数据传送正常。设备的联锁保护定值设定完成，完成相应的联锁保护模拟试验，控制系统完成现场验收测试(Site Acceptance Test，SAT)。各种仪表安装、检定与调试完成，数值指示正确。

(6) 消防道路

生产区的道路施工完成，具备投产现场操作、设备抢修和巡检的条件。

(7) 安全、消防、环保

按设计完成相关安全报警系统的安装与调试。消防楼和固定消防系统按设计要求完成建设和配备。按设计完成污水、雨水处理系统等环保设施的施工与安装，并确认完好。

(8) 防雷接地系统

防雷接地系统检测合格。

(二) 人员与生产技术的准备

1. 组织准备

在投产前应成立以业主单位为主，有设计、施工、监理等部门参加的临时投产组织机构统一指挥和协调工程投产工作，确保各项工作能及时落实。

参加投产的管理人员，生产运行岗位人员、消防人员全部到位，并完成相关人员的安全知识、投产方案、岗位操作规程学习，熟悉本岗位的安全要求及流程、设备的操作规程，取得相关操作证。

2. 技术准备

主要包括编制投产方案、编制事故及故障处理方案与突发事件应急预案，设备、阀门工艺编号，操作规程和规章制度以及绘制工艺流程图、巡检路线图等其他记录和报表。

3. 生产准备

试运投产前必须确保全线的管道安装正确、检查合格，所有设备安装、调试正常。

4. 物质准备

备足各岗位必需的工具、备用物品和备用零部件；安排好投产人员的食宿、医疗卫生保障条件；备足投产用水源及排放场地、含油污水处理措施。

5. 抢修准备

根据投产需要配备抢修队伍，部署重要地点待命。配备必要的抢修装备和抢修措施，以应付可能出现的故障和事故。

（三）储罐投油

一般原油码头进库和进罐管道距离较短，管内空气和未排净水较少，无法单独排放。在投产时不再专门安装临时管道向外排放，管道内的水、空气随进口原油先进罐、沉淀，然后再脱水排放。投产期间的混油罐经沉淀后进行脱水，脱水结束后对该罐取样化验，其含水合格后，即可作为生产油罐投入运行。也可根据实际运行情况，不予脱水。

储罐投油分两类方式，一类是直接卸船进罐，另一类是倒罐。

在储罐投油时参数控制应满足国家标准、行业标准及企业标准的相关要求，浮顶油罐进出油控制速度见表 1–1–2。

表 1–1–2　浮顶油罐进出油控制速度（参考）

储罐容量/m	15×10^4	10×10^4	5×10^4	2×10^4	1×10^4
液位升降速度/(m/h)	0.33	0.58	0.78	1.4	1.6
单位流量/(m^3/h)	2930	2930	2190	1760	1020

（四）管线及泵机组充油排气

泵机组投产前，必须对库内管线进行充油排气，以保证投产初期管线平稳和泵机组的正常运行。

一般利用高罐位自压方式对储罐至给油泵之间的管线及给油泵进行充油排气，完成后启动给油泵对给油泵至外输泵之间的管线及外输泵进行充油排气。充油排气时，缓慢开启高罐位储罐罐前阀并控制开度，以便控制排气速度，保证排气安全、彻底。

管线充油排气时，利用管线高点的排气阀进行排气。一般需要在排气阀后端加装短管引至地面油桶或其他容器，以免原油喷出污染地面。排气阀开度不宜过大，应安排专人佩戴可燃气体和硫化氢检测仪，并采取必要的安全防护措施（如正压式空气呼吸器等）现场值守和持续观察。从排气阀排出原油后，立即关闭排气阀。为了保证将管线内的空气排净，一般需要间歇性重复开关排气阀，如果每次排气阀都立即排出原油，则意味着管线排气完成。

泵机组排气时，一般首先从泵前过滤器顶端排气阀开始排气，过滤器排气完成后，再打开泵顶端排气管线和阀门，对泵机组进行排气。泵机组排气时，应同时用盘车器周期性地进行盘车，以保证泵机组排气彻底。一般泵机组的顶端排气、底端排空和机械密封污油管线为同一汇管，为避免排气时原油带压反顶至其他泵的机械密封污油盒，泵机组排气时应将本泵和其他泵的机械密封污油管线控制阀门关闭。泵机组排气时，应派专人监视污油罐的液位，液位较高时及时启动污油泵降低污油罐液位。

（五）投产期间注意事项

（1）工艺操作应遵循“先开后关、缓开缓关，先导通低压再导通高压，防止憋压”的操作原则。

（2）设备启停必须严格执行相关操作规程。一般情况下，机泵运行 72h 后，应倒为备用泵，直至所有新建机泵运行正常。对投产初期发现的问题应及时处理。

（3）投产期间油库应严格实施封闭化管理，无关人员禁止进入，除油库有操作证的人员有权按照调度命令操作设备以外，其余人员均不得擅自动用设备。

第二章　本质安全

第一节　基本概念

“本质安全”一词的提出源于20世纪50年代世界宇航方面，随着人类科学技术的进步和安全理论的发展，这一概念逐步被广泛接受。

本质安全管理是指在一定经济技术条件下，在全生命周期过程中对系统中已知的危险源进行预先辨识、评价、分析、分级，进而对其消除、减小、控制，使事故降低到人们的期望值和社会可接受水平的风险管理过程。狭义的本质安全是指机器、设备本身所具有的安全性能。当系统发生故障时，机器、设备能够自动防止操作失误或引发事故；即使由于人为操作失误，设备系统也能够自动排除、切换或安全地停止运转，从而保障人身、设备和财产的安全。广义的本质安全指“人-机-环-管理”这一系统表现出的安全性能。简单来说，就是通过优化资源配置和提高其完整性，使整个系统安全可靠。

由于国家经济建设发展和战略储备的需要，原油罐区的建设越来越大型化和集群化，但随之而来的安全风险也在不断累加，近几年屡屡发生的大型罐区的安全事故对此提出了更高的要求，从本质安全的概念引申到油库管理。

本质安全主要包括四个部分：

（1）人员的本质安全：要求员工具备相应的安全知识、安全技能和较强的安全意识，具有良好的安全素质，不论在何时、何地、何种作业环境和条件下，都能按规程操作，杜绝“三违”，杜绝人为失误，实现人员的本质安全。

（2）设备的本质安全：设备系统具有自动化水平，安全可靠性高，能够安全正常运转不存在隐患，维护保养到位，达到本质安全管理标准。

（3）环境的本质安全：以“绿色油库”建设为目标，落实环境、环保各项要求。

（4）管理的本质安全：管理体系科学、简洁、完善、高效。做到每一条已知的风险都应有相应的管理措施予以削减、控制和监督，确保管理无漏洞。

本质安全管理的目标：通过以预控为核心的，持续的、全面的、全过程的、全员参加的闭环式的安全管理活动，在生产过程中做到人员无失误、设备无故障、系统无故障、管理无漏洞，进而实现人员、机器设备、环境、管理的本质安全，切断安全事故发生的因果链，最终实现杜绝各类生产事故发生的本质安全目标。

人的本质安全相对于其他三方面的本质安全而言，具有先决性、引导性、基础性地位。包括两方面基础性含义，一是人在本质上有着对安全的需要，二是人通过教育引导和制度约束，可以实现系统及个人岗位的安全生产无事故。通俗的解释为：要安全，会安全，能安全，即具备自主安全理念，具备充分的安全技能，在可靠的安全环境保障之下，具有安全结果的生产管理者和作业者。

安全是做好一切工作的前提和基础，本质安全是深入做好安全工作的必然要求，是确保安全的治本之策。

第二节　本质安全油库

本质安全贯穿了我们工作的全过程，要想促进油库管理水平的提升，就要从人员管理、设备管理、环保管理、过程管理方面入手，制定工作标准、流程和安全工作目标，做到全方位管控没有死角，只有这样才能保证企业健康可持续发展。

一、油库智能化建设

近年来，随着国内油气行业智能化、信息化的发展，促进了油气储存企业风险管控和隐患治理。利用科技手段开发创建智能化油库管理平台，从而加快本质安全油库建设，是未来油气存储企业发展的方向。

充分利用云资源、5G 服务等技术及能力，以体系建设为主线，完成业务模块搭建、数据库建设、物联网平台建立等一系列流程，探索本质安全建设的新途径。重点围绕安全、生产、环保、设备四类核心业务，结合油库实际安全生产活动，实现业务模块的搭建。利用人工智能等手段，集成作业过程、隐患治理、应急响应等监测监控数据，形成现场作业、人员、环境三位一体的闭环监控模式，形成安全一张“活地图”，实现安全隐患事前预警。通过提升完善工艺操作管理、计量管理功能，满足生产运营、计量交接的需要；建设损耗综合分析、智能工艺流程、库存盘库、智能排罐，满足油库计划跟踪、调度运行、自动盘库、损耗计算等智能化管理的需要。收集雨(污)水、地下水中有害物质的测定数据，实时分析水质管理状况，便于制定处理策略；通过对产生危废的进出库管理以及外委处理处置过程的跟踪，达到危废依法合规管理，实现环保线上监督。搭建油库设备专业管理平台，建设阴保数据管理、RBI 分析检测、一罐一案管理等功能，通过梳理设备主数据、建立油库基础设备台账等核心数据，记录设备历史检测信息，为设备的安稳运行提供保障。本质安全油库智能化平台模块组成见表 2-2-1。

表 2-2-1 本质安全油库智能化平台模块组成

序号	业务模块	一级模块	二级模块	功能描述
1	安全管理	综合管理	有毒有害气体监测	采用光谱成像方式，快速识别硫化氢、可燃气体，并实时图文显示检测结果，精确泄漏源头的定位，给现场的监测和应急处置提供数据
2			消防稳高压监测分析	对消防水系统、泡沫消防系统设备、消防阀门状态进行监测，采集消防体系的设备监测参数、发现设备故障隐患及预警采取应急处置措施
3			视频智能识别	将现场视频监控与信息系统集成，实现异常信息推送和统计
4			智能联动预警	集成油库现有系统预警数据，使用大数据分析预测报警信息，提供智能预测预警功能
5		人员定位	人、物绑定	在可视化信息平台显示图标对应于标签绑定的人或物及详细信息，对标签进行实时监控，并在可视化平台显示标签的当前位置，用不同的图标显示，可搜索、跟踪指定的标签，地图随着标签的移动自动切换
6			访客管理	用于对外来到访人员的定位跟踪，可快速掌握外来到访人员的姓名、状态和位置信息等数据
7			报警管理	对未经允许的标签进入违禁区或离开指定区域进行监控报警的功能
8		雷电预警	实时预警	集成中国石化雷电监测预警系统，可在消防系统展示预警信息，并在 GIS 上标注当前雷电预警的位置
9			历史统计分析	记录历史已有雷电预警信息数据，通过系统进行统计分析并展示分析结果
10		应急管理	应急预案管理	分类管理应急预案，使系统能在紧急情况发生后快速匹配应急预案，进行自动推送，辅助应急及日常演练
11			应急物资管理	应急物资主要对油库应急物资进行出入库、库存、位置等信息进行统计管理。出入库管理包括应急资源出入库流向，物资损耗核减及可重复性利用管理

续表

序号	业务模块	一级模块	二级模块	功能描述
12	安全管理	作业许可	作业申请	现场高风险作业的在线预约、申请、统计、公示功能
13			JSA	基于作业活动风险库及专业分析工具，实现在线协同 JSA 分析功能
14			入场审批	实现承包商人员和机具的入场准入审核管理
15			气体分析	动火作业、受限空间作业等作业实现可燃气分析在线录入
16			安全措施确认	结合 JSA 结果，实现措施落实的闭环管理
17			许可票证签发	系统提供多种电子签发模式，实现现场移动签发
18			作业过程	基于视频监控、过程监护、安全检查实现作业过程的过程监督
19			验收归档	实现 JSA 分析记录、气体分析记录、作业许可证的自动归档及查询功能
20	生产管理	智能调度	智能工艺流程	利用现代人工智能、机器学习技术，对油库储罐、主要生产设备和工艺管线进行数字化建模，集成设备检维修信息、库存等信息，训练 AI 模型模拟各类生产作业工艺流程，自动规划最优工艺路径，辅助制定生产调度计划，自动生成调度操作指令
21			接卸管理	通过码头接卸量、接卸作业周期、原油接卸损耗等统计分析，便于业务及管理人员及时掌控码头生产动态，了解接卸状况，分析接卸损耗及船舶作业滞期原因，为生产运行提供数据支撑
22			班组管理	通过建设班组记录，规范油库交接班管理，对收输情况、作业方式、电气运行方式、设备运行情况、船舶动态、异常情况等信息进行在线交接，录入交接记录和记事。发生异常情况提供短信提醒服务，及时通知相关负责人
23			调度报表	包括调度运行、运行报表等功能，自动采集储备库 SCADA 系统生产数据，支持调度岗位对运行情况的维护、上报；根据上报的运行参数、模板自动生成油库调度报表，支持报表预览、上报、导出、打印等功能，减轻基层员工工作负荷，提高精细化管理水平

续表

序号	业务模块	一级模块	二级模块	功能描述
24	生产管理	智能化巡检	基础信息管理	通过与设备绑定的 RFID 标签，采集包括设备基本信息、图片信息、异常记录、维检修记录和技术手册等
25			巡检路线管理	针对性定制巡检路线，包括巡检路线编制、查看功能和地图路线标绘，非作业时按照定点路线、定人、定时间、定要求、定设备记录巡检路线，并在地图上绘制路线实施范围，可临时调整巡检路线
26			巡检设备标识	包括巡检点维护和地图标识功能，对区域、所属部门、巡检点名称、巡检等级、所属生产线等进行细致检查，并通过在每个巡检的地点(库区)设置信息识别点的方式，识别所有库区
27			巡检记录管理	包括巡检记录填报和查看功能，记录巡检设备终端和巡检设备标识关于时间对应关系，并且可通过巡检记录查询，按照时间段、路线、部门、班次、巡检人员、查询包括正常记录，漏点记录等分类情况
28	设备管理	基础设备台账	储罐基础数据管理	实现储罐基础数据维护，记录储罐内径、容积、高度、主体材料等数据
29			机泵数据管理	机泵基础数据管理，进行机泵基础数据维护
30			特种作业设备数据管理	特种作业设备基础数据管理，进行特种作业设备基础数据维护
31			其他设备数据管理	其他设备基础数据管理，进行其他设备基础数据维护
32		储罐维护检测	防雷接地检查	实现防雷接地检测数据维护，维护外浮顶及内浮顶储油罐的浮盘和罐体之间的等电位连接装置情况、软通导线情况、接地电阻检测，记录并保存检测数据
33			基础沉降信息	对储罐沉降信息进行分类、展示、统计，维护储罐沉降检测信息
34			测厚检测	对罐壁、罐顶进行超声波检测后的厚度数据进行统计、分析
35			阴极保护	对罐底、内壁、底板、管道电位差等阴保数据进行记录、分析展示及监测
36		一罐一案管理	储罐画像管理	集中展示储罐核心设备属性及运行参数，直观查看储罐性能参数、RBI 分析检测、阴保数据等关键数据
37			一罐一案数据管理	形成储罐个性化数据专业档案，规范一罐一案数据模式
38			储罐大修	建立储罐维修记录维护功能，可查看维修后运行时长，并提醒下次维护时间进行

续表

序号	业务模块	一级模块	二级模块	功能描述
39	环保管理	地下水管理	地下水水质监测	监视与测定地下水中有害物质的种类及其浓度，掌握地下水水质状况及污染的变化趋势
40		雨污水管理	外排污水水质监测	通过对外排污水中有害物质的监视与测定，便于掌握外排污水管理状况和制定污水处理策略
41			污雨水产排管理	对污水、雨水建立监测机制，实现油库库区监测资源管理、监测计划编制、发布和监测执行及统计管理
42		危废管理	危废管理模块	通过对不同类型固废设置不同的处理处置流程，对产生的固废进行储存、填埋、出厂以及外委处理处置的全生命周期管理，建设危废台账管理

另外，根据《信息安全技术：网络安全等级保护定级指南》中的定级原则，要对本质安全油库建设的智能化平台及信息系统制定安全等级。面向平台开发工具集应用的开发过程，遵循安全开发要求，针对应用系统各业务功能模块进行相应的安全开发培训和代码审查、安全测试，避免应用系统在开发过程中产生漏洞，影响业务系统的安全运行。

二、本质安全油库建设

本质安全理念认为：所有事故都是可以预防和避免的。若要实现本质安全油库的建设目标，其基本要素包括人、机、环、管四个方面。

1. 人的本质安全

根据统计分析结果，80%的事故是由于“人的不安全行为”造成的，企业员工既是安全生产的主体，又是安全管理的对象，人的不安全行为是事故发生最主要的原因。在员工招聘、工作过程中，借助人员考评机制，以评价员工是否具备基本的安全工作素养，注重人员的甄选与教育培训，这是提升人员安全素质的重要方法，达到“我会安全、我保安全、我管安全”的目标。

2. 机的本质安全

机械设备设施的本质安全具体指机械设备设施要符合人机工程学的要求，不仅要考虑机械化、自动化水平，还要考虑其安全可靠性，即设备机具本身就是本质安全的，正确选型，按规定配备，按要求安装，开展日常性、周期性维护保养，通过管理和技术手段完全规避风险或减小到可接受的程度范围内，消除设备老化、年久失修的设备安全隐患，才能实现机的本质安全。

3. 环境的本质安全

加快产业清洁化、低碳化、循环化的改造升级，已经成为油库绿色发展的主要计划，运用管理体系思维推动环境本质安全的建设工作，推进以绿色发展、绿色能源、绿色生产、绿色服务、绿色科技、绿色文化的油库行动实践，打造清洁有序的生产环境、作业环境、办公环境。

4. 管理的本质安全

管理的失误可能引起人的不安全行为、物的不安全状态和不安全的环境，管理的本质安全就是以科学、完整的原则建立适应实际生产过程的管理体系，制定相关安全管理制度及标准保障管理体系的有效运行，确保制度落实到位。

第三章 人员管理

第一节 人员分类与职责

油库各岗位人员应具有相应的能力与资质，应从教育、培训、经验、技能和经历等方面对其资格进行确认。人力资源配备结合油库特点的需要，建立持证上岗制度、确保人员能力满足各岗位要求。油库人员分为：经营管理人员、专业技术人员、输油技能操作人员、固定消防操作人员、消防战斗员、安保人员等几类人员。

一、经营管理人员

油库的经营管理人员，负责油库的安全生产运行管理和党风廉政建设，贯彻执行党和国家及上级主管部门的方针、政策、法令、法规，负责油库的运行、安全及应急各项专业的全面工作。

1. 党支部书记

工作职责	1. 按照上级党委要求，负责抓好油库领导班子建设，具有油库党支部管理领域守法合规意识、风险意识、体系思维、领导引领力、风险管理能力和应急管理能力，要求持证上岗
	2. 对支部党风廉政建设工作负责
	3. 负责落实各项党建制度
	4. 负责油库职工队伍稳定工作和政治思想教育
	5. 负责支部党员队伍建设工作
	6. 负责油库形势宣传教育工作
	7. 指导油库工、团、青围绕中心任务，开展各类活动
	8. 负责油库的人才队伍建设
	9. 了解职工思想动态，收集职工建议意见，助力安全生产工作
	10. 一岗双责，履行安全环保委员职责，按时完成安全生产工作内容
	11. 负责油库的治安保卫管理工作
	12. 负责油库培训管理工作，履行培训第一责任人职责，负责计划审核、监督实施、听取汇报、总结考核等培训工作
	13. 负责油库后勤管理工作
	14. 完成上级交办的其他工作

2. 主任

工作职责	1. 负责贯彻执行上级规章制度，组织制定、修订油库各项管理规定，根据相关文件要求修订本岗位职责，并组织实施，具有油库管理领域守法合规意识、风险意识、体系思维、领导引领力、风险管理能力和应急管理能力，落实持证上岗
	2. 负责组织油库经营指标的预算上报、成本控制
	3. 负责油库的安全检查、专项检查、生产竞赛及评比工作，组织油库绩效考核工作
	4. 负责组织油库工艺运行及优化管理、油品管理
	5. 负责组织油库工艺改造、技术改造、设备零购等前期调研，参与设备大修，工程改造等工作
	6. 负责组织油库日常设备维保工作，提升设备完好率
	7. 负责组织油库风险识别与管控、隐患排查治理和设备完整性管理工作
	8. 负责组织油库现场处置方案的编制与修订，有效组织应急演练及事故初期应急处置
	9. 参与油库发生的事故进行调查、分析及处理，落实事故“四不放过”
	10. 负责组织开展节能降耗、QC 小组活动、现代化管理创新等工作
	11. 负责油库班组建设，提高班组管理水平，实现安全、文明生产
	12. 落实“一岗双责”，履行党支部副书记职责，落实群众委员的工作
	13. 履行培训主要责任人职责，负责能力识别评价、计划审定、监督实施、听取汇报、总结考核等培训工作
	14. 完成上级交办的其他工作

二、专业技术人员

油库的专业技术人员，负责油库的安全、设备、工艺等专业的管理以及该专业的相关培训工作。

1. 安全员

工作职责	1. 贯彻执行国家安全生产的方针、政策、法令、法规及各项安全生产标准、规程、规范和制度，落实持证上岗
	2. 负责检查、督促、执行上级安全生产的指示和规定，接受安全环保科的指导，并负责对班组安全工作进行指导，有权直接向上级汇报工作
	3. 负责检查油库各岗位安全管理制度和各项安全操作规程的执行情况
	4. 负责协助领导做好提升职工的安全意识，强化安全教育等工作，负责新入厂职工及外来人员、施工人员的安全教育，负责抽查外来人员二维码，监督检查班组安全活动和应急演练

续表

工作职责	5. 本着"四不放过"的原则，参加油库安全事故(隐患)的初期调查，负责统计分析并按时上报
	6. 负责油库施工现场安全检查工作
	7. 负责油库安全设备设施、灭火器材、防护用品、应急器具的监督管理工作
	8. 负责建立健全安全管理基础资料，做到齐全、真实、准确和标准化
	9. 配合上级部门做好油库的职业卫生防护、职业病体检、劳动保护用品的使用检查工作
	10. 协助分管主任做好油库的治安保卫工作
	11. 负责油库环保管理工作，确保排放达标
	12. 负责油库消防管理工作
	13. 负责油库各类特殊作业票的审批及特殊作业的现场安全监管，落实监护要求
	14. 负责油库硫化氢防护的管理工作及安全措施的落实
	15. 监督落实油库防火、防爆、防雷电、防洪防汛、防台风、防高温中暑等工作
	16. 完成主管领导及业务主管部门安排的其他工作

2. 设备员

工作职责	1. 负责油库设备管理工作，严格执行公司各项设备管理规章制度和操作规程；根据设备完整性文件职责修订本岗位职责，具有设备管理专业技术能力、专业 HSE 管理能力、风险管控和隐患排查治理能力、应急处置能力，落实持证上岗
	2. 负责制订油库设备技术改造方案和编制检修计划，负责落实各项安全技术措施
	3. 贯彻执行库区设备和通用设备各项操作、检修的技术标准、规程和规范监督
	4. 负责指导岗位设备操作，加强检查和考核，解决好油库工作中的设备实际问题，完成上级下达的各项指标
	5. 参与输油生产设备和通用设备的更新改造、大修理工程的检查与验收
	6. 负责做好油库等各类设备的维护、保养、维修工作等管理工作
	7. 建立健全固定资产卡片、台账等资料，做好固定资产报废、封存、启用和闲置处理、定期盘点工作
	8. 负责输油设备及通用设备事故检查、分析
	9. 做好统计报表和有关资料的收集和整理工作
	10. 负责编制油库设备月度更新、备件、润滑油脂、生产器械等物资计划
	11. 负责具体落实本专业计划制定、培训实施、竞赛、取证和督学考核等工作
	12. 完成主管领导及上级部门安排的其他工作

3. 工艺员

工作职责	1. 协助主任做好各项工作，主要负责工艺、计量、操作、能源等管理工作，严格执行各项规章制度和操作规程，具有工艺技术管理专业技术能力、专业 HSE 管理能力、风险管控和隐患排查治理能力、应急处置能力，落实持证上岗
	2. 负责制订工艺技术改造方案和编制检修计划，负责落实各项安全技术措施，负责编制工艺月度更新、备件、润滑油脂、生产器械等物资计划，并按要求上报
	3. 负责指导生产岗位操作，加强检查和考核，解决好油库内输油工作中的实际问题，组织好安全运行、设备管理、计量等工作，完成上级下达的各项指标
	4. 负责组织审核运行的技术操作规程、工艺卡片
	5. 负责管理各类工艺报表和台账，负责油库的能源动力管理
	6. 负责具体落实本专业培训计划制定、培训实施、竞赛、取证和督学考核等工作
	7. 负责操作人员的工艺纪律管理，严格执行各项技术规章制度
	8. 审核油库开、停车操作的流程
	9. 负责盲板抽堵作业管理，对操作人员交底和确认作业条件
	10. 本着“四不放过”的原则，参加油库安全事故、事件的调查
	11. 完成主管领导及上级业务主管部门安排的其他工作

三、输油技能操作人员

油库的技能操作人员，具备技能操作人员的“五懂五会五能”能力，负责油库的设备、设施日常检查维护保养；熟练掌握输油的相关操作及安全知识。

1. 班长

工作职责	1. 严格执行国家法律法规和企业安全规章制度、操作规程，对本岗位的安全生产负有直接责任，落实持证上岗
	2. 组织班组职工贯彻学习、落实各项制度、规程、要求和有关会议、通知精神，并进行实名签到
	3. 组织班组安全活动、岗位练兵、安全学习与分享等活动，对新入职员工进行班组级 HSE 教育、培训，具有油库“五懂五会五能”能力
	4. 负责组织开展本班组能力识别、计划上报，开展精准培训和考核，执行“看图识路、手指口述”操作法、应急处置“13510”原则
	5. 负责设备、设施日常检查和维护保养工作；参与配合设备设施的维修和故障处理工作，保证设备及其安全附件齐全完好、灵敏有效
	6. 督促本班组员工正确佩戴和使用劳动防护用品，正确使用消防器材、急救器材

续表

工作职责	7. 抓好班组异常事件管理，做好相关记录，及时发现并排除事故隐患，对自己不能排除的立即向上级如实汇报；保持作业环境整洁搞好文明生产
	8. 对班组辖区直接作业环节负有直接责任，对施工现场、作业人员进行有效审查、监护
	9. 负责班组各项基础资料齐全准确，并做好归档工作
	10. 抓好班组设备节能工作，加强日常对比，优化设备运行，降低能源消耗
	11. 完成与本岗位相关的环保工作，践行节能降耗，持续推进绿色油库创建
	12. 抓好班组职工思想政治工作，对班组职工稳定负有直接责任
	13. 做好班组绩效考核基础工作，负责班组职工请销假、考勤、材料的统计上报工作
	14. 按时完成领导交办的其他工作并反馈

2. 输油工

工作职责	1. 严格执行国家法律法规和企业安全规章制度、操作规程，对本岗位的安全生产负直接责任，落实持证上岗
	2. 严格执行调度指令，按照调度指令完成各项操作
	3. 负责当班生产运行，按照规定劳保着装，佩带劳动防护用品；强化本岗位“五懂五会五能”，具备消防安全的四个能力(检查消除火灾隐患能力、扑救初期火灾能力、组织人员疏散逃生能力、消防宣传教育培训能力)
	4. 按时有效完成巡回检查工作，掌握输油生产运行动态。保证运行参数、输油生产数据等资料及时、准确录入，发现问题收集整理，并按要求上报
	5. 按时完成岗位练兵活动，参加应知应会考核工作
	6. 严格执行操作规程、工艺纪律、劳动纪律，杜绝“三违”行为发生
	7. 熟练掌握本岗位安全操作技能和排除故障方法，及时发现并排除事故隐患，对自己不能排除的应立即如实向上级汇报
	8. 负责设备、设施日常检查和维护保养工作，做好现场文明生产
	9. 参与配合设备设施的维修和故障处理工作，保证设备及其安全附件齐全完好、灵敏有效
	10. 按时完成领导交办的其他工作并反馈

四、固定消防操作人员

工作职责	1. 按照国家有关规定持相应等级证书上岗。掌握消防设备设施基本原理、功能，正确操作消防控制系统
	2. 履行本岗位 HSE 管理责任，有权对油库 HSE 工作中存在的问题提出批评、检举、控告，有权拒绝违章指挥和强令冒险作业
	3. 接受消防安全教育和培训，掌握本岗位所需的消防安全知识，增强事故预防和应急处理能力
	4. 负责油库消防设备管理、启停操作、日常巡检等工作。每日测试主要消防设施功能做好记录，发现故障及时排除，不能排除的应逐级上报
	5. 核实、确认报警信息，及时排除误报和一般故障
	6. 掌握本单位报警系统的报警区域、探测区域划分以及火灾探测器的分布
	7. 参加本班组的消防预案演练活动，对预案不足之处提出改进意见
	8. 发生火灾时，以最快方式确认，按照灭火和应急疏散预案，及时报警和启动相关消防设施
	9. 负责本岗位突发事件的前期现场应急处置并按规定如实上报
	10. 按时完成领导交办的其他工作并反馈

五、消防战斗员

工作职责	1. 严格执行和遵守《消防法》和公司有关消防工作的规章制度，对本岗位的消防工作负责
	2. 参加本班组的消防预案演练活动，对预案不足之处提出改进意见，提高消防技能
	3. 接受消防安全教育和培训，掌握本岗位所需的消防安全知识，增强事故预防和应急处理能力
	4. 接到出动信号后，迅速着装，按规定的位置登车，确保出动登车安全，听从消防队长指挥开展应急处置程序
	5. 落实油库移动消防设备设施的维护保养和检查
	6. 落实消防车辆的维护保养，确保消防车辆随时处于完好状态，时刻处于战备状态
	7. 履行本岗位消防安全责任，有权拒绝灭火现场中违反安全条件，对人身可能造成伤害的灭火命令
	8. 负责本岗位突发事件的前期现场应急处置并按规定如实上报
	9. 按时完成领导交办的其他工作并反馈

六、安保人员

工作职责	1. 按照国家及公司反恐防范相关规章制度，严格履行本岗位职责，持证上岗。按规定着装上岗，服装整洁，行为端庄，文明执勤，礼貌待客
	2. 坚守岗位，服从管理，值班期间发现问题，及时处理、汇报
	3. 严格执行人员、物质、车辆出入询问、登记和验证等管理规定，按照规定办理相关手续
	4. 严格执行交接班制度，认真填写值班记录，对值班期间发生的各种情况，应做好详细记录，接班人未到交班人不准离岗
	5. 妥善保管好反恐防范装备器材，熟悉掌握器材的操作及应用。发现损坏及时上报，保证装备完整好用
	6. 按规定的巡检时间、路线开展巡逻，认真填写巡逻记录表。巡逻期间，穿戴制服，携带对讲机、巡更仪、橡胶棒等装备，夜间巡逻携带照明灯。巡逻人员对发现的异常情况、问题或隐患及时处理，并按程序上报。"两特两重"期间适时加密巡检
	7. 按要求开展周界报警系统及视频安防监控等技防设施的日常测试维护工作
	8. 坚持原则，不徇私情，文明执勤，礼貌上岗，提高警惕，严防不法分子偷盗和破坏
	9. 负责危险性较大工程项目的现场警戒和各类重大事故的现场保卫工作
	10. 按时完成领导交办的其他工作并反馈

第二节　人员能力培训

一、培训原则

（1）依法合规的原则。HSE 培训应符合有关法律法规要求，法律法规要求持证上岗的人员应依法取证、持证，持证人员应具备相应安全能力。

（2）提升 HSE 能力的原则。HSE 培训应以提升岗位 HSE 能力为目标，内容和方式根据岗位职责和岗位 HSE 能力要求确定。

（3）上岗必须培训的原则。上岗前全体员工、承包商员工应接受相应的安全培训考核，不接受安全培训或考核不合格者不得上岗。

（4）教考分离的原则。HSE 培训与考核应相对分离。HSE 培训可委托具备相应能力的培训机构实施，HSE 考核应由主管部门组织实施。

（5）强化日常 HSE 教育。在各类管理培训、专业技术培训中嵌入 HSE 培训专题，应采用"会前、岗前、作业前 5 分钟"事故分享、班前喊话等安全活动形式，开展全员 HSE 教育，提升员工 HSE 能力，适应岗位要求。

(6) HSE 培训与技能操作培训相结合。开展岗位技能操作培训时，应包括岗位风险、风险管控措施、故障和异常处理、应急处置等内容。

遵循培训原则，应明确油库各类人员安全履职能力要求，重点关注：

(1) 经营管理人员的守法合规意识、风险意识、体系思维、领导引领力、风险管理能力和应急管理能力等；

(2) 专业技术人员的专业技术能力、专业 HSE 管理能力、风险管控和隐患排查治理能力、应急处置能力等；

(3) 技能操作人员的“五懂五会五能”能力。五懂，即懂工艺技术、懂危险特性、懂设备原理、懂法规标准、懂制度要求。五会，即会生产操作、会异常分析、会设备巡检、会风险辨识、会应急处置。五能，即能遵守工艺纪律、能遵守安全纪律、能遵守劳动纪律、能制止他人违章、能抵制违章指挥。

二、培训管理程序

(一) 岗位培训矩阵

应依据法律法规要求、岗位安全职责等，组织编写完善各层级、各类人员培训考核大纲，涵盖各类人员安全履职知识能力要求。培训管理部门组织专业部门、油库根据各类人员安全履职能力要求，完善岗位培训矩阵，明确培训内容、方法、频次和效果。

(二) 制定培训计划

各油库应依据岗位培训矩阵，进行岗位安全履职能力差距分析，并结合业务管理要求，向二级单位培训管理部门提报油库岗位员工的安全培训需求，制定油库年度安全培训计划。培训管理部门审查油库年度安全培训需求，进行专业分析，确定二级单位安全培训项目。

年度培训计划应包括取证培训、岗前培训和在岗培训。

(三) 培训实施

培训实施单位根据培训计划制定培训方案；培训组织单位负责审查培训方案。培训方案应包括培训目标、培训课程、培训方式、培训教师、考核内容等，培训方案应力求实效。

1. 取证培训

(1) 主要负责人和安全生产管理人员必须具备所从事生产经营活动相适应的安全知识和管理能力，并经地方政府负有安全监督管理职责的部门考核合格。

(2) 特种作业人员、特种设备作业人员等必须接受专门的安全培训，取得相应资格后方可上岗作业。

(3) 内部取证人员(如 HSE 关键岗位人员、特殊作业许可开票人、签发人、监护人)，应培训考核合格后持证上岗。证书有效期不超过 3 年。

在证书有效期内，特种作业人员、特种设备作业人员、内部取证人员，连续离岗 3 个月以上，应根据实际情况，重新考核验证相应安全能力，合格后方可上岗。

2. 岗前培训

(1) 培训管理部门应组织对新上岗员工(包括合同工、大中专院校毕业生、外单位调入员工、劳务派遣工、挂职人员等)进行强制性入厂安全三级教育。新员工三级安全培训时间合计不得少于 72 学时，培训管理部门负责建立人员培训档案。新员工经考试合格，保证其具备本岗位操作、自救互救以及应急处置所需的知识和技能后方可安排上岗作业。

(2) 实习生必须进行相应的安全教育培训。分为认知实习和岗位操作实习两类。

(3) 脱岗 6 个月及以上重新上岗、转岗、内部调动等人员必须进行安全培训，经考核合格后方可从事新岗位作业。油库内转岗时，应重新接受油库车间级和班组级两级安全培训并考核合格。

3. 在岗培训

油库应根据年度安全培训计划开展在岗培训教育、脱产培训。培训管理部门应以班组为单位，班组长为主导，开展班组安全活动、积极采用师带徒、操作比武、应急演练等多种岗位练兵形式；各类人员要以培训矩阵为基础，采用远程培训、技能比武、应急演练等多种形式开展在岗不脱产培训。

(四) 培训考核

根据业务流程以及 HSE 履职能力要求，分级组织制定各专业考核标准、考核题库。可采取实操考核、仿真考核、理论考试等形式，操作人员以实操考核为主，理论考试要采取闭卷方式。在岗员工按照管理、专业技术、操作岗位分类按照 HSE 履职能力要求进行资格考试，未经考核合格的员工，不得上岗。

实际操作包括独立上岗操作应掌握的工艺流程、操作技能、应急处置能力等内容。

1. 工艺流程

要求熟知本岗位工艺流程，包括装置(系统)所有介质和所有工艺管线及走向、设备、DCS 和电气仪表控制，关键控制参数，关键指标的设计值、现有值、行业标杆值。做到画得准，背得熟，用得活。

2. 操作技能

要求熟练掌握本岗位全部操作技能，包括开停工操作、正常平稳操作、切换(改变)原料配比及提降量操作、调节、事故处理后恢复生产操作、节能降耗等技能，以及机组、单台设备、DCS、电气仪表等的开停、正常操作、使用和维护保养等。做到记得牢，调得准，控得稳。

3. 应急处置能力

要求熟练掌握各种事故的应急处置预案和方法，包括劳动防护用品和安技装备的使用、现场逃生和救护，火灾、危险化学品、中毒、环境污染等基本事故应急处理技能，生产运行异常情况的判断及处理，各种设备故障的判断和处理，生产设备自保系统的管理使用等。做到判断准，处理快，效果好。

(五) 培训评估

培训实施单位对培训项目的效果进行评估，培训效果评估应重点对员工培训前后的能力进行对比分析，评估员工的安全能力是否提高，培训后安全能力是否与岗位要求相匹配。培训管理部门和培训实施单位应根据评估结果，优化培训方案，优选培训机构，提升培训效果。

培训管理部门建立经营管理、专业技术、技能操作三个序列后备人才库，确定各类后备人才培养方向，制定相应的培养锻炼计划，定期安排参加各类培训、技术交流、技术研讨，承担重大技术革新、技能攻关等工作任务，鼓励后备人才参与各类培训教材编写或题库编制、竞赛命题工作；鼓励三类人员参加各类竞赛，或长期担任油库兼职培训师。

(六) 培训档案

培训管理部门应建立培训记录与培训档案。

培训实施单位应做好各类取证人员的培训记录和取证登记。培训实施单位如实记录培训的实施过程，并建立信息化方式培训档案，确保培训档案的法律可追溯性。

班组安全活动应如实将班组 HSE 活动时间、内容、参加人员等情况记入班组安全活动记录。

三、其他能力要求

1. 经营管理人员

原油储存经营企业，涉及重大危险源企业的经营管理人员需满足：化学、化工、安全等相关专业大专及以上学历或化工类中级及以上技术职称；必须具备所从事生产经营活动相适应的安全知识和管理能力，并经地方政府负有安全监督管理职责的部门考核合格。

2. 专业技术人员

涉及重大危险源企业从事安全专业岗位的专职人员，需具备化工安全相关专业大专及以上学历或中级及以上化工相关专业技术职称(或技师及以上技能等级)或化工安全类注册安全工程师资格。

注重专业技术人员的专业技术能力、专业安全管理能力、风险管控和隐患排查治理能力、应急处置能力等。油库工艺、设备、安全“三大员”必须通过任职资格考评，“三大员”的岗位履职能力通过“基本条件+资格标准+参考项”进行考核，工艺员、设备员、安全员未按规定取证不得上岗，“三大员”新上岗人员必须取得岗位资格证书。

3. 技能操作人员

对技能操作岗位人员的要求是具有化工职业教育背景（含技工教育）、或高中及以上学历或取得有关类别中级及以上技能等级。

技能操作人员的培训以“五懂五会五能”为基础，“五懂五会五能”是面向一线岗位操作人员，以“岗位”为核心，以“五懂”“五会”“五能”为主要内容，一套行之有效的岗位员工技能培训方法，是将员工岗位内容系统化、结构化地归纳为“素质要求”“能力要求”和“行为要求”。

4. 固定消防操作人员

根据国家相关标准，负责消防设施操作的人员应通过消防行业特有工种职业技能鉴定，持有初级技能以上等级的职业资格证书。油库的固定消防操作人员经消防专业培训，参加国家技能鉴定中心考试合格后，持四级证上岗。熟知消防设备设施基本原理、功能，具备正确操作消防系统的能力。熟知应急预案流程，明确自己的任务，达到战时不乱。

5. 消防战斗员

油库的消防战斗员，服从命令，听从指挥，能够完成执勤、训练、灭火、抢险救援任务。具备正确分析、判断和处理各种火灾的扑救能力。听到出动信号时，迅速着装，按规定位置登车，明确自己的分工代号和任务，达到战时不乱。平时处于三级战备状态。

6. 安保人员

油库的安保人员经专业培训，考试合格后取得保安员证，持证上岗。能够完成门卫、守护、人群控制、治安巡逻和应急抢险等工作。熟知安防设备设施基本原理、功能，具备正确使用安防装备设施的能力。熟知反恐预案流程，明确自己的任务，达到战时不乱。

四、EAP 培训

通过建立 EAP 组织网络，明确责任，制定措施，落实任务，将 EAP 工作纳入党建和绩效考核体系。发挥传统媒体与新兴媒体优势，对 EAP 常识进行普及宣传。要强化学习培训，将 EAP 模块纳入各类人员培训计划。要在员工健康体检的基础上，综合运用“走基层访万家”等方法，积极推广 EAP 应用，掌握员工队伍的职业心理健康以及心理压力状况，关注员工在职业发展、婚姻家庭、子女教育等方面出现的常见心理问题，帮助员工解决实际困难、保持健康情绪。利用现有场地和资源，建立 EAP 活动室，开展“乐在职场”“阳光心态”“快乐输油油库”等特色活动，采取多种形式，吸引全员广泛参与，促进 EAP 应用从员工延伸到家庭，从工作延伸到生活，从八小时以内延伸到八小时以外。

第三节　安全培训网络建设

为积极响应国家应急管理部危险化学品安全培训网络建设工作的号召，努力提高从业人员安全素质，聚焦重点、多向提升。油库应建设以线下培训物理空间、线上学习网络空间和培训信息管理空间构成的安全培训空间，分级分类建立不同岗位的个性化安全培训课程体系，线下配备相对固定和独立、满足学员集中学习、教学设施齐全的培训教室；不断更新与丰富线上学习资源，实现对学员、培训计划、考试测评、培训档案、培训师、培训资源等进行有效管理的功能；依托线上学习平台建立安全培训综合信息数据库，形成员工培训档案全面记录员工培训及考试测评、培训数字资源及使用评价、培训师资及其授课评价等信息。

一、线下培训物理空间建设

1. 多媒体培训教室

配备相对固定和独立、满足多人集中学习、教学设施齐全的培训教室，具备多媒体教学、线上直播集中学习、在线互动交流、视频监控录像等条件。

采用目前国内品质较高、技术成熟、功能齐全的中央控制系统设备，实现多媒体电教室各种电子设备的集中控制。要求操作简单、人性化、智能化。多媒体显示系统由高亮度、高解析度的液晶投影机和电动屏幕构成，完成对各种图文资讯的大屏幕显示。配置实物展台、公放、音响等设备构成，完成对各种图文信息的播放功能，实现多媒体教室的现场扩音、播音，配合大屏幕投影系统，提供优良的视听效果。多媒体培训教室如图 3-3-1 所示。

2. 安全加油站

安全加油站集合了安全文化认知、安全警示教育两大功能，旨在为员工打造一个工作、休息与学习“三位一体”的舒适环境，配备咖啡机、电视、按摩器、沙发等设施，备有蛋糕、面包、甜品、坚果等休闲小食品，让员工在巡检、外出操作等工作后，在这里体力得到恢复，尽快投入繁忙的工作中。

在该区域中，张贴企业安全方针、安全管理理念以及安全禁令等为内容的海报于墙面，放置《安全生产法》《消防法》《“7+1”作业管理办法》等安全读本供员工“学

图 3-3-1　多媒体培训教室

规范、学标准”，通过开展人人“说岗”、每日“安全员”等系列活动，自觉养成每天必到“安全加油站”来打卡的习惯，大家在休息的同时，相互交流自己的工作经验和体会，并在安全加油卡上留下学习痕迹，从而展现企业安全文化，提升职工安全认知；电视中循环播放国内外重特大事故案例，员工通过观看安全教育警示视频，查阅安全知识资料，切实增强安全责任意识。如图 3-3-2、图 3-3-3 所示。

图 3-3-2　安全加油站示例一

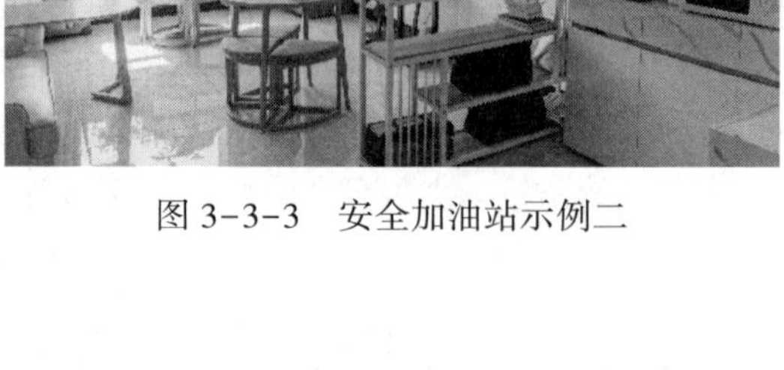

图 3-3-3　安全加油站示例二

3. 设备模型展示区

该区域放置油库常用常见的设备设施真机，或收集已停用、已拆卸的机泵、阀门、法兰等设备零件，清理刷漆后作为模型在该区域进行展示，并对应标注名称，如平板闸阀，可以展示其内部结构、工作原理、正确使用维护方法等。由授课教师带领学员开展基础设备认知教学，配套讲解工艺设备安全操作、设备故障处理、工艺数据异常诊断与处置、事故应急处置等课程。

4. 安全体验模块

该模块可设计分为序厅及个体防护、急救实操培训模块、消防灭火实操培训模块、有限空间作业安全培训模块、安全用电模块共五个体验模块。具体见表3-3-1，采用虚拟与实际相结合方式，开展学员实训。

表3-3-1　安全体验模块及技术参数示例

序号	安全模块项目名称	项目内容或技术参数	备注
1	序厅及个体防护模块		
1.1	LED信息播报屏	室内LED全彩屏3.6m×2.2m，P1.667，模组尺寸320cm×160cm	
1.2	个体防护培训模块	含各种防护用品，包含课件PPT	
1.3	安全帽、安全鞋撞击体验模块	智能电子芯片控制，4人体验位	
2	急救实操培训模块		
2.1	心肺复苏体验考核模块	全自动考核、体验、教学打分	
2.2	现场救援实操培训模块	包含模特、担架等救援设施，包含培训课件PPT	
2.3	正压呼吸器实操培训考核模块	包含正压呼吸器及培训课件PPT	
3	消防应急实操培训模块		
3.1	模拟灭火实操培训模块	电子模拟灭火设施，12种场景	
3.2	消防物品认知培训模块	32种常用消防物品，电子联动显示讲解	
3.3	消防知识抢答体验模块	消防知识抢答系统，4人抢答	
4	有限空间作业安全培训模块	受限空间讲解及课件	
5	安全用电培训体验模块		
5.1	静电体验模块	静电体验设备及课件	
5.2	人体触电体验模块	人体安全电压体验设备	
5.3	安全用电防护用品培训模块	电气安全防护用品讲解	

线下培训物理空间可利用企业现有会议室等场所改建或新建，建筑物防火、安全距离、逃生通道和出口、疏散指示标志等需符合有关规范要求。

二、线上学习网络空间建设

线上学习网络空间是基于安全培训矩阵而建立的支持电脑端、移动端实时学习的培训考试系统。该系统支持学员实名注册或培训管理员批量导入学员实名制信息，支持短信随机码、密码、人脸识别等至少 1 种方式验证身份；具有课程浏览和选择、在线学习考试、错题反馈、在线补考、网上答疑、学习记录、课程评价等功能；支持培训师上传、分类、修改、检索及管理不同种类培训数字资源；具备培训管理员对学员、培训计划、考试测评、培训档案、培训资源等进行有效管理的功能。平台可实现学习资源智能匹配、学习提醒、证书到期提醒、重要信息推送等功能，如图 3-3-4 为油库安全培训网络矩阵数据看板。

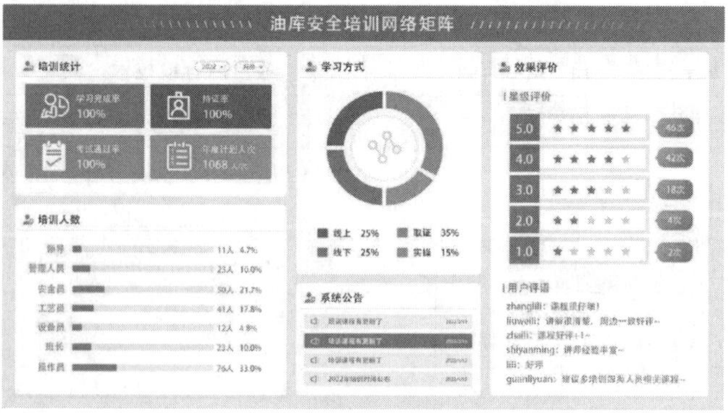

图 3-3-4　油库安全培训网络矩阵数据看板

1. 建立安全培训矩阵

依据法律法规要求、岗位安全职责等，由安全管理部门组织编写各层级、各岗位关键岗位人员安全培训矩阵，涵盖关键岗位人员履职知识能力要求，明确培训内容、方法、频次和效果，可参考图 3-3-5。

2. 制定安全培训计划

油库应依据安全培训矩阵，进行岗位履职能力差距分析，并结合油库业务安全管理要求，收集各岗位员工的安全培训需求，制定油库年度安全培训计划。由安全管理部门审查油库安全培训需求，开展专业分析，制定二级单位级年度安全培训计划。培训计划必须明确培训时间、培训方式、授课人、是否授予证书等信息，另外取证培训也要纳入到年度安全培训计划当中。

3. 培训实施

培训实施专业部门根据培训计划，在线上培训网络平台上提前上传培训课件，设置培训对象、培训时间、关联考试，一经发布学员即可在规定时间接收到学习任务并进行培训。

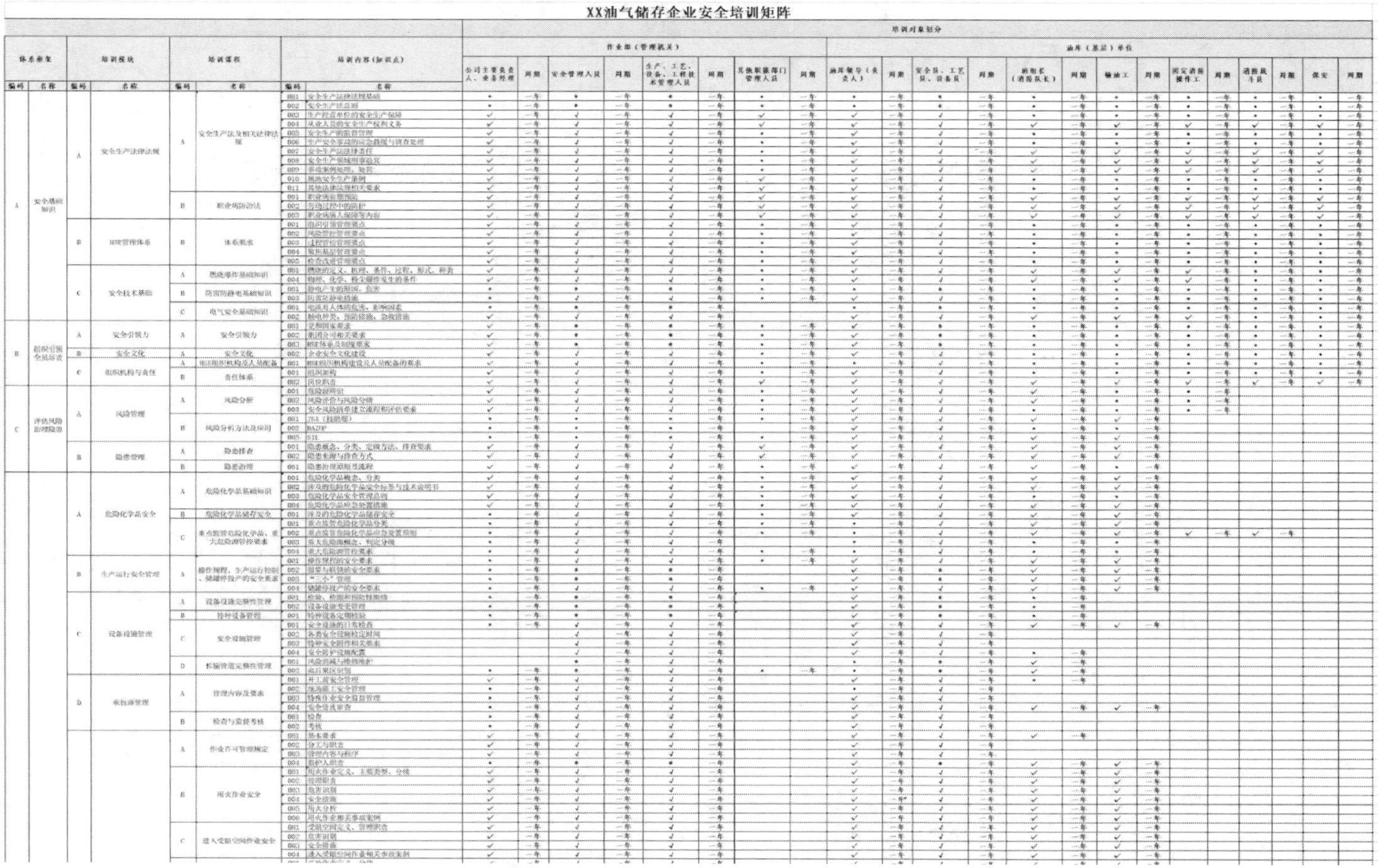

图3-3-5　某油气储存企业安全培训矩阵示例（节选）

培训教师还需创建培训关联的考试，导入考试试题，设置考试对象、总分、及格分数、时长、出成绩方式、重复考试、错题解析等。线上培训网络平台开发星级评价及留言板功能，培训课程结束后师生可进行培训效果互评，学员可通过留言板编辑意见和建议，推进培训效果不断改善。

三、培训信息管理空间

依托线上学习平台，建立安全培训综合信息数据库，全面记录企业员工培训及考试测评、培训数字资源及使用评价、培训师资及其授课评价等信息。同时建立全员安全培训档案，实行一人一档，实现对学习记录、培训资源、通知公告、培训凭证等进行管理的功能(图 3-3-5)。

个人培训档案应包括：

(1) 姓名、身份证号、最高学历、联系方式等基本信息；

(2) 线上线下培训时间、内容、考核测评结果、有效时长等信息，其中线上培训信息应由平台自动生成；

(3) 个人安全生产有关证书情况；

(4) 安全生产奖惩等其他信息。

学员档案一经建立不可撤销，历史记录非特殊情况不可更改，确需更改的须按权限管理，且可追溯、可查询。个人可查询自身学习档案，输出学习记录凭证。

培训管理员应及时统计分析本企业安全培训情况，有针对性地加强和改进培训管理，督促职工学习。可委托的专业服务机构应通过数据接口或者文件传输方式，及时将本企业职工安全培训综合信息档案上传至属地应急管理部门，应包含附件有关数据项。

第四节　经验总结

经验一：紧紧围绕职工能力素质提升，优化安全管理流程，做好培训基础工作的完善，严格规范员工安全作业行为，不断提高员工安全操作技能，制定了《“看图识路，手指口述”安全操作确认法实施方案》，内容从要干什么、该怎么干、手指哪里、口述什么这四个方面出发，涵盖工艺流程操作、操作方法、启停设备、巡检内容、注意事项等方面，力争在简洁明了、一看就懂的前提下，方便职工理解掌握。油库制作“看图识路，手指口述”涉及中控操作岗、外操岗位、固定消防岗、移动消防、门卫岗中涉及的所有操作流程，指导视频十余个。让职工通过心想、眼看、手指、口述系列行动，达到“心随眼动、眼随心动、手随口动”的指向性集中联动，形成每位职工对每一道工序进行规范操作，流程如图 3-4-1～图 3-4-4 所示，达到统一、安全、准确、高效的效果。

图 3-4-1

图 3-4-2

图 3-4-3

图 3-4-4

经验二：为提升一线操作人员技能，促进“三基”与“三基本”高度融合，实现操作人员“误操作为零、应急处置准确、责任心增强”目标，油库对岗位内容进行梳理，推进岗位标准化，界定职责范围，列出岗位清单。将进岗的制度、条款，“三标”手册、“三基”十项制度、各类技术文件进行分类，以“岗位”为核心，以“五懂”“五会”“五能”为主要内容，将员工岗位内容系统化、结构化地归纳为“素质要求”“能力要求”和“行为要求”。各油库以“我的油库，我的家”为理念，各油库全员上下统一认识，全面参与，紧紧围绕职工队伍在技能上“五懂五会五能”的主线，通过自下而上和自上而下两种方式开展手册和题库编写，充分发挥一线职工的力量，总结一线职工的工作经验。形成一套有指导效果的手册，将内容分解成清单，形成岗位矩阵题库1000余道题。“五懂五会五能”开展情况如图3-4-5所示。

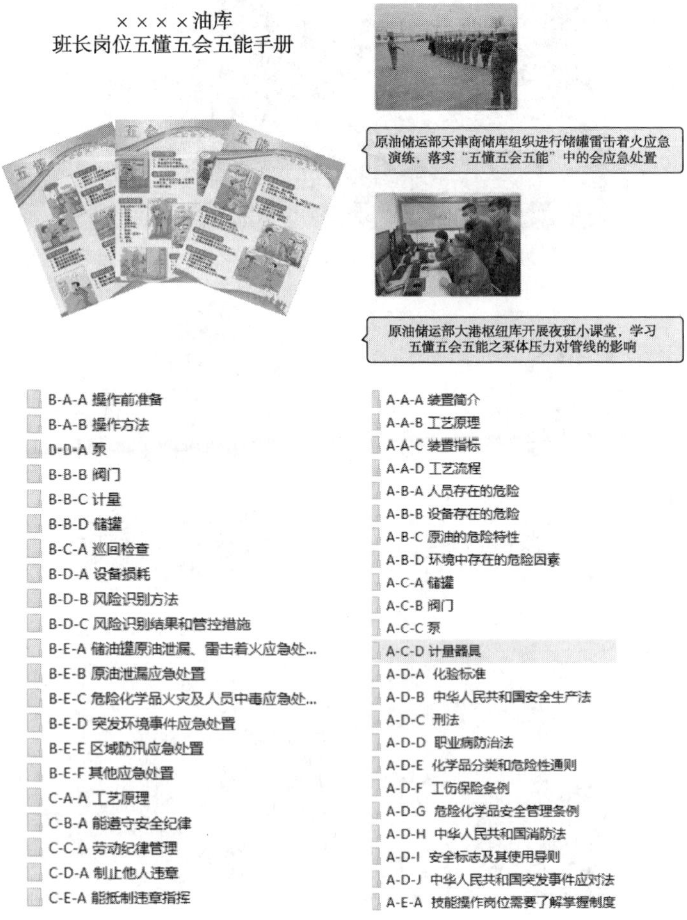

图3-4-5 “五懂五会五能”开展情况

经验三："人人都是安全员、责任落实到全员""学标准、学规范、保安全""安全第一，群众第一、尽责第一、服从第一、成长第一"，在油库中随处可见一条条安全警示标语。将"安全日碰头""16 点会议"落实到位，全员签订 HSE 责任书，提升职工知责履责能力，并严格执行各类安全制度。在油库将安全文化、事故案例、问题通报、经验分享融入"安全加油站"，方便库区职工补充安全知识；积极推进"人人都是安全员、责任落实到全员"长效机制建设，使每名职工牢固树立抓安全、保安全的意识；制定"看图识路、手指口述"操作法并有效实施，确保每名职工对每一道工序进行标准化操作；率先开展能量隔离工作，并应用到储罐大修现场，有效遏制了承包商人员的不安全行为，将安全文化在库区落地生根。

第四章 设备管理

设备管理是本质安全油库建设的重要组成部分。本章主要对油库常用的设备及其结构特点、操作维护方法进行介绍，使读者对油库设备管理有进一步了解。

第一节 油库“四个系统”建设

为全面推动落实油库安全风险防控，应急管理部提出：大型油气储存基地要配齐并有效应用紧急切断系统、气体检测系统、视频监控系统、雷电预警系统（以下简称“四个系统”），提升本质安全水平。

一、安全仪表系统（SIS）

（一）概述

近年来，国家、各省市应急管理部门对大型油库的安全监管要求不断提高，国家应急管理部下达《关于加强化工安全仪表系统管理的指导意见》（安监总管三〔2014〕116 号），要求危险化学品储存单位要在全面开展过程危险分析（如 HAZOP 分析），通过风险分析确定安全仪表功能等级，在此基础上增设安全仪表系统，完善紧急停车功能，提升管道和油库安全联锁保护水平。

安全仪表系统（Safety instrumentation System，简称 SIS 系统），是用来实现一个和多个安全仪表功能的控制系统。它对设备可能发生的危险采取紧急措施，并对继续恶化的状态进行及时响应，使其进入一个预定义的安全状态，从而使危险和损失降到最低程度，保证生产设备、环境和人员安全。

（二）安全仪表系统组成与功能

根据安全仪表功能失效产生的后果及风险，可将安全仪表功能划分为不同的安全完整性等级（SIL 等级 1～4 级，最高级为 4 级）。安全仪表系统包括测量仪表、逻辑运算器和最终元件、关联软件及部件。油库安全仪表系统功能包括紧急停车和安全联锁保护两个部分，并应进行分级设计。油库紧急停车系统应设计为故障安全型。安全仪表系统界面如图 4-1-1 所示。

1. 紧急停车系统

在事故状态下能使油库停运并与管道线路迅速隔离，紧急停车动作包括：打

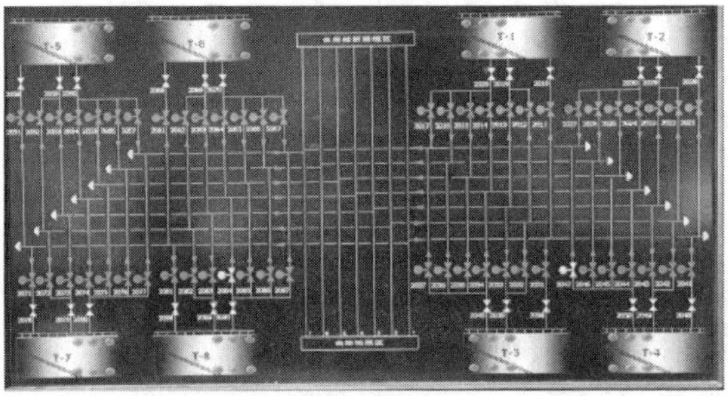

图 4-1-1　安全仪表系统界面

开全越站旁通阀、关闭进出站阀门、停主输油泵、停给油泵、关闭油罐的进出口阀等。紧急停车动作的启动命令来自现场或站控紧急停车按钮的直接触发。

2. 安全联锁保护

油库的安全联锁保护应根据工艺过程的安全、操作、运行要求设置，在联锁动作前设置预报警信号。储罐高高液位报警联锁关闭储罐进口阀门，储罐低低液位报警联锁停泵并关闭泵出口电动阀。单台液位开关进行报警、联锁控制，存在仪表故障造成误报、联锁误动作的风险较高，会造成联锁保护系统的误触发或者不触发，这样不仅影响油库的生产正常运行，而且存在巨大的安全隐患。因此储油罐高低液位开关宜采用“三取二”冗余模式，兼顾安全性和可用性，确保高低液位开关联锁的可靠性。

（三）安全仪表系统运行与维护

1. 运行

（1）操作站运行期间应安装杀毒软件，禁用光盘、USB 接口，报警声音开启，操作员不应使用操作站进行与生产无关的其他操作。

（2）服务器、操作站、PLC 等设备应安装时钟同步软件，显示时间通过时钟服务器同步。

（3）出入机房应进行登记，机房温度湿度应符合要求，应有防小动物措施，并配备消防设施。

（4）按操作和管理要求，系统的用户权限一般分为：浏览、操作员、维护管理员。

（5）系统用户应使用自己的账户登录，执行授权范围内的操作内容，操作完成后应退出登录。严禁擅自使用他人账户登录系统。

（6）所有联锁保护功能原则上应 100%投用，不得擅自摘除。

2. 维护

（1）每日检查系统控制器、I/O 卡件、系统电源、24V 电源、风扇、照明、温度、湿度、空调、系统运行画面及故障报警情况。

（2）每周检查系统负荷、系统标识、系统供电、接地情况。

（3）每月对液位开关进行检查，检查显示情况、探头情况。

（4）按时进行系统年检，检查PLC运转是否正常、各指示灯是否正常、检查各I/O机架及模块指示灯是否正常、切换PLC主备，检查PLC冗余功能、测试系统接地电阻，阻值是否满足要求、上位机与PLC网络通信是否正常，切换A/B网络，检查网络冗余功能、测试系统逻辑联锁情况、对PLC程序及数据进行备份，对上位机画面工程进行备份、对系统进行清灰。

二、气体检测系统（GDS）

（一）概述

可燃气体和有毒气体检测报警系统（简称GDS系统），根据《石油化工可燃气体和有毒气体检测报警设计标准》的相关要求，油库应单独设置一套可燃和有毒气体检测系统（GDS）对罐区及附属设施的可燃（有毒）气体进行监控。

（二）气体检测系统组成与功能

在控制室设置GDS系统，负责可燃、有毒气体监测及报警信息，并在现场重要区域设置可燃及有毒声光报警器，一旦危险气体泄漏将立即产生声光报警，并将可燃及有毒报警信息及GDS硬件工作状态传送至控制室，系统界面如图4-1-2所示。罐区、阀组区、泵区、废水区等地设有可燃、有毒气体浓度检测器，信号接入中心控制室/现场机柜间的GDS系统的可燃气体报警控制器。可燃气体报警控制器在接收到探测器的可燃气体浓度参数信息或报警信息后，显示泄漏报警探测器的部位和泄漏可燃气体浓度信息，记录探测器报警的时间，同时驱动安装在保护区域现场的声光警报装置，发出声光警报，警示人员采取相应的处置措施。

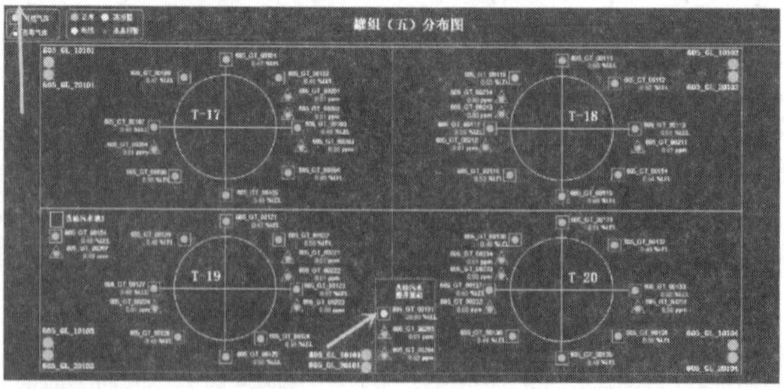

图4-1-2　GDS系统

GDS 系统安全等级必须符合 IEC 61508S IL2 认证要求。GDS 系统应与 DCS 系统进行数据通信。可燃气体的测量范围：0～100%LEL；有毒气体的测量范围宜为：0～30mg/m^3。指示报警设备发出报警后，即使安装场所被测气体浓度发生变化恢复到正常水平，仍应持续报警，只有经确认并采取措施后，才能停止报警。

在下列情况下，指示报警设备应能发出与可燃气体或有毒气体浓度报警信号有明显区别的声、光故障报警信号；

（1）指示报警设备与检(探)测器之间连线断路；

（2）检(探)测器内部元件失效；

（3）指示报警设备主电源欠压；

(4)指示报警设备与电源之间连接线路发生短路与断路。

(5)指示报警设备应具有以下记录功能：

① 能记录可燃气体和有毒气体报警时间，且日计时误差不超过 30s；

② 能显示当前报警点总数；

③ 能区分最先报警点。

GDS 系统应采用两级报警。现场一级报警为有毒气体、可燃气体检(探)测器探头上的声光报警，二级报警为区域声光报警；带检测器同一检测区域内的有毒气体、可燃气体检(探)测器同时报警时，应遵循下列原则：

（1）同一级别的报警中，有毒气体的报警优先。

（2）二级报警优先于一级报警。

（三）GDS 系统的维护

（1）每日检查系统控制器、I/O 卡件、系统电源、24V 电源、风扇、照明、温度、湿度、空调、系统运行画面及故障报警情况。

（2）每日检查可燃有毒气体探测器数值是否有零飘，及时进行调节。

（3）每周检查系统负荷、系统标识、系统供电、接地情况。

（4）每半年对可燃气体探测器、有毒气体探测器进行标定。

（5）每年对可燃气体探测器、有毒气体探测器进行检定。

（6）按时进行系统年检，检查 PLC 运转是否正常、各指示灯是否正常、检查各 IO 机架及模块指示灯是否正常、切换 PLC 主备，检查 PLC 冗余功能、测试系统接地电阻，阻值是否满足要求、上位机与 PLC 网络通信是否正常，切换 A/B 网络，检查网络冗余功能、对 PLC 程序及数据进行备份，对上位机画面工程进行备份、对系统进行清灰。

三、工业电视监控系统

（一）概述

大型原油罐区应设置工业电视监视系统，对储罐、泵区、阀组区、变电所等重点防火部位的安全情况进行监控，并实现对储罐的罐顶远距离全景监视。在发生火灾报警信号时，实现监控信号的联动，实施监视报警。

（二）工业监控系统组成与功能

工业监控系统由前端摄像设备、数据传输处理设备、后台终端显示设备三个主要部分组成。前端摄像设备是安装在现场的摄像装置，包括摄像机、云台、防护罩、光纤收发器等；前端设备主要负责监控点图像的摄录，将现场的图像信号转换成光信号，是整个系统信息的基础。工业监控系统如图 4-1-3 所示。

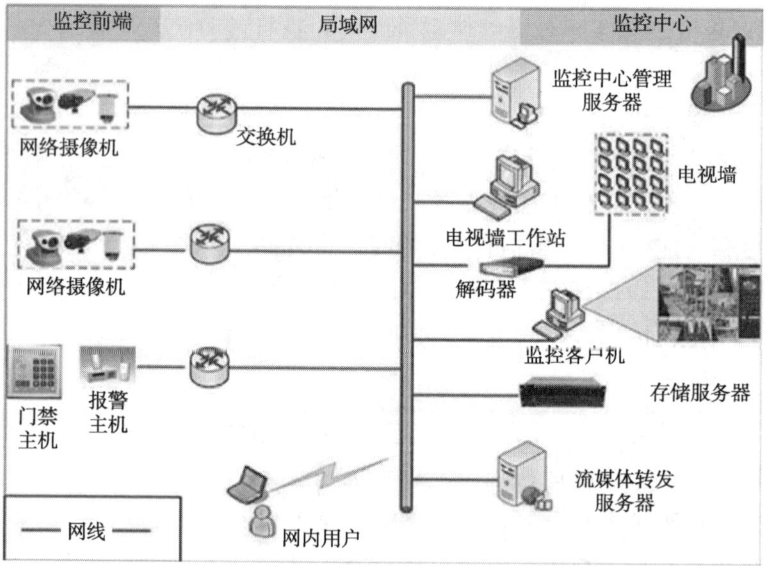

图 4-1-3　工业监控系统示意图

在油库泵区等防爆区域安装一体化防爆旋转摄像机（防护等级 IP68，防爆等级 ExdIICT6），每个防爆摄像机需要一根综合电缆（含视频、控制、电源三种电源），通过铠装综合电缆接入防爆电源箱；在罐区的摄像机塔上及罐顶安装 1080P 高速高清摄像机，用于监视储油罐区的情况（防护等级 IP65，防爆等级 ExdIICT6）；视频监控集中存储时间不少于 90 天。工业监控系统界面如图 4-1-4 所示。

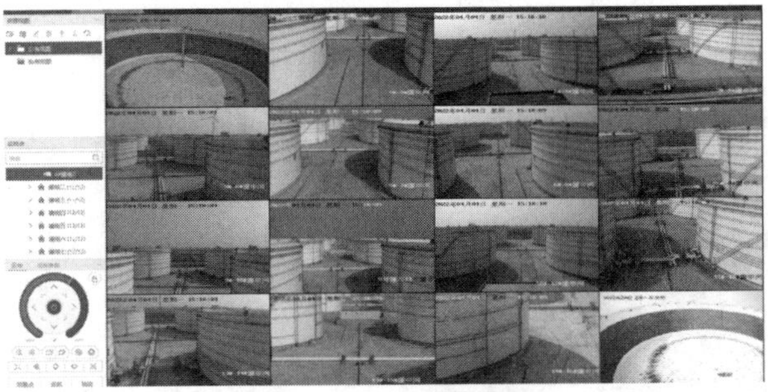

图 4-1-4 工业监控系统

大型储备油库因为占地面积大、传输距离远等原因，视频信号和控制信号的传输选用光纤。该系统可以自动接收消防系统报警信号，可以由选定的监视器依照程序进行跟踪显示，消防报警系统与工业监控系统通过系统辅助通信接口进行联动控制，即矩阵控制主机接收来自消防报警系统的继电器常开信号(报警时发出闭信号)，驱动与之相关的摄像机，将报警点位附近的画面自动弹窗到显示器上。

工业电视系统为二层架构，第一层为大型储备油库的现场图像传输。在罐区摄像机塔上、输油泵区内、变电所等重要区域内安装前端高清摄像机，高清摄像机的视频和控制信号通过光缆传输到库区机房的以太网交换机上，最后传输到工业监控视频管理及流媒体服务器和视频存储服务器，用于实现库区中心控制室本地控制、观看现场实时图像及录像回放功能。在中心控制室内设有大屏幕显示系统，数字矩阵服务器接收流媒体服务器信号并输出图像信号在大屏幕上显示。

第二层为远程网络视频客户端传输。各级之间通过内部连接，采用 TCP/IP 的方式传输。现场的图像通过网络传输到远程网络客户端，远程可观看现场图像、对前端设备进行控制、对所有图像进行备份记录和调用、对前端所有设备进行系统配置。

(三) 运行与维护

(1) 每日对工业视频监控系统进行一次巡检(视频检查)，检查摄像机成像效果、录像时间和 PTZ 控制是否正常。

(2) 每月检查防爆管是否有裂缝，检查摄像机前端设备的支架、坚固附件、连接软管等配套辅助设施的腐蚀情况，并做好除锈防腐工作。

(3) 每月检查一次摄像机云台的水平、垂直转动角度，确定限位开关的可靠性，并用除锈润滑油给限位开关上油，确保云台工作正常。

(4) 每月对摄像机防护罩进行一次除锈防腐，检查雨刷器的动作是否灵活。

（5）每月检查一次摄像机在防护罩内的固定情况。

（6）每月用柔软的湿抹布擦拭摄像机防护罩的前窗进行除尘，风沙天气后要立即清洗摄像机防护罩的前窗，以保证监视画面图像清晰。

（7）雷雨天前后要立即检查设备的避雷器工作是否正常。

四、雷电预警系统

（一）概述

大型原油罐区应设置雷电预警系统，对库区周围产生雷电情况进行监控，雷电预警系统预警半径 10km，预警分黄、橙、红三级，预警根据雷电的电场变化率和伏值与到达时间通过计算定义报警级别，系统同时显示温度、湿度、风向、风速等气象信息，根据预警报警实时监视雷电产生情况，从而提升雷电应急响应能力。雷电预警系统发生预警界面如图 4-1-5 所示。

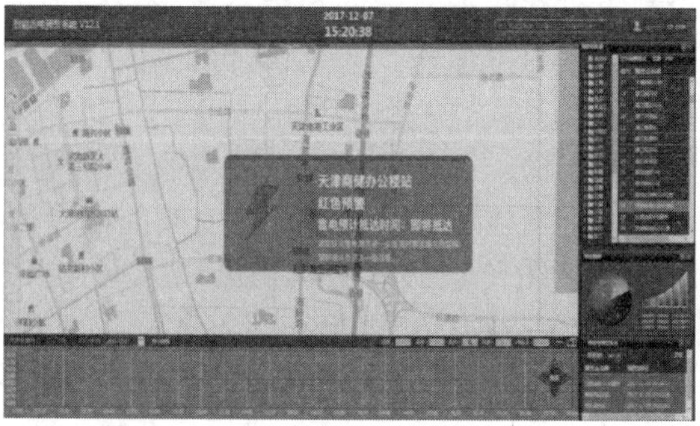

图 4-1-5　雷电预警系统发生预警界面

（二）雷电预警系统组成与功能

1. 雷电预警系统组成

雷电预警系统由雷电探测模块、数据处理模块和用户端等部分组成。

（1）雷电探测模块：由大气电场仪、闪电定位系统、多普勒雷达等一种或多种方式组成，其中大气电场仪应在大型油气储存基地本地装设，闪电定位系统和多普勒雷达探测数据宜通过第三方获取。

（2）数据处理模块：应配置支持雷电探测数据的通信、接收、存储、计算与应用发布的硬件和软件。

（3）用户端：包括电脑端、移动端、数据接口服务等一种或多种不同类型。

2. 雷电预警系统功能

雷电预警系统通过实时采集雷电相关信息，实现对大型油气储存基地及邻近区域雷电活动的实时监测、全面感知、临近预警，基本功能及技术指标如下：

（1）雷电实时监测，具备实时探测地面大气电场等雷电特征参数功能。

（2）雷电临近预警，包括雷电预警级别、雷电预警时间、预警区域、预警解除等信息。

（3）雷电历史数据统计查询，具备覆盖区域内雷电预警信息查询、统计分析功能。

（4）具备与全国危化品风险监测预警平台进行数据交互功能。

（5）雷电预警提前时间不低于 10 分钟。

（6）雷电平均有效报警率不低于 80%。

（7）探测半径不小于 10km。

（8）大气电场探测精度优于±5%。

（9）具备三级雷电预警功能。

（10）雷电预警历史数据储存时间不低于 3 年。

（11）现场安装的雷电探测模块应满足大型油气储存基地电气防爆要求，防护等级不低于 IP65。

（12）雷电探测模块寿命不小于 3 年。

3. 雷电预警信息分级

共分为三级：

（1）一级预警：可能有雷电活动，覆盖区域的大气电场正在增强，电场出现波动，地闪回击点发生位置位于距大型油气储存基地 10km 以外的临近区域，有造成雷击事故的可能。

（2）二级预警：雷电发生的可能性较大，覆盖区域的大气电场快速增强，电场变化波动加剧，地闪回击点发生位置距大型油气储存基地 5~10km，造成雷击事故的可能性增加。

（3）三级预警：即将发生雷电，覆盖区域的大气电场剧烈波动，地闪回击点发生位置距大型油气储存基地 0~5km，造成雷击事故的可能性大。

（三）雷电预警系统运行与维护

（1）每日对系统进行一次检查，检查系统网络接入情况、数据曲线情况、气象信息数据更新情况、现场设备外观情况。

（2）每月检查传感器（探头）、主机机箱、太阳能组件电池板、蓄电池、历史记录、风速仪动作等情况。

（3）根据实际气象条件检验天气变化吻合情况、检查历史数据吻合情况、太阳能板清洁情况；雷雨季之前，应测试探头运行情况，确保雷电预警系统处于正常运行状态。雷电预警探测器如图 4-1-6 所示。

图 4-1-6 雷电预警探测器

第二节 储油罐管理

一、概述

立式圆筒形钢制焊接油罐由罐基础、罐底板、罐壁板、顶板及其附件组成，目前油库运行的储罐形式包括：外浮顶罐、拱顶罐等，本文主要介绍 10 万 m^3 双盘式外浮顶储罐。

10 万 m^3 原油储罐设计温度为 65℃，设计压力为常压，直径 80m，罐壁高度 21.8m，浮顶通常采用双盘结构，单台罐净重约 1960t。由强度决定厚度的罐壁部分采用国产高强度钢板 12MnNiVR，由刚度决定厚度的罐壁部分采用 Q235B 钢板，二者之间采用 Q345R 过渡。与罐壁连接的罐底边缘板采用国产高强度钢板 12MnNiVR（与底层罐壁同材质），罐底中幅板采用 Q235B 钢板。浮顶、抗风圈、加强圈等部件采用 Q235B 钢板，但位于高强度钢板上的加强圈，材料应采用 Q345R。

罐底采用加垫板的对接结构，罐底边部采用弓形边缘板。对接罐底节约材料，且承受罐底变形的能力强，可大大提高罐底的安全性和使用寿命。罐底边缘板规格为 20mm × 1600mm × 6300mm，罐底中幅板规格为 11mm × 3000mm × 14800mm。对于罐壁与罐底边缘板的连接，在油罐内侧采用下凹形圆滑过渡的不等边角焊。

二、主要附件

储油罐浮顶上设有浮顶导向立柱、人孔、呼吸阀阻火器、中央排水系统、紧急排水系统、转动扶梯及轨道、泡沫挡板等设施。

（一）导向装置

目前储油罐普遍使用的导向装置由轴向、径向两根导向管组成，导向管上端固定在支架上，下端固定在罐壁上。导向管穿过浮顶的部位．设有直径较大的套筒，套筒的上部设有活动的密封部件。导向辊轴与导向管之间大概有 5~10mm 间隙，以适应浮顶罐罐壁形状偏差和导向管直度偏差引起的微小偏移和转动。为防止浮顶卡住，两根导向管的两套导向轴轴线互成布置，以限定浮顶在一定的范围内偏移和转动；导向管上端与固定支架连接时，应采取较弱的连接结构，在发生意外事故时。此处先破坏或发生位移，以减少对罐壁的影响。储罐导向柱如图 4-2-1 所示。

图 4-2-1 储罐导向柱

（二）浮顶立柱

浮顶立柱是浮顶下部根据浮顶的自重设置不同数量的支立柱，浮顶支柱的高度一般在 1500~2000mm，常用的高度是 1800mm。立柱的作用是当油罐的液位降至距罐底一定高度时，支撑浮盘，不使浮盘落在罐底上，以便在检修期间检修人员进入清罐，或对罐底和罐内部件修理。储罐立柱底部、上部分别如图 4-2-2、图 4-2-3 所示。

图 4-2-2 储罐立柱底部

图 4-2-3 储罐立柱上部

（三）人孔

环形浮舱的每个隔舱均应至少设置一个直径不小 500mm 的人孔，以便人员进入舱内施工和检查。人孔应设有不会被大风吹开的轻型防雨盖，人孔接管高度应超过浮顶的允许积水原油面。

浮顶单盘上至少应设置一个带通向罐底梯子的浮顶人孔，以便油罐排空后进行通风和人员从罐顶进入罐内，人孔的最小直径为600mm，并应有垫片和用螺栓紧固的入孔盖。储罐浮顶、浮舱人孔如图 4-2-4、图 4-2-5 所示。

图 4-2-4　储罐浮舱人孔

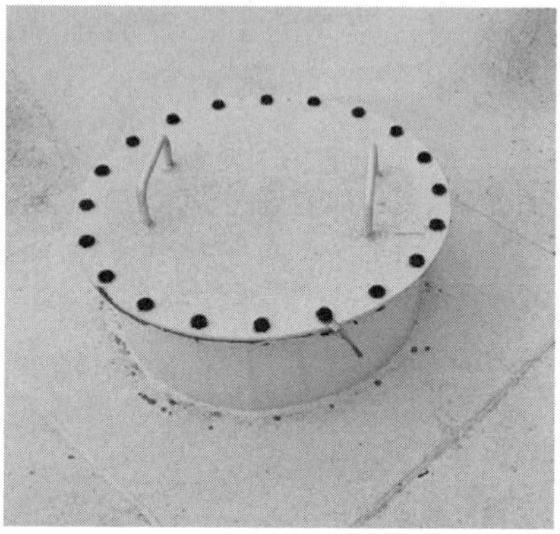

图 4-2-5　储罐浮顶人孔

（四）呼吸阀阻火器

机械呼吸阀安装在油罐顶部，其作用是自动控制油罐气体通道的启闭，对油罐起到超压保护的作用，且减少油品的蒸发损耗。当油罐大量进油，罐内压力达到油罐的设计允许压力时，压力阀阀盘被顶开，气体从罐内排出，使罐内压力不再上升。当油罐大量发油，罐内气体压力低于设计的允许真空压力时，大气压力顶开真空阀盘，进入罐内，使压力不再下降，以免油罐抽瘪。阻火器安装在机械呼吸阀下面，避免出现“回火”现象，防止罐外明火向罐内传播。储罐呼吸阀阻火器如图 4-2-6 所示。

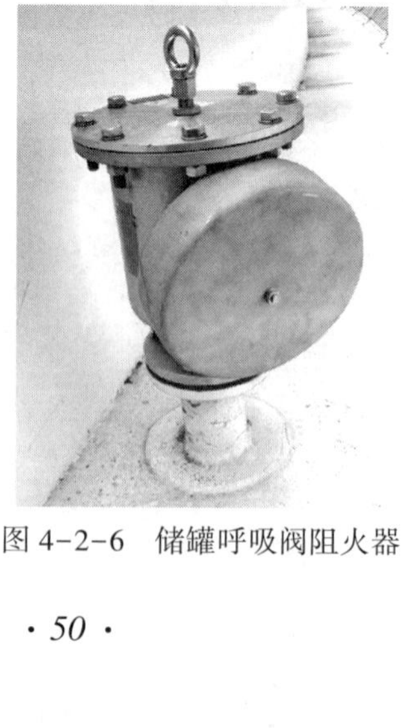

图 4-2-6　储罐呼吸阀阻火器

（五）中央排水系统

浮顶的中央排水系统主要由浮顶集水坑、排水单向阀、中央排水管构成。中央排水系统是为了及时排放汇集于浮顶上的雨水、雪水而设置的。排水管的上端与设于浮顶中央的集水坑相连，下端与通向罐外的排水阀相连。中央排水管是一个整体的柔性结构，排水系统的胶管内部应有至少两圈连续的弹簧钢丝(高碳钢材料)，直径不小于 3mm，钢丝与橡胶软管硫化为一体，以确保软管的耐原油浸泡能力、承压能力和自动复位能力。排水管还应具有柔软、耐疲劳抗断裂性能好等性能，以避免浮盘上下升降时发生脆性损坏，排水软管系统采用全柔性软管，在整套排水管连接与旋转接头法兰连接，可随浮顶的高度而伸直和折曲。集水坑、罐内中央排水管如图 4-2-7、图 4-2-8 所示。

图 4-2-7 集水坑

图 4-2-8 罐内中央排水管

（六）紧急排水系统

紧急排水装置是大型浮顶油罐浮顶上的重要附件。一般情况下，雨水由中央排水管排出罐外。但当中央排水管堵塞或漏油无法使用时，浮顶上的积水排不出去，或者暴雨时降雨量较大，中央排水管能力不足时，如果不及时排水可能发生沉船事故。紧急排水装置主要由过滤积水罩、密封系统、浮子、排水管和水封槽组成。当积水超过浮顶承载设计时，超载积水通过滤网流入紧急排水装置排水管中，利用水的冲击力，将转子翻转，装置进入紧急排水状态，避免沉船事故发生。如图 4-2-9 所示。

（七）密封装置

由于罐壁和浮顶都是由钢板焊接而成，为了保证浮顶在油罐内部可以上下浮动，浮顶与罐壁之间必须留有足够的环形间隙。环形间隙的大小根据油罐直径确定，油罐直径大时，由于浮顶与罐壁之间存在环形间隙，而为了保证油罐的严密性，在此环形间隙内需要设置浮顶密封系统。对于储存易挥发介质的原油储罐，此环形间隙是轻组分油气向大气挥发的主要来源。油气挥发一是会造

图 4-2-9 紧急排水系统

成储存产品的损失，二是污染环境，三是形成火灾隐患，成为油罐安全运行的重大不利因素，因此，在浮顶和罐壁之间的环形空间内必须设置有效的密封装置。目前广泛使用的密封装置由一次密封和二次密封组成，二次密封应安装在一次密封顶部，作为一次密封的补充，起主要密封作用的应该是一次密封。

1. 一次密封

囊式三芯结构是目前国内大型浮顶罐广泛使用的密封形式之一。囊式三芯结构一次密封主要由橡胶密封带、弹性元件、支撑组合件和压板等部件组成，具有使用广泛，运行安全，维护简便，使用寿命长等优点，由于采用浸原油密封形式，密封效果优异。

囊式三芯结构一次密封装置通过金属支撑组合件、压板和密封托板等金属构件使橡胶密封带形成一个规则的囊形，其中填充的弹性元件将橡胶密封带贴紧罐壁，胶囊的底部浸没在储存油品液面以下，阻止了油气空间的形成，阻断罐内油品向罐外泄漏途径，从而有效地减少了油品的挥发损耗。一次密封结构如图 4-2-10 所示。

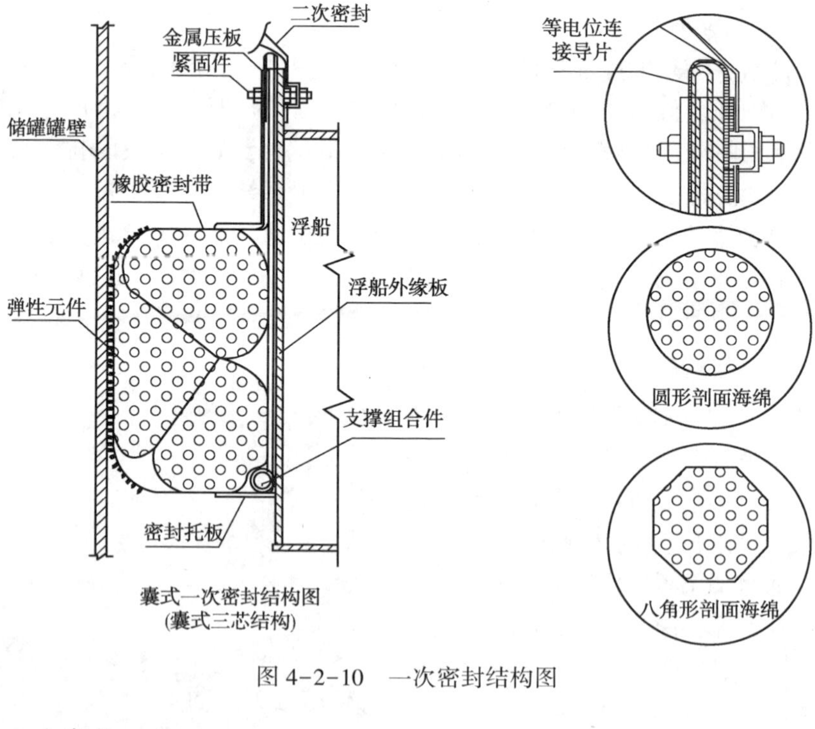

图 4-2-10　一次密封结构图

2. 二次密封

二次密封是挡雨板的升级换代产品，通常与一次密封配套使用。大型浮顶储罐的罐壁板与浮顶边缘板之间存在有环形空间，储存油品通过环形空间挥发是导致油品损耗的主要形式之一。一次密封在通常情况下，只能减少油气挥发 75%左右，当与二次密封配套使用后，可以减少油气挥发 95%以上，密封效果十分明显。浮顶油罐二次密封装置通过采用承压板和压板等金属承压件将橡胶滑动片压紧罐壁，气体阻隔膜在浮顶周圈环形间隙中形成良好的密封，阻断罐内环形空间内的油气向罐外泄露途径，在一次密封的基础上达到进一步减少罐内油品蒸发损耗的功效。二次密封装置运行过程中，不仅橡胶滑动片能够将罐壁上附着的蜡刮去，导静电片也能够及时将橡胶与罐壁摩擦产生的静电导出。

图 4-2-11　二次密封现场图

二次密封等电位连接装置将二次密封装置部件与储罐浮顶形成等电位连接，进一步提高储罐安全运行系数。二次密封现场、密封结构如图 4-2-11、图 4-2-12 所示。

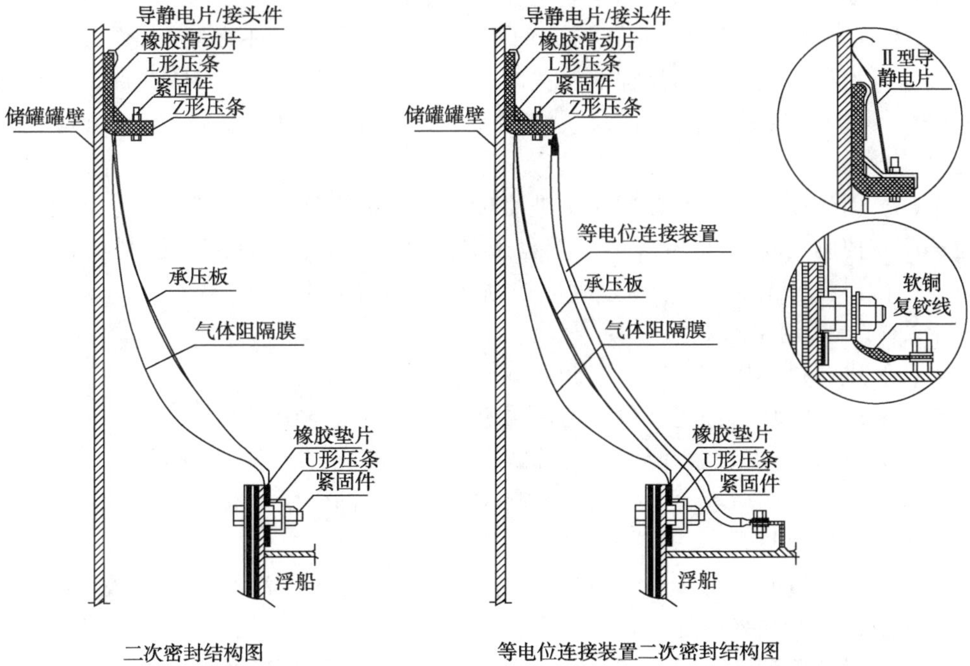

图 4-2-12　二次密封结构图

三、运行与维护

（一）油罐运行操作

1. 收油的调整原则

（1）进行收油操作，由生产调度下达指令。岗位操作人员，应认真记录，严格执行调度令。各岗位人员做好准备，互相协作。

（2）在执行调度收油指令时，要先熟悉油品来源、罐号、管线号、原油油种名称及性质、收油量，并估算出收油需要时间。

（3）收油前，先计算收油罐的罐底量，然后对收油罐做进油前检查，核对流程、核实罐号、阀门，确认无误后填写操作票，导通收油流程。

（4）收油作业流程全部开通后，通知上级调度及上游油库内操人员送油，确认油罐已经进油后，再检查流程沿线各部位有无渗漏。

（5）收油过程中，每 2 小时记录一次进站压力、温度、流量及收油罐液位，发现异常及时汇报并妥善处理。

（6）油罐进油不得超过油罐液位安全高度。

（7）油罐收油结束，应及时通知生产调度及上游油库内操人员停泵，导通油库内泄压流程，关闭收油流程上有关阀门。待油面稳定到规定时间(原油稳定时间一般不少于 30min)，再检尺、测温、取样、化验、算量、对量、填写相关记录。

（8）新建或修理后的油罐初次进油时，在进油管未浸没、浮盘未浮起前，油流速度应控制 1m/s。待浸没后，浮盘未升至 3m 时，油流速度应控制在 2.0m/s 以下，待浮盘升至 3m 后油流速度应控制在 4.0m/s 以下。

2. 付油的调整原则

（1）进行付油操作，由生产调度下达指令。

（2）应及时将付油罐液位、付油量等情况汇报生产调度。

（3）付油前，检尺、测温、计算罐存。按付油流程要求核对罐号、阀门，上罐检查，确认无误后填写操作票，开启付油罐及付油管线上有关阀门。在接到生产调度指令后及时开泵。

（4）付油过程中每 2 小时记录一次出站压力、温度、流量及付油罐液位，发现异常及时汇报并妥善处理。

（5）付油接近结束时，按生产调度通知及时停泵或切换油罐。

（6）油罐付油完毕，导通油库内泄压流程，关闭付油流程上的有关阀门，然后进行检尺、测温、算量、对量，并填写相关记录。

（7）付油罐液位严禁低于安全低液位，并严格控制付油流速，最高不超过

4m/s，并密切注意机泵运行情况，防止机泵抽空。

3. 切换油罐的调整原则

（1）换罐前，要和生产调度取得联系，掌握新换油罐的液位、罐存、温度等情况。核实待切换罐号、阀门，确认无误并填写操作票后再开阀切换油罐。

（2）换罐时，罐区内应有人现场监护，防止误操作。注意泵的运转情况，防止憋压、反转、抽空事故的发生。

（3）付油切换油罐时，应先打开待付油罐的阀门，听到管内有油品流动的声音后方可通知另一人关闭原付油罐的阀门。

（4）收油切换油罐时，应先打开待收油罐的阀门，听到有走油响声后，再逐渐关闭原收油罐阀门。冬季操作时，应注意管线是否冻凝，避免油罐切换失败，造成憋压跑油，影响生产。

（5）收付油双方要加强联系，核实管线号，变通流程。

（6）开泵后随油头进行检查，看过油是否畅通。勤摸、勤听、勤看，随时掌握过油情况。

（7）工艺管线要按时巡线，每班每 2 小时要巡检一次。检查内容：各管线是否有“跑、冒、滴、漏”；各生产流程是否正确。

（二）月度巡检

储罐月度检查记录表见表 4-2-1。

表 4-2-1 储罐月度检查记录

××年××月常压储罐附件检查记录			
序号			
使用单位			
库区			
基础信息	储罐位号		
	投用年月		
	储罐结构类型		
检查项目及标准	量油孔	孔盖与支座间密封垫是否脱落或老化、导尺槽磨损情况、压紧螺栓活动情况、盖子支架有无断(裂)痕	
	脱水器(自动脱水器)	连接法兰有无泄漏、过滤器是否堵塞、排水是否正常	
	人孔(含带芯人孔)及透光孔	是否渗漏或漏气	

续表

检查项目及标准	进出口管线、金属软管、阀门、法兰	管线、金属软管、阀门、法兰及垫片的完好情况，紧固密封情况	
	罐区排水系统	是否畅通、完善	
	液面计及高低液位报警器	是否准确、好用	
	安全附表	通气管、阻火器、罐壁通气孔、扶梯是否完好	
	等电位连接及防雷防静电接地设施	是否齐全、完好、牢固，是否有锈蚀、破损等	
	防腐情况	防腐涂层有无脱落、起皮等缺陷，表面有无龟裂、剥落、粉化、锈蚀等现象，罐壁和罐顶上的定点测厚点标志是否清晰	
	(保温罐体)外保温层及防水檐	保温层有无鼓胀、脱落现象，保温层的定点测厚盒是否完好、牢固	
	储罐基础、保护层、防水檐、边缘板防水及防火堤	基础有无下沉(罐体有无倾斜)，散水坡、保护层、防水檐、边缘板防水有无破损，防水(沥青等)封口是否完好，防火堤是否完好(应平整、无裂纹、无孔洞)	
	罐区环境卫生	罐区是否有油污、施工废料、杂草、杂物、垃圾等	
	其他配套设施	盘梯、平台、通气管、管线阻火器、采样器、氮封系统、仪表系统等是否完好	
	浮顶罐密封的导静电线	是否完好、好用	
	水封式紧急排水管	封液是否减少	
	安全阀(液压安全阀)	安全阀是否完好，检查液压安全阀的封油高度及阀腔是否正常	
检查时间			
存在缺陷记录			
备注			

(1) 观察常压储罐的液位、压力、温度是否正常，有无发生裂缝、腐蚀、鼓包、变形、泄漏现象，各人孔、出口阀门盘根、法兰、脱水阀、喷淋设施等是否有“跑、冒、滴、漏”现象。

(2) 检查与常压储罐相关的阀门是否完好，开关状态是否符合运行工艺的要求。

(3) 观察罐区内基础、围堰等设施是否完好，有无损坏。

(4) 巡检发现的问题应记录在交接班日志中。

(5) 设置有外加电流阴极保护设施的常压储罐，每天要定期记录汇流点电位、输出电流、输出电压等运行数据。浮舱内情况如图 4-2-13 所示。

图 4-2-13　浮舱内情况

(三) 季度检查

浮顶常压储罐检查转动浮梯及导轨、导静电线、量油孔、中央排水孔、紧急排水口、透光孔、泡沫发生器、水喷淋系统、排污阀、进出口阀门、液位计、液位报警器、罐区排水系统、罐基础及防火堤等。季度检查由油库组织进行，检查情况记录在季度检查记录本上。设置有阴极保护设施的常压储罐，每季度应对各测量点保护电位进行一次测试，并将数据与上一次测试数据对比，对当季度的保护效果进行评价。每季度测量一次被保护常压储罐的自然电位，并做好记录存档。储罐季度检查记录见表 4-2-2。

表 4-2-2　储罐季度检查记录

××年××季度常压储罐检查记录			
使用单位			
库区			
基础信息	储罐位号		
	投用年月		
	储罐结构类型		
检查项目及标准	呼吸阀、泄压人孔	阀杆、阀盘及阀座是否灵活好用、密封面是否完好、工作状态正常	
	阻火器	检查阻火层有无堵塞、腐蚀等现象	
	安全阀(液压安全阀)	安全阀是否完好，检查液压安全阀的封油高度及阀腔是否正常	
	泡沫发生器	是否有油气等介质排出、刻痕玻璃及网罩是否完好	
	消防泡沫管	是否完好，管口扪盖是否完好、有无油气等介质排出	
	水喷淋设施	喷嘴是否堵塞、控制水阀是否灵活好用	
	转动浮梯(外浮顶)	踏板是否牢固灵活、升降是否平稳无卡阻	
	罐壁/罐顶通气孔(内浮顶)	是否完好、金属网有无破裂	
检查时间			
存在缺陷记录			
备注			

(四) 年度检查

年度检查，是指为了确保常压储罐罐体在全面检验周期内的安全而实施的运行过程中的在线检查，每半年至少进行 1 次。年度检查内容参照《立式圆筒形钢制焊接油罐操作维护修理程》(SYT 5921)和《常压立式圆筒形钢制焊接储罐维护检修规程》(SHS 01012)。常压储罐罐体的年度检验可以由设备管理人员进行，也可以由检验检测机构的专业检验人员进行。储罐年度检查记录见表 4-2-3。具体内容如下：

表 4-2-3 储罐年度检查记录

序号				
检查单位				
库区				
	基础信息	储罐位号		
		储罐结构类型		
检查项目、内容及方法	本体及附属设施	罐顶板、罐壁板	罐顶和罐壁的变形、腐蚀情况，有无严重的凹陷、折褶及渗漏穿孔，定点测厚点标志是否清晰。	
		罐底边缘板	是否腐蚀，减薄	
		罐体焊缝	用5~10倍放大镜检查焊缝，应特别检查外角焊缝、下部二圈板焊缝、罐进出接管焊缝有无渗漏及裂纹	
		管线、阀门、人孔、清扫孔等处的紧固件	是否完好、牢固，进出口管线和阀门是否完好，各阀门及管路连接牢固、密封可靠，各人孔、清扫孔、透光孔等都应封闭严密	
		罐壁/罐顶通气孔	是否完好、金属网有无破裂	
		通气管	防护网是否破损	
		消防泡沫管	是否有油气等介质排出、扪盖是否完好	
		（非保温罐体）外防腐层	有无脱落、起皮等缺陷，有无龟裂，剥落、粉化及大面积锈蚀	
		（保温罐体）外保温层及防水檐	是否完好	
		储罐基础及防火堤	基础有无下沉，罐体有无倾斜，散水坡、防水层有无破损，防水（沥青等）封口是否完好，基础沉降观测点及标志是否清晰，防火堤是否完好	
		盘梯、转动浮梯（外浮顶）、平台、抗风栏杆，踏步板（或防滑条）	是否齐全、完好、牢固	
		等电位连接及防雷防静电接地设施	是否齐全、完好、牢固	
		照明设施	是否完好	

续表

检查项目、内容及方法	本体及附属设施	外浮顶罐浮盘	浮盘及附件腐蚀程度、密封有无异常、转动浮梯及导向装置是否灵活好用、浮顶排水装置是否正常、船舱有无泄漏、船舱编号是否清晰、阀门伴热是否完好、静电导线是否完好及接头是否牢固	
		外浮顶罐阴极保护系统	阴极保护系统是否完好，测量记录是否正常	
		储罐进出口管线	是否完好	
	安全附件及其他配套设施	氮封系统	是否完好	
		呼吸阀	是否完好	
		安全阀	是否完好	
		阻火器	是否完好	
		液位计	是否完好	
		金属软管	是否完好	
		温度计	是否完好	
		紧急切断装置	是否完好	
		压力表	是否完好	
		浮顶罐密封装置	是否完好	
		仪表系统	是否完好	
检查人				
检查时间				
下次年度检查日期				
检查结果				
存在问题				
备注				

(1) 罐体检查：检查罐顶和罐壁是否变形，有无严重的凹陷、鼓包及渗漏。对有保温的常压储罐，罐体无明显损坏、保温层无渗漏痕迹时，可不拆保温层进行检查。

(2) 罐顶、罐壁测厚检查：每年对罐顶、罐壁进行一次测厚检查。罐壁下部二圈板的每块板沿竖向至少测 2 点，其他圈板的测点可沿盘梯选择，每圈板至少选择 1 个测点。测厚点宜固定，设有测量标志并编号。有保温的常压储罐，其测点处保温应做成活动块便于拆装。

(3) 配件、附件检查：检查进出口阀门、人孔、清扫孔等处的紧固件是否牢靠；消防泡沫管是否有油气排出，端盖是否完好；常压储罐盘梯、平台、抗风圈、栏杆、踏步板的腐蚀程度；储罐照明设施的完好程度。

(4) 焊缝检查：用5~10倍放大镜观察罐体焊缝，尤其要重点检查壁板与边缘板之间角焊缝及下部二圈壁板的纵、环焊缝及T形焊缝；注意检查进出口接管与罐体的连接焊缝有无渗漏和裂纹。若边缘板已做防水处理，没有异常可不检查角焊缝。

(5) 浮顶检查：检查浮顶浮舱有无渗漏及其腐蚀程度；转动扶梯、导向装置是否灵活好用；密封系统、浮顶排水装置、量油管、导向管有无异常。

(6) 防腐、保温(冷)层及防水檐检查：检查罐体外部防腐层有无脱落、起皮等缺陷，保温(冷)及防水檐是否完好。若发现保温(冷)层破损严重，应检查罐壁的腐蚀程度。

(7) 基础检查：检查常压储罐基础有无下沉，散水坡有无损坏，沥青封口是否完好。在常压储罐大修前后测量其沉降数据。

(8) 防雷防静电接地电阻测试：每年在4月对常压储罐的接地设施进行测试，接地设施的接地电阻不能大于4Ω。

(9) 防火堤检查：检查防火堤有无缺口、塌陷、裂缝，管线穿墙是否用非燃烧材料封实，隔油阀门是否完好、是否在常闭状态，防火堤内是否有油污污染的表土等。

(10) 设置有外加电流阴极保护设施的常压储罐，每年还应做1次土壤电阻率测试、杂散电流测试等，正确评估常压储罐阴极保护的效果，阴极保护资料单独设档。

年度检查工作完成后，检查人员根据实际检查情况出具检查报告，对有危及储罐安全的情况应及时采取措施，必要时，进行全面评价。

(五) 全面检验

全面检验是按一定的检验周期对常压储罐进行的较为全面的检验。对于常压储罐全面检验，可采用在线检验或开罐检验；对于储罐群，其全面检验还可采用基于风险的检验方法。进行全面检查时，应当确认储罐常压储罐已清扫干净，人孔、透光孔全部打开，气体分析合格，人员才可以进行罐内检查。储罐全面检验统计见表4-2-4。

表4-2-4 储罐全面检验统计

序号	检验单位	报告编号	检验依据	库区	储罐位号	投用年月	储罐结构类型	检验日期	下次全面检验周期	下次检验日期	是否允许继续使用	问题及其处理	说明

全面检验内容参照《立式圆筒形钢制焊接油罐操作维护修理规程》(SYT 5921)和《常压立式圆筒形钢制焊接储罐维护检修规程》(SHS 01012)。具体检验内容如下：

1. 罐底检查

(1) 利用超声波测厚仪或其他检测设备检查罐底的腐蚀减薄程度，当底板厚度少于规定厚度时，底板应当进行补焊或更换。

(2) 罐底板擦洗干净后，目视检查所有焊缝和底板，需要进一步确定渗漏点时，使用真空试验或漏磁探伤来检查。

(3) 检查加热器的腐蚀和渗漏情况，加热器支架有无损坏，管接头有无断裂，进出蒸汽管阀门、法兰连接是否完好。

(4) 罐内底板设置有牺牲阳极保护的常压储罐，要检查阳极的消耗及连接情况，测量其保护电位，计算本检查周期牺牲阳极的消耗速率，并与原设计比较，确定牺牲阳极的增补量及更换量，确保牺牲阳极能正常使用到下个全面检查周期。

2. 罐壁检查

(1) 使用超声波测厚仪检查罐壁的剩余厚度，重点检查下部二圈板的剩余厚度，各圈板的剩余腐蚀裕量应满足下一使用周期要求，若不能满足要求，应当对罐壁进行加固。

(2) 分散点蚀的最大深度不得大于原设计壁厚的20%，且不得大于3mm；密集的点蚀最大深度不得大于原设计壁厚的10%(点蚀数大于3个，且任意两点间最大距离小于50mm时，可视为密集点蚀)。

3. 罐壁焊缝检查

(1) 目视检查罐底与壁板内角焊缝、边缘板与罐壁的外角焊缝腐蚀情况，情况异常时，应对焊缝进行修补。

(2) 对焊缝进行无损检测，对发现的超标缺陷，应采取相应的措施处理。

4. 罐顶检查

(1) 外浮顶常压储罐着重检查密封、刮蜡、导向、静电导线、浮顶排水装置等系统是否完好，浮舱内表面板、浮盘的腐蚀及渗漏情况，支柱有无倾斜，与罐底是否接触。

(2) 对于浮顶罐发现导向管、量油孔外壁侧面有明显硬划伤或导轮、盖板、密封板、压板损坏严重时，应检查导向管、量油管的直线度和垂直度，直线度和垂直度的允许偏差均不大于规定值。

5. 结合清罐和全面检查，宜对正常生产状态下无法更换的第一道法兰的垫片进行更换

全面检验工作完成后，检验单位应出具检验报告。全面检查记录要填写在全

面检查记录表格上，检查结果要依据现行国家和行业标准进行评定，根据评定的结果，确定常压储罐修理项目。

常压储罐外部检查和全面检查的记录及评定情况保存进储罐技术档案。对于腐蚀倾向大的常压储罐，要根据实际情况合理安排全面检验时间间隔。加强常压储罐安全保护装置的管理，进行定期检查和检验工作。应对高低液位报警器、阻火器、通风管和机械式呼吸阀等保护设施、安全附件定期检查，其中机械式呼吸阀每年应进行一次校验。

四、检修管理

常压储罐检修是保证常压储罐完好运行的重要手段，是保证安全生产的重要措施。企业按照《常压立式圆筒形钢制焊接储罐维护检修规程》(SHS 01012)等规范进行维护和检修。

(一) 检修前准备

油罐的修理周期一般为 8~10 年，新建油罐第一次修理周期不宜超过 10 年；经 RBI 检测评价油罐状况，根据评价结果，经主管部门批准，油罐的修理周期可适当延长或缩短；油罐的检测评价一般在修理周期到达前一年内进行，对于延长修理油罐的油罐宜每年进行一次检测评价。

(二) 清罐作业

根据上一年度储罐检修计划，根据生产运行实际情况确定伴洗罐和倒油退运作业后，开始进行清罐作业。

清罐作业主要流程为：残油移送→罐内注氮气→油清洗→水清洗→油罐内部的清扫。当油罐内沉积物较多、罐壁附着物较多时，应首先进行油搅拌、油清洗。油搅拌、油清洗的主要作用是通过油(凝点应低于环境温度 10℃以上)的溶解作用，或通过换热器加热的原油的溶化作用和机械冲击作用，将较难清洗的油泥从附着处清洗下来。水清洗的目的是将罐内残油清洗干净，温水清洗工艺流程为：油水分离槽→清洗泵→热交换器→清洗机→清洗油罐，确认油清洗结束后进行温水清洗。油水分离器中注入一定量清水，边抽吸循环加热边清洗，油水混合物经油水分离后，将原油回收，温水循环利用。结束温水清洗的判断条件为：油水分离槽浮油变少；循环水中取样油分基本上没有；通过人孔等处探查罐内已无含油污物；罐内已无浮油；油罐内可燃气体含量下降；残油的移送量已经接近预测值。

油罐机械清洗交工验收要求：

① 油罐外部无油污；

② 油罐罐底板上表面及附件、浮舱以下罐壁板、浮舱下表面无油污，罐内无积水、废渣及其他杂物；

③ 施工作业区域打扫干净，无垃圾；

④ 罐内油气含量在爆炸下限20%以下；

⑤ 清罐施工中拆除的油罐附件已恢复或已完整移交检修。

（三）储罐检测与评定

储罐应由有资质的检测单位进行现场检测，做出规范的检测评定报告。检测报告将直接作为编制油罐修理方案内容的主要依据。检测的主要内容：罐体的腐蚀情况；罐体的几何尺寸及变形情况；油罐附件完好情况；防腐及保温情况。

（四）储罐检修

1. 储罐检修的安全要求

检修前使用部门应做好检修前准备，达到检修条件并办理相关作业许可证后，方可进行检修。需进入常压储罐内部检查、检测或动火的检修项目，应制定防火安全措施和防中毒、窒息措施，并严格执行。

常压储罐检修要有详细的施工方案和技术措施。检修准备工作要做到"七落实"（计划项目落实、图纸资料落实、施工方案落实、物资材料落实、施工力量和机具落实、施工质量措施落实、安全环保措施落实）。加强常压储罐防腐蚀施工的质量监督管理，重点做好施工方案确定、涂料选用、表面处理和施工中间环节的质量检验工作，确保防腐施工质量。常压储罐在检修过程中的检验方法、充水试验和验收按照《立式圆筒形钢制焊接储罐施工及验收规范》（GB 50128）的有关规定执行。

常压储罐检修验收应具备齐全的交工资料，包括检修方案、检修记录、中间验收记录、隐蔽工程验收记录、有关的试验和检验记录等。验收记录要有使用、施工和油库上级设备管理部门三方签字。

2. 10万方外浮顶储罐常规检修主要内容

序号	检修主体	检修内容
1	罐体及附件更换部分	1. 浮顶一次密封及二次密封更换 2. 更换浮蝶阀式单向阀 3. 更换集水坑滤罩 4. 更换中央排水管 5. 更换 DN200 PN1.6 中央排水闸阀 6. 更换油罐进出油管线大拉杆补偿器 7. 更换机械呼吸阀、取样孔、呼吸阀、人孔等静电跨接线 8. 牺牲阳极更换（视开罐情况确定数量） 9. 罐外露边缘板与罐基础间做密封处理，拆除原有密封胶，更换新弹性密封胶 10. 全部支柱密封橡胶套更换 11. 对储罐盘梯导静电铜皮更换为1m长铜管 12. 更换新感温光栅及消防系统

续表

序号	检修主体	检修内容
2	罐体及附件检修部分	1. 中央排水管集水坑环形凹槽检修，腐蚀点补焊检修自动通气阀 2. 罐底板逐张检查对点蚀深度在≥3.5mm的腐蚀点，先用角磨机将腐蚀坑点清理干净，然后采用堆焊方式进行修补，最后再用角磨机将修补点打磨平整 3. 浮舱顶板焊缝腐蚀修复，做气密性试验 4. 罐壁板除锈刷漆 5. 罐根阀进行拆卸、返厂检修、保养、严密性试验 6. 检修转动浮梯，进行除锈刷漆 7. 检修浮顶、罐壁人孔并更换螺栓及密封垫、整体防腐 8. 检修紧急排水装置

第三节　机泵管理

机泵是油库工艺流程中重要的设备，将电能转化为介质的动能和内能。泵类设备按照其结构和工作原理可分为叶片泵、容积泵和其他类泵。叶片泵主要有离心泵、轴流泵。容积泵主要有柱塞泵、螺杆泵、齿轮泵；其他类泵是一些比较特殊的泵类设备，例如喷射泵和空气升液泵。本书只介绍在油库中比较常用的离心泵。

一、离心泵分类

（1）按照叶轮级数可分为多级泵和单级泵；
（2）按照进液方式可分为单吸式和双吸式；
（3）按照泵壳的接缝的剖分方式可分为水平中分式和垂直分段式；
（4）按泵轴的方向分为立式离心泵和卧式离心泵。

二、离心泵原理

离心泵过泵轴带动叶轮高速旋转，叶片强迫泵内液体随之转动，在离心力作用下，液体被从叶轮中心抛向叶轮边缘。此过程中，液体获得了能量，提高了静压强，流速增大，动能增加。液体离开叶轮进入泵壳，随流道逐渐加宽，液体流速降低，部分动能转换为静压能，并以较高的压强沿排出管流出。与此同时在叶轮入口中心形成低压区，在吸入罐液面与泵叶轮入口压力差的推动下，从吸入罐中的液体流进泵内。泵轴不停地转动，叶轮源源不断地吸入和排出液体。

三、离心泵主要结构

1. 叶轮

叶轮是把电动机输入的机械功直接传给液体，使液体获得动能、势能及压力能的部件，叶轮分单吸叶轮和双吸叶轮。如图 4-3-1 所示。

图 4-3-1 叶轮

2. 泵轴

轴是传递扭矩的主要部件，它把叶轮、平衡盘、轴套、键、联轴器组合到一起。轴的材料一般采用碳素钢；高压、大功率泵轴采用合金钢。如图 4-3-2 所示。

图 4-3-2 泵轴

3. 泵体

泵体主要是压液室。压液室的作用是收集液体和转换能量，即把从叶轮排出的液体收集起来导向排出管，同时降低液体速度，使动能转化为压力能。离心泵如图 4-3-3 所示。

图 4-3-3　离心泵

4. 密封

为了避免泵的转子与固定壳体相碰，转子与固定不动的壳体之间要保证存在一定的间隙。为了防止外泄漏，即防止液体通过泵轴贯穿泵壳时的间隙漏出泵外或空气漏入泵内，在泵轴贯穿泵壳处装设轴封。密封形式主要有机械密封和填料密封，其中用途最广泛的是机械密封，机械密封又称端面密封，是一种旋转轴用动密封。

机械密封在工作时，由于密封的贴合面不断产生摩擦热，使摩擦副温度升高，加速动、静环的磨损及密封圈的老化变形。另一方面，当输送介质含有固体颗粒时，易堵塞弹簧或进入贴合面磨出凹槽。因此必须对不同工作条件下的机械密封装置采取适当冲洗、冷却措施。如图 4-3-4 所示。

图 4-3-4　机械密封

填料密封是轴与泵体之间有一填料函(环形空间)内装浸有石墨粉或润滑油的石棉绳(又叫盘根)，盘根中部有一液封环通入油或水，起液封、冷却和润滑作用，盘根由压盖压紧。填料密封是离心泵过去广泛使用的一种密封装置，它的优点是构造简单，易于检修，缺点是密封性能差，寿命短。

离心泵剖面图如图 4-3-5 所示，结构明细见表 4-3-1。

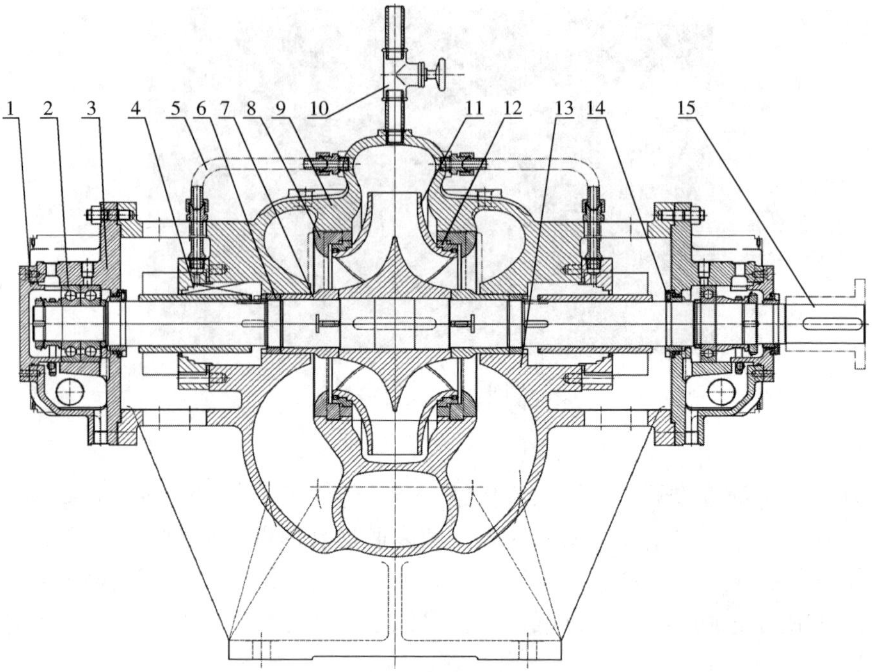

图 4-3-5　离心泵剖面图

表 4-3-1　机泵结构明细表

序号	名称	序号	名称	序号	名称	序号	名称
1	轴承压盖	5	冲洗系统(P11)	9	上壳体	13	下壳体
2	推力轴承	6	锁紧螺母	10	排气系统	14	油封
3	轴承箱体	7	轴套	11	叶轮	15	轴
4	密封部件	8	壳体口环	12	叶轮口环		

四、离心泵运行

(一) 启泵前工艺、仪表条件的检查

为确保机泵的安全运行，防止发生设备损坏和人身伤亡事故，机泵操作必须由具有操作资质的人员执行，并且严格执行操作规程的有关要求。

启泵前，对工艺、自控系统、仪表、电气系统等进行检查，了解全线及油库的运行方式，明确需要外输的输量和出站压力等参数。

(1) 检查泵入口汇管压力，达到启泵值。

(2) 检查工艺流程、阀门、法兰及工艺辅助设施，并确认具备启泵条件。

（3）对油库外输罐及其辅助设施进行检查，确认具备启泵条件。

（4）中控值班员对工艺参数等进行全面、细致的检查，并确认具备启泵条件。

（5）对水击保护系统及各种保护定值进行检查，确认具备启泵条件。

（6）检查泵进出口的压力表显示正常，接头无渗漏，检查泵进出口的压力开关，泵机组测温和测振仪表及机械密封泄漏开关处于正常工作状态，仪表显示正常。

（二）启泵前泵机组的检查和准备

（1）检查泵机组基础与地脚螺栓必须牢固。

（2）泵机组周围无杂物，无油污，机组处于完好状态。

（3）泵机组的保温、各种附件、伴热系统、监控系统及排水系统齐全完好，连接处无渗漏，机体整洁。

（4）检查泵体和机械密封泄漏污油管线电伴热，电机防潮加热器处于完好工作状态，若长期停泵后启泵，应在启泵前 4 小时投用电伴热，在冬季运行时，污油主管线及污油罐伴热系统应完好并投用。

（5）检查泵机组轴承箱润滑油，泵及电机油位应在看油窗高度的 1/2 处，并保持恒位油杯内油位在 2/3 以上，油品应洁净无污物，颜色正常。

（6）盘泵检查转子轻重一致，无卡阻现象，泵机组盘车状态完好。

（7）检查泵进出口阀，确认其连接良好，手、电动开关自如。

（8）一次投运或检修后投运时，应进行灌泵，放净泵体内的空气，关闭放空阀。

（9）查油泵排污阀及排气阀应在全关闭状态，机械密封泄漏阀应在全开状态。

（10）检查污油罐罐位处于低罐位，污油泵能够启动正常。进出污油罐的阀门状态应在全开状态。

（11）填写工艺流程和启泵操作票，与调度取得联系，叙述工艺流程，并通知上下库区。

（12）准备工作完毕后，通知变电所及各生产岗位，有关人员就位，准备启泵。

（三）电气方面的准备

（1）测电机定子绕组绝缘电阻及吸收比，符合要求；

（2）检查高压开关在试验位置；

（3）在高压柜上用分合闸控制开关试投开关，合跳正常；

（4）在现场操作柱上试投开关，合跳正常（与输油工配合完成）；

（5）在操作系统中远控试投开关，合跳正常；

（6）检查开关在分闸状态；检查继电保护正常投入；

（7）将开关推入工作位置；

（8）开关合闸后，检查微机上信号和指示正常；高压柜保护装置指示正常，二次回路正常；

（9）确认可以启泵。

（四）运行中的检查

（1）从操作系统中检查：压力曲线是否平稳，外输罐位情况正常。泵的各项参数是否在正常范围内，有无报警情况等。电机电流不超额定电流。

从现场检查：泵机组机械密封是否渗漏，泵机组的温度、压力、功率、电流指针是否灵敏，并在规定的范围内，二次仪表显示值是否和现场一致（温度表不超过1℃，压力表不超过0.05MPa），润滑油窗和油杯的液位应在规定的高度。查看污油罐罐位，以防止罐冒顶，罐位较高时及时启动污油泵。

查看流量计读数和罐位，比对来油量（或罐下降的量）和外输量，应该处于平衡的状态，不正常时及时分析和处理。

（2）听泵的轴承、泵体、泵进出口管线、电机轴承、电机机身有无异常声响。

（3）检查泵机组有无烧焦及油气味等异常现象。

（4）检查电机的轴承、机壳、泵的端瓦、腰瓦及轴承箱温升是否过快。

（5）检查用仪器检测泵体的振动是否正常。

（6）检查将运行参数和检查的结果准确及时地填入各种记录和报表。

（7）发现问题要及时向有关人员报告，并处理。

（五）注意事项

（1）不能用泵的进出口阀门进行流量调节，串联泵运行时，进出口阀门应处于全开状态，应使用进出库的调节阀来进行流量的调节。调节阀在手动状态时，可以作为调节出站压力的阀门来使用；设在自控状态时，用于密闭输送进泵汇管压力和出库压力调节时使用。

（2）泵启动达到正常转数后，此时出口阀门已开启，如压力急剧波动或没有，并伴有异常声响，应立即查找原因，采取措施处理。

（3）启泵的电源电压应在5.7~6.6kV，相间电压不平衡不超过5%，电机转子轴颈对地绝缘应大于6MΩ。

（4）泵前过滤器两侧的压差不大于0.1MPa。

（5）串联泵现场启泵前要求泵出口球阀打开10%；给油泵是并联泵，泵出口阀不允许打开，必须全关时进行泵机组的启停。

（6）要求两人负责泵机组启停，现场操作时，一人在泵前操作柱负责进行启停泵操作；一人在操作平台阀门前，负责阀门开关操作。远程控制时，必须一人在现场监护，完成操作和全面检查后方可离开。

（7）停运30天以上的泵机组，重新启动前必须将润滑油直接供到轴承的润滑表面。

（8）在试运三周后，应当第一次更换润滑油，以后每隔6个月更换一次润滑油。

（9）只有在设备停机时，才能更换润滑油。

（10）当出现紧急情况时，处于“远控”状态时，操作人员可以强行将状态切换为“就地”。

（11）当出现重大跑油时或火灾事故时，方可按执行紧急停车按钮即“ESD”按钮。此时，停运泵站所有输油泵，关闭进出库阀门。

五、故障分析

故障现场	原因	解决方法
排出压力低，泵出口处有压力但流量不够	1）出水管阻力太大； 2）旋转方向不对； 3）叶轮堵塞； 4）泵转数不够	1）检查电机转向； 2）清洗叶轮； 3）增加泵的转数
流量低于预计值	1）泵堵塞； 2）密封环磨损过多； 3）转数不够	1）清洗泵及管路； 2）更换密封环； 3）增加泵的转数
泵内部声音异常泵不上量	1）流量过大； 2）吸入管阻力太大； 3）吸入压力不够； 4）在吸入处有空气涌入； 5）所输送液体温度过高	1）关小出口阀降低出口流量； 2）增加吸入压力； 3）检查输送介质温度
泵振动	1）泵轴与电机轴不对中； 2）轴瓦、轴承烧坏； 3）泵内部发生摩擦； 4）泵吸入压力低发生汽蚀	1）调整泵与电机轴对中； 2）修复或更换轴瓦、轴承； 3）拆泵检查并消除摩擦； 4）提高泵吸入压力或降低输出流量
轴承过热	1）油位过高或过低或油质量差； 2）轴瓦间隙小； 3）泵轴与电机轴不对中	1）补充润滑油或更换新油，并调整油位至规定值；检查并清洗轴承； 2）检查并修整轴瓦间隙； 3）调整泵轴与电机轴对中

续表

故障现场	原因	解决方法
填料函泄漏过大	1）泥状填料未磨合好； 2）填料函密封介质压力过高； 3）填料压盖过紧； 4）泥状填料注入过多	1）用加料枪注入泥状填料； 2）更换盘根或衬套； 3）检查平衡水管泄压管或开大泄压阀
电机超电流	1）泵流量过大； 2）级间密封间隙增大； 3）旋转件与静止件发生摩擦； 4）电源电压过低	1）关小出口阀减少排出流量； 2）更换密封环、密封轴套等； 3）消除摩擦； 4）提高电源电压

第四节　阀门管理

阀门是流体输送系统的主要控制设备，是石油化工必不可少的装置。在原油储存系统中，阀门是应用最广泛的设备之一，具有高压力、大通径的特点。

一、概述

（一）阀门的作用

阀门是油库管道上控制介质流动的一种重要附件，阀门通常由阀体、启闭结构、壳体三大部分组成。阀门主要用于切断管内流体的流动；调节管内流量、流速；改变介质流动方向或用于管道的超压保护，油库常用阀门有：闸阀、球阀、蝶阀、旋塞阀、安全阀等。

（二）阀门的基本参数

阀门的基本参数主要包括：公称直径、公称压力、压力与温度等级等。

（1）公称直径。公称直径是指阀门与管道连接处的名义直径，用 *DN* 和数字表示。如 *DN*700，它表示阀门公称直径是 700mm，是阀门的主要参数。

（2）公称压力。公称压力是指与阀门机械强度有关的设计给定压力，它是阀门在基准温度下允许的较大工作压力，用 *PN* 和数字表示。如 *PN*20，它表示阀门所承载能力为 2.0MPa，是阀门的主要参数。

（3）压力与温度等级。当阀门工作温度超过公称压力的基准温度时，其工作压力必须相应降低。阀门的工作温度和相应的较大工作压力变化简称“稳压表”，是阀门设计和选用的基准。因为油库使用阀门的设备设施温度都在基准温度范围内，温度与压力等级可不予考虑。

（三）阀门的分类

随着生产工艺流程的不断变化，及对阀门性能需求的不断提高，阀门种类也在不断增加。常用的分类方法如下。

（1）按用途：截断阀类、调节阀类、止回阀类、安全阀类。

（2）按作用力：手/远控动作用阀门、自动作用阀门。

（3）按压力：真空阀（工作压力低于标准大气压的阀门）、低压阀（公称压力 *PN* 小于 1.6MPa 的阀门）、中压阀（公称压力 *PN*2.5～6.4MPa 的阀门）、高压阀（公称压力 *PN*10.0～80.0MPa 的阀门）、超高压阀（公称压力 *PN* 大于 100MPa 的阀门）。

（4）按阀门的公称通径：小口径阀门（*DN*<40）、中口径阀门（*DN*50～300）、大口径阀门（*DN*350～1200）、特大口径阀门（*DN*≥1400）。

二、阀门的特点及应用

阀门类型众多，不同类型的阀门具有不同的功能，同一类型的阀门结构设计不同，性能和用途也有所差异。

（一）闸阀

1. 功能用途

闸阀是一种最常用的启闭阀，利用闸板来连通和截断管道中的介质，常用于储罐罐根阀、罐前阀及工艺管线上。闸阀不允许作为节流用，使用中应避免将闸板微量开启，因高速流动的介质的冲蚀会加速密封面的损坏。

2. 结构特点

（1）流动阻力小。阀体内部介质通道是直通的，介质成直线流动，流动阻力小。

（2）启闭时较省力。是与截止阀相比而言，因为无论是开或闭，闸板运动方向均与介质流动方向相垂直。

（3）高度大，启闭时间长。闸板的启闭行程较大，是通过螺杆进行的。

（4）介质可向两侧任意方向流动，易于安装。闸阀通道两侧是对称的。

（5）密封面易磨损，影响使用寿命。启闭时，闸板与阀座两个密封面相互摩擦滑动，要介质压力作用下易产生擦伤磨损，影响密封性能，缩短使用寿命。

图 4-4-1　闸阀

闸阀如图 4-4-1 所示。

（二）球阀

1. 功能用途

球阀是由旋塞阀演变而来。它具有相同的旋转 90°动作，不同的是旋塞体是球体，有圆形通孔或通道通过其轴线。球面和通道口的比例应该是这样的，即当球旋转 90°时，在进口、出口处应全部呈现球面，从而截断流动。球阀只需要用旋转 90°的操作和很小的转动力矩就能关闭严密。球阀常用于阀组区、进出库位置。

2. 结构特点

（1）结构简单、体积小、质量轻，维修方便。

（2）流体阻力小，紧密可靠，密封性能好。

（3）操作方便，开闭迅速，便于远距离的控制。

（4）球体和阀座的密封面与介质隔离，不易引起阀门密封面的侵蚀。

球阀如图 4-4-2 所示。

（三）蝶阀

1. 功能用途

蝶阀是由阀体、圆盘、阀杆、和手柄组成。它是采用圆盘式启闭件，圆盘式阀瓣固定于阀杆上，阀杆转动 90°即可完成启闭作用。常用于水管道上。

2. 结构特点

（1）外形尺寸小，其长度很短，结构简单，重量轻。

（2）操作方便，启闭迅速，开闭只需旋转阀瓣 90°。

（3）密封性和调节性能良好，由于采用橡胶作密封圈，压缩与回弹性好，所以密封性好。

（4）操作力矩和流体阻力小。蝶阀流体阻力小于除球阀外的其他类型阀门。

（5）由于密封材质的限制，蝶阀的使用压力和工作温度范围较小。

蝶阀如图 4-4-3 所示。

图 4-4-2　球阀

图 4-4-3　碟阀

(四) 旋塞阀

1. 功能用途

旋塞阀是指关闭件(带有通道的塞子)绕阀体本身的中心线作旋转来达到开启或关闭的一种阀门。旋塞阀可作截断介质流动，又可作调节阀、三通阀、四通阀，还可作分配阀或改变介质流动方向。

2. 结构特点

(1) 介质通过时阻力较小，特别是直通式。

(2) 结构简单，重量轻，体积小，操作便利迅速。

(3) 在管道中介质有相当压力时，由于关闭迅速，有可能产生“水锤”现象。

(4) 转动塞子较费力(密封面较大)。

(5) 可水平亦可垂直安装。

(6) 阀体和塞子接触的锥面较大，使用中易磨损，而影响密封。

旋塞阀如图 4-4-4 所示。

(五) 安全阀

1. 功能用途

安全阀是自动阀门，它不借助任何外力，利用介质本身的压力来排出一定量的流体，以防止系统内压力超过预定的安全值。当压力恢复到安全值后，阀门再自行关闭以阻止介质继续流出。安全阀广泛用于油库的压缩机贮气筒、高压容器和管道等因介质工作压力可能超过允许数值而引起爆裂危险的设备上。

2. 结构特点

(1) 灵敏度高。

(2) 具有规定的排放压力。

(3) 在使用过程中保证强度、密封及安全可靠。

(4) 动作性能的允许偏差和极限值。

安全阀如图 4-4-5 所示。

图 4-4-4 旋塞阀

图 4-4-5 安全阀

三、阀门的操作和维护要求

（一）阀门的操作

1. 阀门操作的一般要求

（1）阀门操作前应取得调度许可，操作时应根据工艺要求，注意操作顺序、开关速度，不得超出设计参数使用。

（2）开关型阀门不得当作调节阀使用，操作开关型阀门时，应全开或全关。

（3）开启有旁通阀的阀门时，若两端压差较大，应先打开旁通阀调压，再开主阀，主阀全开后，应立即关闭旁通阀。

（4）阀门应保证良好润滑，运行灵活，不得出现卡阻。

（5）阀门应定期、定人进行检查和活动，设备管理人员及岗位值班人员应严格执行巡检制度，按规范要求填写巡检记录。

2. 手动阀门的操作

（1）检查待运行手动阀门的技术状况。

（2）填写工艺流程操作票，与调度联系。

（3）准备工作完毕后，通知有关人员就位，准备操作。

（4）检查阀门的开关标志。

（5）开手动阀门。手握阀门的手轮或手柄，旋转手轮（或手柄），将阀门开至规定的开度，若阀门全开后，将手轮（或手柄）回转 1/2~2/3 圈。

（6）关手动阀门。手握阀门的手轮或手柄，旋转手轮（或手柄），将阀门关严，阀门全关后，将手轮（或手柄）回转 1/2~2/3 圈。

（7）操作完毕后向调度汇报，通知油库有关岗位，记录开关阀时间。

3. 电动阀门的操作

（1）操作前的检查，根据工艺流程操作票进行待运行阀门检查。

① 检查阀门的技术状况。

② 检查执行机构指示盘上各指示灯显示正常。

③ 检查执行机构有无报警。

④ 检查执行机构的设置应符合要求。

⑤ 检查执行机构与阀门的联接紧固。

⑥ 对停用三个月以上的电动执行机构，启动前应检查电机、绝缘及电气线路。

⑦ 准备工作完毕后，通知有关人员就位（操作人员必须明确阀门的开关顺

序)，准备操作。

⑧ 与油库内操取得联系，并通知调度。

(2) 电动执行机构的现场手动操作

① 电动执行机构采用的是半自动离合器，按离合器手柄指示方向压下手柄，同时旋转手轮直到齿轮接合，使其处于手动位置，松开手柄，手柄自动弹回初始位置；如没有接合，则缓慢转动手轮并重复操作。

② 旋转手轮开/关阀门(通常顺时针旋转手轮关闭阀门)。

③ 阀门全开/关后，将手轮(或手柄)回转1~2圈。

(二) 阀门的运行检查

巡检人员应按照岗位职责进行检查，检查内容如下。

(1) 检查阀门铭牌齐全清晰，说明书、维修保养记录、活动记录、执行机构功能测试记录等资料齐全准确。

(2) 检查阀门表面及各连接部位无锈蚀。

(3) 检查阀门运动状态指示牌指示准确无误。

(4) 检查阀门无内漏和外漏，接地完好。

(5) 检查阀门各部润滑正常，运动时无卡涩现象，阀杆无变形和划伤。

(6) 检查阀门配套执行机构各项控制、状态显示功能正常，现场、中控显示一致。

(7) 检查执行机构密封正常，无润滑油泄漏及进水现象，运动时无异响。

(8) 检查阀门基础或支撑无沉降或损坏，能够起到良好的支撑作用。

(9) 检查阀门各部连接牢固可靠，紧固件无松动情况。

(三) 阀门的维护保养

阀门及执行机构的维护保养每年至少开展一次，主要包括：

(1) 夏季及冬季应注意阀门的清洗和排污，以防止因温度变化导致阀门胀坏或冻裂。

(2) 处于常开或常关状态的阀门，应结合停输安排适时进行活动，并填写活动记录，以保证其功能的完好性。

(3) 阀门日常维护检查除了阀门本身的维护检查外，还应重点关注阀井、管沟及与之相连的排水排污系统，确保阀井、管沟等部位无油污和油气积聚情况，防止形成油气密闭空间。

(4) 阀杆螺纹经常与阀杆螺母摩擦，涂黄油或石墨粉，起润滑作用。应对室外阀门的阀杆加保护套，以防雨、雪、尘土、锈污。

第五节　电气技术

电气系统是油库安全运行的支撑系统。安全稳定的电气系统是生产过程正常运行的保证。随着大型油库中电气装置的广泛应用，电气安全已日益得到人们的关注和重视。如果电气设备设计、安装、使用不合理，维修不及时，电气操作人员缺乏必要的安全知识，不仅会造成电能浪费，而且会发生电气事故，危及人身安全，影响油库的安全运行。大型油库想要达到本质安全要求需要从基础设计开始，包括变电所的选址、电气设备的选型、继电保护的设定等，到后期的电气设备的维护保养、电气人员的安全操作等全流程考虑，所以油库内除设有高低压柜、电容器柜等，还应具备以下电气设备及功能。

一、双电源运行方式

（一）配备要求及功能

按照供电可靠性要求、中断供电对人身安全及经济损失的影响程度，油库负荷通常定义为一级负荷，部分负荷为二级负荷，所以需要配备双电源供电。配备的目的是当一路出现故障时，另一路应能满足所有两路一、二级用电负荷的供电，确保用电设备的安全运行。通常情况下，油库内需设 35kV 变电所一座，双回路 35kV 独立电源电缆线路引至 35kV 变电所，内设 35kV 开关柜，并设置两台 35kV/10kV 变压器；变电所内同时设有 10kV 配电柜，设置 10kV/0.38kV 变压器为低压柜供电，0.38kV 系统：中性点直接接地，接地形式采用 TN-S。变电所 35kV 母线，10kV 母线和 0.38kV 母线均采用单母线分段运行方式，正常时分段运行，当一路电源失电则母联自投，并设手动投入装置。一次系统如图 4-5-1 所示。

（二）技术参数

1. 配电电压选择

（1）35kVAC、3 相：主供网络电压等级，供电电压正、负偏差的绝对值之和不超过额定电压的 10%；50Hz±0.5Hz。

（2）10kVAC、3 相：中压电动机和 10/0.4kV 变压器电源，供电电压正、负偏差的绝对值之和不超过额定电压的±7%，50Hz±0.5Hz，原则上 160kW 及以上的电动机采用 10kV 配电。

（3）380VAC/220VAC、3 相或单相：低压动力及照明配电系统电源；供电电压正、负偏差的绝对值之和不超过额定电压的±7%，50Hz±0.5Hz。原则上 132kW 及以下的电动机采用 380V 配电。

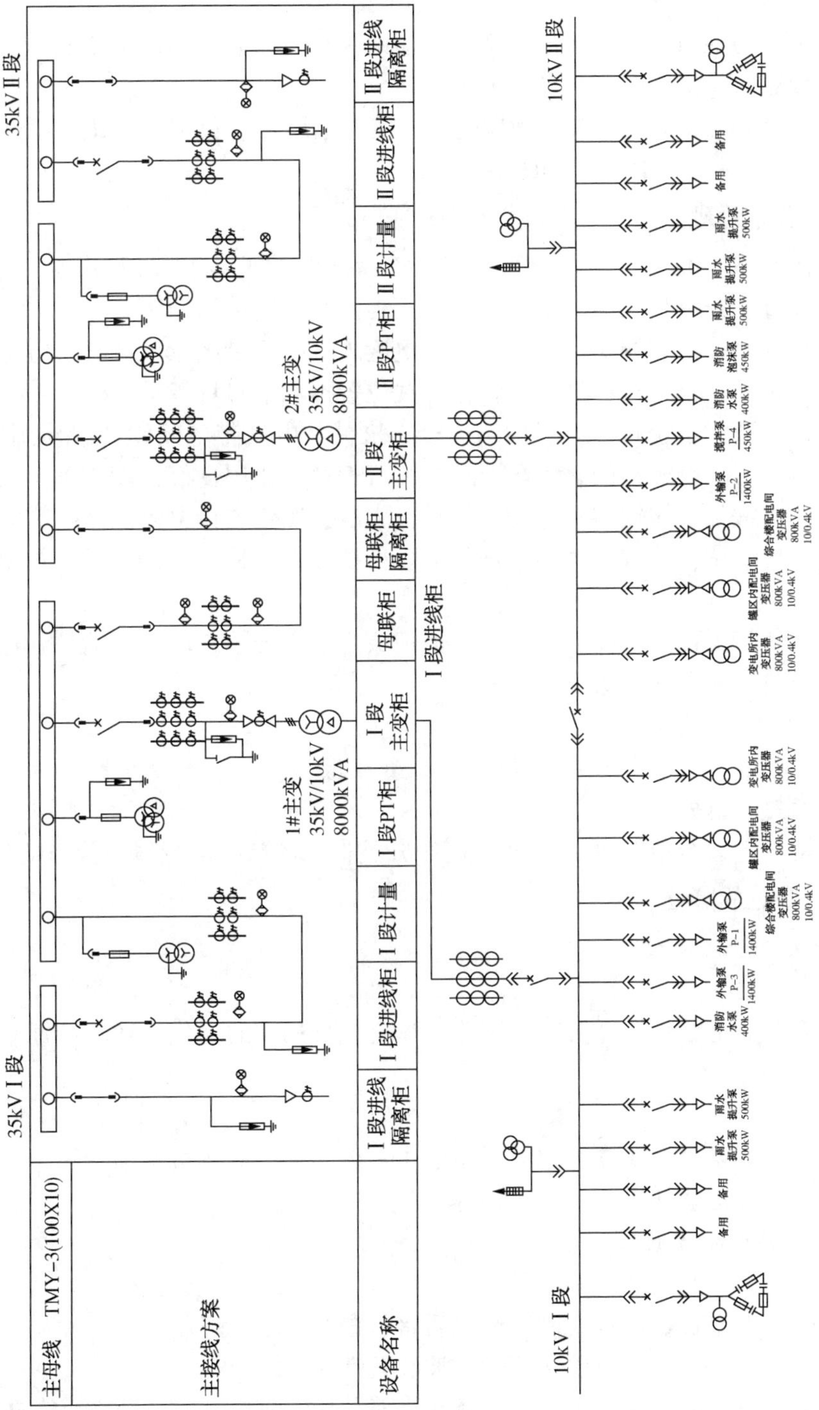
35kV II段
35kV I段
2#主变
35kV/10kV
8000kVA
1#主变
35kV/10kV
8000kVA
II段进线隔离柜
II段进线柜
II段计量
II段PT柜
II段主变柜
母联柜隔离柜
母联柜
I段主变柜
I段PT柜
I段计量
I段进线柜
I段进线隔离柜
I段进线柜
主母线 TMY-3(100X10)
主接线方案
设备名称
10kV II段
10kV I段
备用
雨水提升泵 500kW
消防泡沫泵 450kW
消防水泵 400kW
搅拌泵 P-4 450kW
外输泵 P-2 1400kW
综合楼配电间变压器 800kVA 10/0.4kV
罐区内配电间变压器 800kVA 10/0.4kV
变电所内变压器 800kVA 10/0.4kV
外输泵 P-1 1400kW
外输泵 P-3 1400kW

图4-5-1 一次系统图

（4）220VAC、单相电源：用作一般照明灯具电压，低压控制电源；供电电压正、负偏差的绝对值之和不超过额定电压的+7%~10%，50Hz±0.5Hz。

（5）12VAC：检修照明用电压。

（6）220VDC：10kV 开关柜操作电压。供电电压正、负偏差的绝对值之和不超过额定电压的+7%~10%，50Hz±0.5Hz。

（三）日常管理

1. 运行中的双电源开关柜应按照下列项目进行日常维护和巡视检查

（1）检查、开关柜，柜体清洁无灰尘。柜面观察窗清洁透明。

（2）柜面元件安装端正，接线牢固，电度表、高压带电指示装置、继电器及信号灯工作正常，符合相关规定。检查开关位置指示信号灯指示正确。

（3）检查开关柜密封良好，门锁齐全，机械和电气带电闭锁装置作用可靠，在有电情况下不能打开柜门。手车位置检测行程开关作用良好，能正确反映手车位置。开关机械位置闭锁装置作用良好。检查二次回路连接牢固，接线正确。

（4）拉出手车，检查开关柜后部带电防护挡板作用良好，开关手车拉出后能自动复位。

（5）检查柜体接地良好，表面无锈蚀现象。手车推拉应轻松灵活，到位后能自动闭锁定位，无卡滞现象。

2. 双电源开关柜定期维护工作

（1）每季度对开关柜及控制柜进行红外成像检测，夏季增加频次，每月一次，发现过热及时处理。

（2）视设备运行情况每 1~3 年对高压开关柜、控制柜进行清扫检修试验。

（四）常见故障处理

1. 开关据动误动故障

现象：

当分合开关柜时高压开关柜内断路器没有执行相应的动作，还保持原来的开关状态。

处理方式：

查看控制回路是否正常、控制回路电压是否正常、机械机构是否有卡涩、查看操作是否按照正确的操作顺序进行等。

2. 系统接地故障处理

现象：

（1）微机发出告警声音，同时微机后台告警“接地位置”。

（2）故障录波屏：主控单元相应录波装置动作。

（3）35kV PT 柜：故障相电压表降低至零，其他两相电压表升高至线电压。

(4) 35kV 设备可能有过电压声音或有轻微放电声。

处理方式：

(1) 记录时间，记录中央信号装置光字牌灯亮情况，检查各段母线相电压值。

(2) 到 35kV 高压室查看 PT 柜上电压表指示情况。

(3) 查看故障录波器动作情况。

(4) 通知生调部、车间倒负荷。

(5) 按倒闸操作规程，停相应的电气设备。

(6) 查出故障点后，进行相应处理。

(7) 待故障点处理完并检验合格后，参看相应操作规程恢复为正常运行方式。

二、变压器

(一) 功能介绍

变压器根据电磁感应原理，将某一等级的交流电压变换成同频率另一等级的交流电压的设备。变压器与电源相连接的绕组叫一次侧绕组；与负载相连接的绕组叫二次侧绕组。绕组匝数多的一侧电压高，匝数少的一侧电压低。由于变压器一、二次侧的绕组匝数不相等，故可起到变换电压的作用。当电源接至高压侧时，称该变压器为降压变压器；当电源接至低压侧时，称该变压器为升压变压器。变压器负载运行时一、二次电流与一、二次绕组的匝数成反比，这是变压器也能改变电流的道理。变压器一、二次绕组的功率基本相等(忽略损耗)，这是变压器能够传递功率的道理。变压器如图 4-5-2 所示。

(二) 日常管理

变压器投入正常的运行后，要定期进行巡视和检查，有人值班时，每班至少一次，而在运行值班的交接班时，双方按规定还须进行二次巡视；特殊情况下，还应适量增加巡检的次数。

1. 变压器巡检的内容

(1) 表计指示，如电压表、电流表、温度表。

(2) 变压器无过负荷现象，而且一、二次的负荷电流呈正常比例。

(3) 高低压引线端子接线无松动、过热现象。

(4) 冷却系统的相关设备，如风机、控制器的运行状态良好。

图 4-5-2　变压器

(5) 运行声音为均匀的“嗡嗡”声，不应夹杂有其他的异常声音。

(6) 接地螺栓的连接牢固可靠。

油浸式变压器的巡检内容，还要增加观察变压器的油色，正常油的颜色应为亮黄色，过度变色时，油质劣化，必要时需更换；呼吸器硅胶的颜色正常；防爆管的玻璃片完整，管内不应有油，散热管的温度均匀。

2. 变压器定期维护工作

(1) 每季度对变压器各接线柱进行红外成像检测，发现过热及时处理。

(2) 35kV 或 8000kV · A 及以上变压器每年 1 次油色谱分析，对变压器油进行监测。

(3) 每 1~3 年与高压开关柜一起进行清扫检修试验。

(三) 常见故障处理

1. 运行中发现变压器有下列现象时，应立即停止变压器运行

(1) 变压器内部音响很大，很不均匀，有爆裂声。

(2) 在正常冷却条件下，变压器温度不正常，并不断上升。

(3) 油枕喷油或防爆管喷油。

(4) 漏油严重，致使油面急剧下降。

(5) 套管有严重的破损并有放电现象。

(6) 油色变化过甚，油内出现碳质等。

2. 变压器过负荷

现象：

(1) 高压开关柜电流表指针超过变压器额定电流。

(2) 变压器过热。

处理方式：

(1) 记录时间。

(2) 根据现场做好记录。

(3) 上报调度及领导，对超负荷变压器的负荷进行转移，不能转移者要有减负荷的措施。

3. 变压器温度过高

现象：

(1) 铃响。

(2) 温度信号继电器掉牌。

以上是 800kV · A 以上变压温度过高事故现象。800kV · A 以下变压器如有上述现象，只是变压器过热。

处理方式：

(1) 解除音响，记录时间。

(2) 检查变压器负荷与温度。

(3) 因过负荷超温要减负荷。

(4) 无过负荷，要检查温度计指示器是否正常。

(5) 无过负荷和温度指示器无故障而温度仍不断上升时，可怀疑变压器内部有故障，而继电保护不动作。可申请停用检查。

三、不间断电源 UPS

(一) 功能介绍

UPS 是由电力变流器(整流器、逆变器)、转换开关(电子式或机械式)、储能装置(如蓄电池)及控制系统等组成，在输入电源故障时维持负载电力连续性的电源设备。它首先将市电输入的交流电源变成稳压直流电源，供给蓄电池和逆变器，再经逆变器重新被变成稳定的、纯洁的、高质量的交流电源。它可完全消除在输入电源中可能出现的任何电源问题(电压波动、频率波动、谐波失真和各种干扰)，工作原理框图见图 4-5-3，一般用于仪表控制电源或电动阀供电。

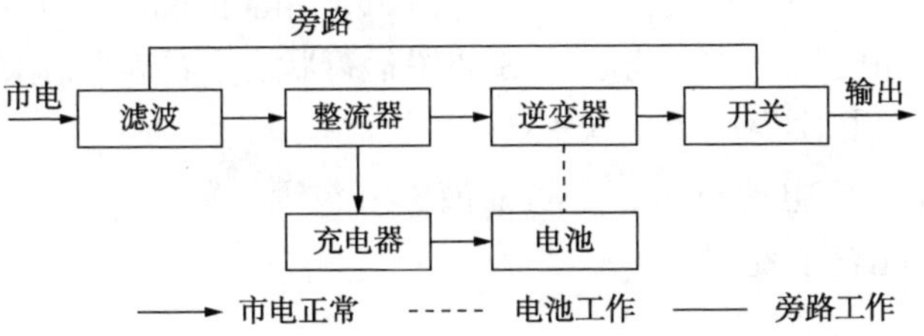

图 4-5-3　UPS 原理图

大型油库应按负荷要求设置应急电源。

(1) DCS 及仪表电源由不间断电源 UPS 供电。仪表用 UPS 不间断电源装置的容量，需满足相关专业的要求。

(2) 各一级负荷中特别重要负荷由直流蓄电池、UPS 不间断电源、EPS 电源供电。

(3) 应在 UPS 输出隔离变压器进行中性点接地(仪表侧工作零线不再接地)，并且检查 UPS 切旁路的过程中是否存在断 N 线的过程，是否存在“一火一地”用电现象。

(4) UPS 的工作电源和自动旁路电源宜接入变电所不同母线，旁路电源和检修旁路电源应接自同一条母线。非重要仪表负荷(如仪表控制机柜照明和风扇，现场普通仪表等)和插座均不能接入 UPS 电源。UPS 不得作为调试电源。

(5) 禁止选用不带第二电源旁路的 UPS 机型，不得选用仅由蓄电池提供静态旁路开关工作电源的 UPS 机型。

(6) UPS 应能在额定条件下，在海拔 1000m 及以下的高度正常运行。当海拔超过 1000m 时，应降额使用，降额系数见表 4-5-1。

表 4-5-1　降额系数表

海拔/m	降额系数 a	海拔/m	降额系数 a
1000	1.0	3500	0.78
1500	0.95	4000	0.74
2000	0.91	4500	0.7
2500	0.86	500	0.67
3000	0.82		

(二) 日常维护

1. UPS 巡检

(1) 巡检内容包括：环境温度、卫生情况、封堵情况、消防器材检查、交流互投主电源和旁路电源工作状态、UPS 装置运行状态、冷却风扇等。

(2) UPS 巡检频次原则上 1 次/天。

(3) 关注蓄 UPS 电池电压、是否漏液、鼓包等。

(4) UPS 需配置系统图。

2. UPS 定期维护工作

(1) 一个基准周期内进行一次预防性检修。检修内容包括设备内部清扫、元器件检查、接线端子紧固、风扇更换、运行参数检查、绝缘状况检查等。

(2) 每季度进行一次蓄电池内阻检测，每年进行一次蓄电池充放电。

UPS 系统如图 4-5-4 所示。

(三) 常见故障处理

1. UPS 报警

当 UPS 报警时，应区分是瞬时性故障还是硬件故障，应按下报警复位按钮以确认故障的状态。报警信号消失，可认为故障为外界引起的瞬时状态；如报警不消失则认为硬故障，应按故障种类分别处理。

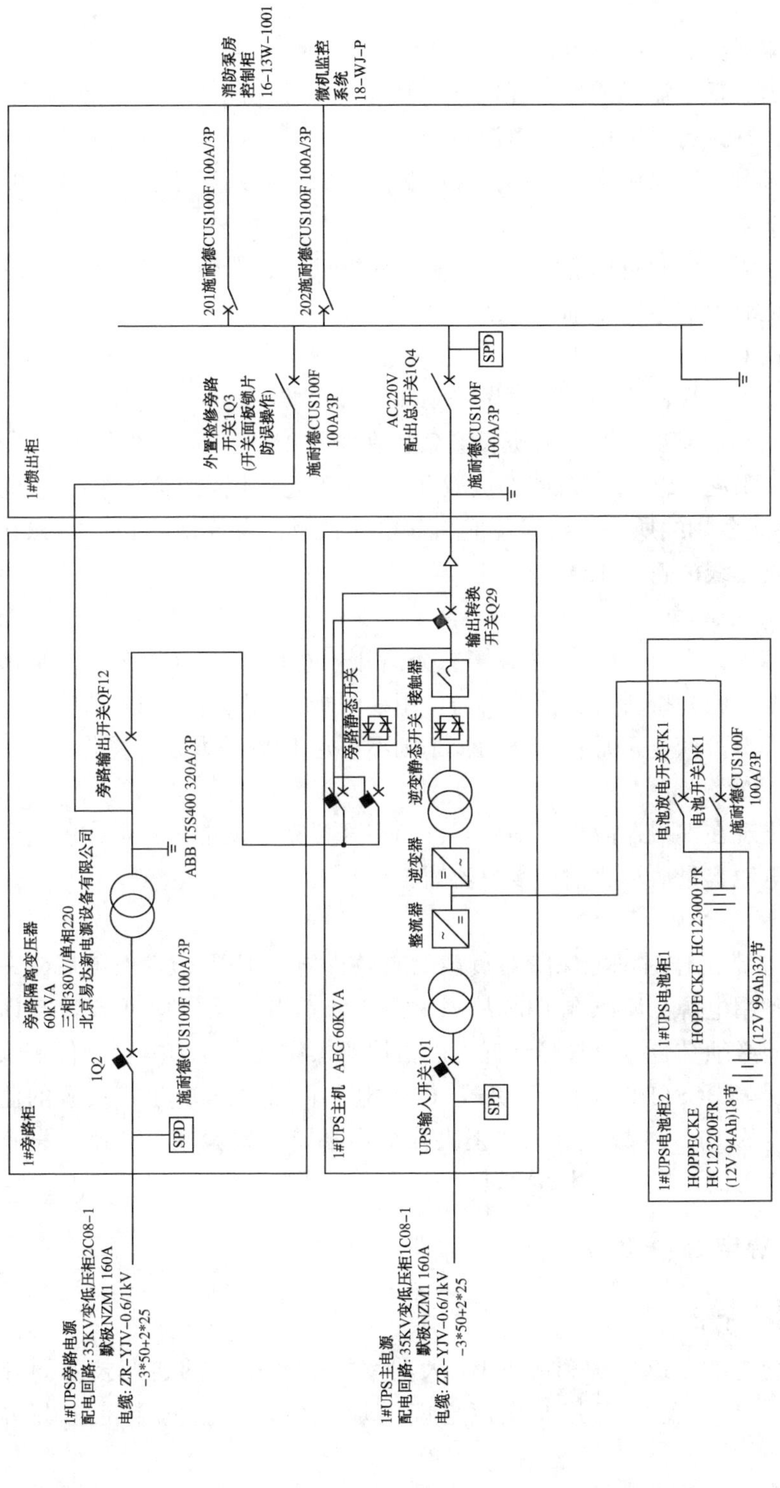
消防泵房
控制柜
16-13W-1001
微机监控
系统
18-WJ-P
201施耐德CUS100F 100A/3P
202施耐德CUS100F 100A/3P
外置检修旁路
开关1Q3
(开关面板锁片
防误操作)
施耐德CUS100F
100A/3P
AC220V
配出总开关1Q4
施耐德CUS100F
100A/3P
SPD
1#馈出柜
1#旁路柜
旁路隔离变压器
60kVA
三相380V/单相220
北京易达新电源设备有限公司
1Q2
施耐德CUS100F 100A/3P
SPD
旁路输出开关QF12
ABB T5S400 320A/3P
1#UPS主机 AEG 60KVA
UPS输入开关1Q1
SPD
整流器
逆变器
逆变静态开关
接触器
旁路静态开关
输出转换
开关Q29
1#UPS电池柜2
HOPPECKE
HC123200FR
(12V 94Ah)18节
1#UPS电池柜1
HOPPECKE HC123000 FR
(12V 99Ah)32节
电池放电开关FK1
电池开关DK1
施耐德CUS100F
100A/3P
1#UPS旁路电源
配电回路: 35KV变低压柜2C08-1
默极NZM1 160A
电缆: ZR-YJV-0.6/1kV
-3*50+2*25
1#UPS主电源
配电回路: 35KV变低压柜1C08-1
默极NZM1 160A
电缆: ZR-YJV-0.6/1kV
-3*50+2*25

图4-5-4 UPS系统图

2. 整流器故障

(1) 直流器交流母线失电

用万用表测量整流器前端有无电压，检查入口空气开关和上一级馈电开关，如没有电压，则执行送电操作，整流器开机。

(2) 如采取以上措施无效，则应保护故障现象，联系厂家协调处理。

3. 逆变器故障

逆变器故障会引起备用等级降低，必须谨慎处理，严防故障扩大化。这时首要任务是保证对DCS供电，而非维修UPS本身。

(1) 确认UPS工作在备用线。

(2) 逆变器试探性启动，同时做好立即停机的准备。

(3) 如试起不成功，通知值班长应禁止在备用线所在母线段启动大型机组，严格禁止合入引起UPS过流跳闸的负载开关(与工艺、仪表工种有关，应立即协调)，严格禁止备用线所在母线段可能引起电压波动、甚至失电的一切操作，必须坚决保障备用线的正常工作。

4. 静态开关故障

该种故障也会引起UPS工作在第二条备用电源的不安全状态下，必须谨慎处理。可采取措施，查看可否使主线与备用线同步，如同步，则采取措施使UPS工作于主线，即可恢复正常；如不同步，则不可对UPS采取任何操作。

5. 电池的放电

该故障出现在整流器故障而逆变器、静态开关完全正常时，可按整流器故障处理尽量在电池容量放尽之前恢复整流器工作。

6. 操作注意事项

在UPS正常工作时都能保障对负载的有效供电。但是UPS故障后，一般都会失去一条备用电源。所以在UPS故障时，任何不当的操作均可能引起UPS负载失电。因此必须结合当时故障情况，严格按照操作规程谨慎操作。值班人员的首要任务是保障DCS(UPS的主要负载)的供电、确保DCS对生产装置的监控与操作而非去维修UPS本身，所以要坚决杜绝不必要的试验性重合闸，只有在确认负载确实正常的情况下，才可将其投入。

四、应急电源(EPS)

(一) 功能介绍

逆变应急电源(EPS)是利用IGBT大功率模块及相关的逆变技术而开发的一种将直流电能转化成正弦波交流电能的应急电源，它的额定输出功率为

0.5kW~1MW，宜用作应急照明系统的应急电源，适用于电感性及混合性的照明负荷。

1. EPS 的工作原理

EPS 是由充电器、蓄电池(组)、逆变器、控制器、转换开关、保护装置等组合而成的一种电源设备，其工作原理类似于后备式 UPS。这种电源设备在交流输入电源正常时，交流输入电源通过转换开关直接输出，交流输入电源同时通过充电器对蓄电池(组)充电。当控制器检测到主电源中断或输入电压低于规定值时，转换开关转换，逆变器工作，EPS 处于逆变应急运行方式向负载提供需要的交流电能。当主电源恢复正常供电时，转换开关接通主电源为负载正常供电，此时逆变器关闭，其工作原理见图 4-5-5，一般常用于应急照明、电动阀的供电。

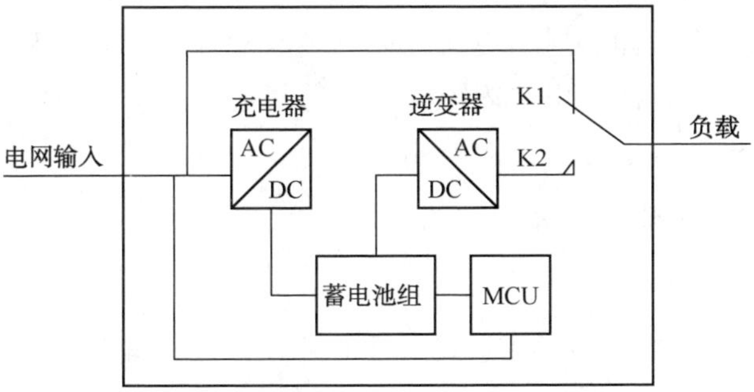

图 4-5-5 EPS 原理图

2. EPS 的转换时间和供电时间

当主电源中断或电压低于规定值时，EPS 从正常运行方式转换到逆变应急运行方式的转换时间应保证使用场所的应急要求，一般为 0.1~0.25s，使用条件不符合上述转换时间要求或特殊使用条件的用户可与制造商协商解决。当 EPS 作为应急照明系统的应急电源时，其转换时间应满足下列要求：

(1) 用作安全照明电源装置时，不应大于 0.25s。

(2) 用作疏散照明电源装置时，不应大于 5s。

(3) 用作备用照明电源装置时，不应大于 5s；金融、商业交易场所不应大于 1.5s。

EPS 在额定输出功率下，应急供电时间不应小于标称额定工作时间，应急供电时间一般为 30min、60min、90min、120min、180min 五种规格，还可以根据用户需要选择更长的，但其初装容量应保证应急时间不小于 90min。

（二）日常维护

1. EPS 巡视检查

（1）检查环境及温度，环境清洁，室温不高于 30℃。

（2）观察 EPS 操作控制显示屏，表示 EPS 运行状态的模拟流程指示灯的指示处于正常状态，所有电源运行参数处于正常范围，且无故障或报警信息。

（3）声音正常。

（4）柜内各元器件无过热和损伤现象。

（5）蓄电池接头无腐蚀、过热，有防止接头氧化措施。蓄电池应清洁无漏液，电解液液面位置正常，蓄电池外壳无变形。蓄电池消氢帽、防酸帽清洁。

2. EPS 定期维护工作

（1）一个基准周期内进行一次预防性检修。检修内容包括设备内部清扫、元器件检查、接线端子紧固、风扇更换、运行参数检查、绝缘状况检查等。

（2）每季度进行一次蓄电池内阻检测，每年进行一次蓄电池充放电。

（3）每季度进行一次红外成像检测。

（三）常见故障处理

1. EPS 报警

当EPS 报警时，首先要区分是瞬时性故障还是硬件故障，应按下报警复位按钮以确认故障的状态。报警信号消失，可认为故障为外界引起的瞬时状态；如报警不消失则认为硬故障，应按故障种类分别处理。

2. 整流器故障

（1）直流器交流母线失电

用万用表测量整流器前端有无电压，检查入口空气开关和上一级馈电开关，如没有电压，则执行送电操作，整流器开机。

（2）如采取以上措施无效，则应保护故障现象，联系厂家协调处理。

3. 静态开关故障

该种故障也会引起 EPS 工作在第二条备用电源的不安全状态，必须谨慎处理。可采取措施，查看可否使主线与备用线同步，如可，则采取措施使 UPS 工作于主线，即可恢复正常；如不同步，则不可对 UPS 采取任何操作。

4. 电池的放电

该故障出现在整流器故障而逆变器、静态开关完全正常时，可按整流器故障处理尽量在电池容量放尽之前恢复整流器工作。

五、直流电源

（一）功能介绍

变电站的控制、信号、保护及自动装置以及其他二次回路的工作电源称为操作电源。对操作电源的基本要求如下：

（1）在正常情况下，应能提供断路器跳、合闸以及其他设备保护和操作控制的电源。

（2）在事故状态下，电网电压下降甚至消失时，能提供继电保护跳闸及事故照明电源，避免事故扩大。

直流操作电源系统原理如图 4-5-6 所示。

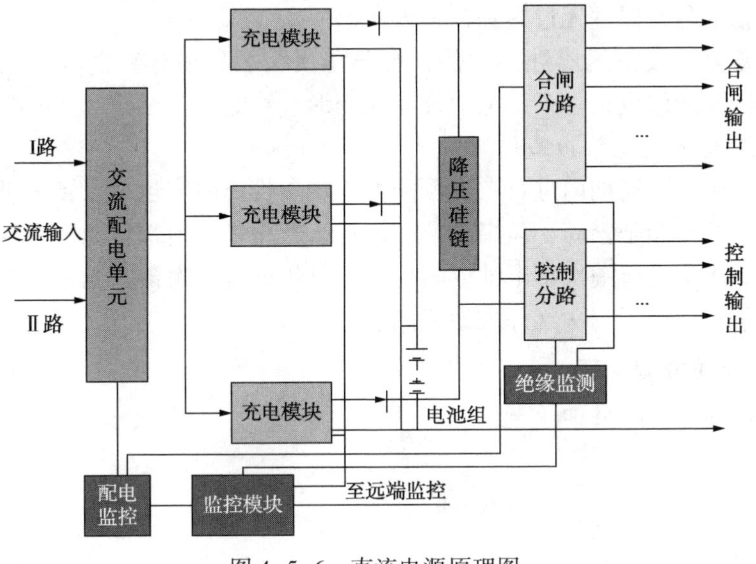

图 4-5-6　直流电源原理图

直流操作系统接线要求安全可靠、接线简单、供电范围明确、操作方便。

（1）系统电压选择：专用控制负荷的直流系统宜采用 110V；专供动力负荷的直流系统宜采用 220V；控制负荷和动力负荷合并供电的直流系统采用 220V 或 110V。

（2）蓄电池组数配置：220~750kV 变电站应装设不少于 2 组蓄电池，110kV 及以下变电站宜装设 1 组蓄电池，对于重要的 110kV 变电站也可装设 2 组蓄电池。

（3）充电装置配置：充电装置形式宜选用高频开关电源模块型充电装置，也可选用相控式充电装置。

1）1组蓄电池，采用相控式充电装置时，宜配置2套充电装置；采用高频开关充电装置时，宜配置1套充电装置，也可配置2套充电装置。

2）2组蓄电池，采用相控式充电装置时，宜配置3套充电装置；采用高频开关充电装置时，宜配置2套充电装置，也可配置3套充电装置

（二）日常维护

1. 直流电源的巡视检查

（1）检查环境及温度，环境清洁，室温不高于30℃。

（2）观察操作控制显示屏，运行状态的模拟流程指示灯的指示处于正常状态，所有电源运行参数处于正常范围，且无故障或报警信息。

（3）检查声音是否正常。

（4）柜内各元器件无过热和损伤现象。

（5）蓄电池接头无腐蚀、过热，有防止接头氧化措施。蓄电池应清洁无漏液，电解液液面位置正常，蓄电池外壳无变形。蓄电池消氢帽、防酸帽清洁。

2. 直流电源定期维护工作

（1）一个基准周期内进行一次预防性检修。检修内容包括设备内部清扫、元器件检查、接线端子紧固、风扇更换、运行参数检查、绝缘状况检查等。

（2）每季度进行一次蓄电池内阻检测，每年进行一次蓄电池充放电。

（3）每季度进行一次红外成像检测。

（三）常见故障处理

直流接地的故障处理

现象：

（1）铃响。

（2）直流接地光字牌亮。

（3）触摸屏显示某段控制接地。

处理方式：

（1）断开直流盘相应报警的控制开关，接地现象消失，确定为故障位置。

（2）采用拉路法确定接地开关柜。

（3）依次断开开关柜控制电源，当断开该开关柜控制电源时，接地现象依然存在，应排除该开关柜，立即合上该开关柜控制电源。

（4）当断开该开关柜控制电源时，接地现象消失，合上该开关柜控制电源，接地现象又出现，则确定该开关柜控制电源线路存在接地故障。

（5）处理完接地故障，恢复开关原来状态。

（6）做好记录，及时汇报。

六、电气设备预防性管理

（一）基本原则

1. 预防性管理

在设备未发生故障前，按照预定计划或相关准则进行的测试、维护保养、维修、改造等工作，其目的是防止设备损坏、保证设备安全运行、提高设备运行可靠性，包含定期性维护、预知性维修、季节性维护和反事故措施。定期开展电气设备及供配电系统日常运行维护工作。按照电气设备检修规程和试验规程的要求，定期开展电气设备的检修、试验和清扫工作。

2. 预知性维修

油库以安全、可靠性、环境、成本为基础，通过设备状态评价、风险评估、检修决策，达到运行安全可靠，检修成本合理的一种检修策略。运行设备状态检测包括在线监测、带电检测等方式。油库设备维护检修规程规定的检修、试验周期一般为设定为 1 年。

（二）预知性维修

1. 红外成像检测

变配电设备的红外热成像检测要求如下：

（1）35kV 及以下变（配）电站全部设备（一次和二次设备）、开关柜的前后门，每个季度开展一次红外成像仪测温。

（2）运行环境差、运行年限久或有缺陷的设备，大负荷运行期间、系统运行方式改变且设备负荷陡增等情况下，应增加检测频次。

（3）新建、改扩建、大修后或停运超过一个季度的设备，在投运带负荷后不超过 1 个月内（至少 24h 以后）进行一次检测。

（4）电气设备检修前，负荷未停之前，开展一次红外成像仪测温，指导电气设备的清扫紧固工作。

（5）新建项目，可选择具有红外视窗的配电设备，方便开展相关红外检测。

电气设备现场红外检测记录如图 4-5-7 所示。

2. 带电局放检测

（1）6kV 及以上电力电缆新投用、改造、更换中间头或终端头后，6～35kV 电缆应进行振荡波局放检测，110kV 及以上应进行高频局放检测。6～35kV 的系统电缆应在每个基准周期内分批次开展振荡波局放检测；35kV 及以上电缆应每年进行 1 次高频局放检测，检测周期内开展过振荡波局放检测的 35kV 电缆可不进行检测。

电气设备现场红外检测记录

班组名称:　　　　　　　　天气:　　　　　　　　仪器:　　　　　　　　检测人员:

变电所名称/设备名称	缺陷部位	最高温度	环境温度	负荷电流/额定电流A	图号	检测日期及时间	备注

图 4-5-7　红外成像检测记录

（2）在运 6~35kV 开关柜及其母线桥应进行特高频、暂态地电压和超声波局放检测，每 2 年检测 1 次，检修周期超过 4 年的油库一个检修期内可进行 2 次。

3. 蓄电池检测

（1）蓄电池日常巡检随主设备巡检一同开展，重点关注蓄电池电压、是否漏液、鼓包等。

（2）每季度进行一次蓄电池内阻检测，每年进行一次蓄电池充放电。

蓄电池定期检查如图 4-5-8 所示。

蓄电池定期检查表						
设备名称:				环境温度:		
电池厂家:				投用时间:		
电池型号:				检测时间:		
电池数量:				检测人员:		
电池编号	电压/V	内阻/mΩ	电池编号	电压/V	内阻/mΩ	检测结果
1						
2						
3						

图 4-5-8　蓄电池定期检查表图例

蓄电池活化记录如图 4-5-9 所示。

4. 防爆电器检测

针对在使用中的防爆电器，《危险场所电气防爆安全规范》（AQ3009—2007）标准中有规定：使用中的防爆电器至少 3 年委托一次具有防爆专业资质的检测中心进行防爆电器的性能、安装、维护等的检测，对检测不符合项必须及时采取整改措施，并将检查报告和整改情况向安全生产监督管理部门备案。现场开展防爆检测如图 4-5-10 所示。

蓄电池放电活化记录表											
电池厂家:		电池型号:		电池数量:		环境温度:		检测日期:		检测人员:	
记录 编号	1			2		3		4		5	
	时间:			时间:		时间:		时间:		时间:	
	电压/V	内阻/mΩ	温度/℃	电压/V	温度/℃	电压/V	温度/℃	电压/V	温度/℃	电压/V	温度/℃
1#											
2#											
3#											
4#											
5#											
6#											
7#											
8#											

图 4-5-9 蓄电池活化记录表图例

输油泵棚		防爆接线箱	BJX-36/10X/G11	Exd II B T6 Gb	CNEX20.3278	火焰探头控制箱

图 4-5-10 现场开展防爆检测

5. 防雷防静电

防止雷击、静电产生危害的接地装置为防雷、防静电接地。爆炸和火灾危险环境的防雷设施每年应检测 2 次，其中 1 次应在雷雨季节前完成监测。其余的防雷、防静电接地装置每年检测 1 次。此外，雷雨季节期间，油库应每月进行一次关键部位接地电阻自行监测。

6. 防止小动物进入重要设备室的措施

(1) 防止小动物进入变配电室、控制室的措施

① 电缆沟、桥架、隧道的电缆进出口及其他孔、洞应进行两头防火封堵。根据孔洞大小决定封堵长度，防止防火胶泥等脱落。

② 应保持门窗及玻璃完好，关闭严密、无明显缝隙，窗户、通风口(含空调)宜安装防护网，网孔应小于 2. 3mm×2. 5mm。

③ 因施工需在墙上开孔、洞，以及进行开关柜试验、检修作业时，施工中要及时采取防小动物进入的临时措施，施工结束后所开孔、洞应及时封堵。

④ 门口须安装挡鼠板，高度不低于 450mm，并应设置防绊倒的警示标识。

⑤ 室内沿墙角或地板下方定置化摆放适当数量的粘鼠板，并定期检查更换。

若发现小动物进入痕迹，应及时采取捕捉措施。

⑥ 电缆隧道的通风口、电缆进出洞、门窗也应参照上述要求做好防小动物工作。防鼠挡板如图 4-5-11 所示。

图 4-5-11　防鼠挡板

（2）防止小动物进入开关柜、控制柜的措施

① 电气设备之间的间隔板、护网、门应保持完好。

② 柜体应完好无缺，柜门能正常开关，运行中应关闭，其电缆、母排进出孔洞应封堵。

③ 防止小动物引起短路的措施 35kV 及以下室外变压器高低压套管金属裸露处、母排宜加装热塑套管，母排接头处安装专用热塑异型扣。为挂接地线而预留的导电部位，三相应相互错开，确保不会发生短路事故。

7. 防凝露

（1）空调冷凝水管应无破损，定期检查完好情况，柜式空调宜使用 PVC 或镀锌管。

（2）空调风道和出风口不应在电气设备的正上方；禁止出风口正对电气设备，防止电气设备内部凝露。

（3）重要装置的高、低压变配电室、变电站控制室运行环境温度应保持在 5～30℃，相对湿度应保持在 40%～70%，否则应及时除湿，防止污闪。继电保护装置室、发电机励磁室的运行环境温度应不超过 25℃，相对湿度应保持在 40%～60%。

（4）加强控制室上方贴邻房间的水源和空调出水口的管理，防止漏水至下方控制室。控制室上方房间的水源宜拆除。

七、票证管理

为了保证电气安全操作，杜绝电气安全事故的发生，在电气设备日常操作中严格执行工作票、操作票制度。在变电站高低压设备上工作都需要开具工作票，工作票分为一种工作票、二种工作票及倒闸操作票。票证的认真准确执行直接关系到油库的安全运行。必须严格执行电气三三二五制。

（一）工作票执行规定及原则

（1）在电气设备上及其相关场所的工作，必须执行工作票规定。

（2）由于工作场所、环境、设备布置、施工方法以及在施工中的安全条件各有不同，因此，应采取的安全措施各不相同，故工作票又分为变电站第一种工作票、变电站第二种工作票等；

（3）填用变电站第一种工作票的工作为：需要高压设备停电、部分停电或做安全措施的工作。

（4）填用变电站第二种工作票的工作为：

① 控制盘和低压配电盘、配电箱、电源干线上的工作。

② 二次系统和照明等回路上的工作，不需要将高压设备停电者或作安全措施者。

③ 转动中的发电机、同期调相机的励磁回路或高压电动机转子电阻回路上的工作。

④ 非运行人员用绝缘棒和电压互感器定相或用钳形电流表测量高压回路的电流。大于《安规》(变电站)距离的相关场所和带电设备外壳的工作以及无可能触及带电设备导电部分的工作。

⑤ 一张工作票中，工作票签发人、工作负责人和工作许可人三者不得互相兼任。工作负责人和工作班成员不能在同一时间内从事两张及以上工作票的工作。

⑥ 变电站、发电厂在同一条母线上，在同一楼层、同一高压室内、工作任务相同、同时停送电的多回路电气设备工作，可填用一张工作票。

⑦ 变电站第一种工作票，应在工作前一日将工作票送达运行值班人员。对无人值班变电站应送达中控室，以便做好各项准备工作。

⑧ 运行值班人员接到工作票后，应根据工作任务、停电范围，认真审核工作票上所填安全措施是否正确、完善并符合现场条件。

⑨ 第一种工作票，在变电站工作每日收工后，工作负责人会同运行值班员检查施工现场情况无误后，双方签名并填上收工时间方告收工，工作负责人所执工作票交回值班员保管，按值移交。再次开工应重新履行工作许可手续，取回工作票，方可开工。

⑩ 变电站第二种工作票，每日收工，工作班人员应清扫工作现场，开放已封闭的道路，并将工作票交回运行值班人员，按值移交。再次复工时应得到工作许可人的许可，取回工作票，并由运行值班人员记录在《运行日志》中。

（二）倒闸操作票执行规定及原则

1. 验电操作原则

（1）验电应使用相应电压等级而且合格的接触式验电器，在装设接地线或合接地刀闸处对各相分别验电。验电前，应先在有电设备上进行试验，确证验电器良好，无法在有电设备上进行试验时可用高压发生器等确证验电器良好。

（2）验电器的伸缩式绝缘棒长度应拉足，验电时手应握在手柄处不得超过护环，人体应与验电设备保持安全距离。雨雪天气时不得进行室外直接验电。

（3）对无法进行直接验电的设备，可以进行间接验电。

（4）对于 GIS 设备：合线路侧接地刀闸时，装有鉴定合格且运行良好的线路带电显示器可以作为验电依据，无带电显示器的以调度命令为准；在合其他接地刀闸前，应确认连锁回路投入正常，无验电手段时可以不验电。

（5）对于封闭式开关柜：凡装有鉴定合格且运行良好的带电显示器，可以作为线路有电或无电的依据；站内正常操作时，拉开开关前检查三相监视灯全亮，拉开开关后检查三相监视灯全灭，即可认为线路无电；当开关由远方操作拉开或事故掉闸后，如带电显示器三相监视灯全灭，即可认为线路无电。

2. 接地操作

（1）装设接地线应由两人进行，当验明设备确已无电压后，应立即将检修设备接地并三相短路。

（2）装设接地线应先接接地端，后接导体端，接地线应接触良好，连接应可靠。拆接地线的顺序与此相反。

（3）装、拆接地线均应使用绝缘棒和戴绝缘手套，人体不得碰触接地线或未接地的导线，以防止感应电触电。

（4）接地线应使用专用的线夹固定在导体上，严禁用缠绕的方法进行接地或短路。

（三）操作票规范

1. 操作任务填写

一份操作票只能填写一个操作任务；一项连续操作任务不得拆分成若干单项任务而进行单项操作。

允许采用一份操作票的情况

（1）同一启动方案的设备、油库启动的操作。

（2）按统一调度令进行的 220kV 及以下电压等级两回或以上两端厂站对应相同的线路停送电，如果线路起止状态完全相同，允许合并为一个操作任务。

（3）按同一调度令进行的 6kV 或 10kV 多回线路同时停（送）电的操作。

（4）按统一调度综合令进行的同一段母线多个间隔停（送）电的操作。

(5) 对于变压器及其各侧断路器同时由运行转检修(冷备用)状态或由检修(冷备用)状态转为运行状态的操作。

(6) 按同一调度令进行的同一条路上的多个断路器及负荷开关停(送)电的操作。

2.“操作项目”填写内容要求

操作项目要求中间不得空行。有空白行时，在操作内容结束的下一行顶格盖“以下空白”章。操作项目不得并项填写，一个操作项目只有一个动词。防误装置电脑钥匙和锁具的操作不写入操作票。“操作项目”栏应填写的内容：

(1) 拉开、合上的断路器(应填双重编号)、隔离开关(其中旁路、接地、TV等隔离开关要在隔离开关前加上旁路、接地、TV 等字样)。

(2) 拉合断路器和隔离开关后，检查实际位置。

(3) 拉合隔离开关、手车式开关拉出或推入工作位置前检查断路器在拉开位置。

(4) 继电保护和自动装置的调整、检查、切换。

(5) 检查负荷分配，主变压器及双回或多回线路进行停电操作前后，检查另外的主变压器或线路不过负荷，代路操作在合环后检查负荷分配；系统合环后，检查负荷分配良好；解环后，检查负荷转移良好。

(6) 取下或给上二次回路及电压互感器回路的熔断器。

(7) 拉开或合上空气断路器。

(8) 投入、退出相关的二次连接压板(包括监控后台机的软连接压板)，压板应分项填写；投入出口、联跳压板前，测量压板对地电压。

(9) 投入、退出断路器等设备的合闸、储能、信号、控制电源。

(10) 投入、退出隔离开关操作电源。

(11) 合接地刀闸、装设接地线前在具体位置检验确无电压，使用带电显示器验电应列入操作步骤。

(12) 核对现场设备的运行状态，设备检修后合闸送电前，检查送电范围内接地线(含接地刀闸)、短路线已拆除或拉开。

(13) 装设或拆除绝缘挡板或绝缘罩。

(14) 经传动机构进行远方操作的隔离开关，对操作结果现场进行检查确认。

(15) 母线充电后检查母线电压(母线没有电压值监测手段的除外，带负荷充电后不用写检查步骤)。

(16) 投、停遥控装置。

(17) 给上或取下手车开关的二次插头。

(18) 调度下令悬挂或拆除的标志牌，布置安全标示牌应逐项填写，收回安全标示牌可作为一个操作项目填写。

（19）挂、拆的接地线及编号。

（20）测试设备绝缘电阻。

八、案例分析

10kV Ⅰ段母线停电事故分析

1. 事件经过

某110kV站按计划更换馈线2#线646开关综保装置。9时45分30秒开始操作，9时51分14秒，在操作“退出”快切功能切换开关时，误动“手动启动”开关，导致6kV Ⅰ段进线601开关分闸，80ms后605开关合闸，造成6kV Ⅰ段系统电压小幅波动，因电压跌落只有13%Ue，故未对供电系统及装置造成影响。10时11分19秒，在拉开6kV分段开关605时，6kV Ⅰ段母线全段失电。

10时12分42秒，手动合入6kV分段开关605，恢复6kV Ⅰ段母线供电。

2. 原因分析

（1）直接原因

① 操作人员对快切装置的操作不熟练，操作过程中未严格执行倒闸操作的“三对照”（对照操作任务和运行方式填写操作票、对照模拟图审核操作票并预演、对照设备名称和编号无误后再操作），导致操作时误将快切装置的“手动启动”转换开关当作快切装置的“退出/投入”转换开关，人为启动了快切装置，10kV Ⅰ段进线601开关分闸，605开关合闸，造成10kV Ⅰ段短暂波动。

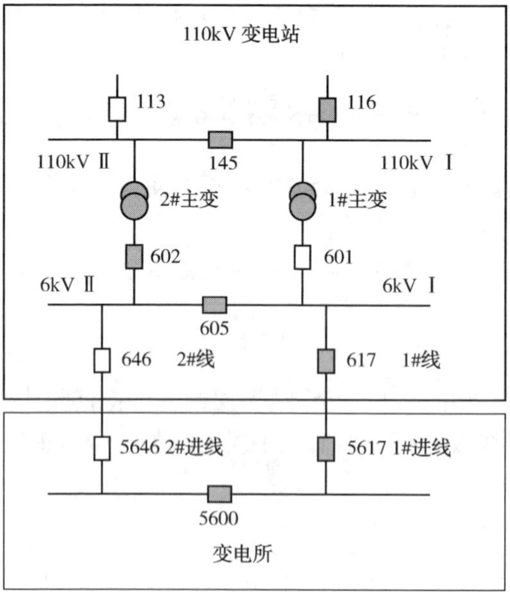

图4-5-12　系统简图

② 执行“10kV母线分段开关605由运行转热备”操作任务（系统低压侧母联解环操作）时，因快切装置已将601开关分闸，操作人员又未能及时发现601开关已在分闸状态，在执行“拉开10kV母线分段开关605”操作步骤时，造成10kV Ⅰ段母线失电。

系统简图如图4-5-12所示。

（2）间接原因

① 监护人履行职责不到位。监护人员未严格履行监护人的职责，未及时发现和制止不正确、不规范的动作，未严格履行倒闸唱票中监护职责。

② 操作人员责任意识不强。对相关操作有可能产生的后果认识不足，缺乏敬畏感。车间对职工责任意识培养教育不到位。

（3）管理原因

① 风险管控不到位。操作人员对系统倒闸操作中受总开关、分段开关“解并列”发生误操作的风险及后果认识不足，风险评估危害识别不全面、措施不到位，导致605开关合、分闸前未仔细检查、确认相关状态及参数变化。

② 制度执行不到位。为保证操作的准确性，专业已制定了倒闸唱票监护相关规定，但操作人员没有认真执行，反映出日常监管不到位，制度落实有缺失。

③ 快切装置开关布置不合理。该快切装置的“手动启动”转换开关与“退出/投入”转换开关并列布置，距离较近，操作人员一旦出现麻痹大意，容易产生误操作。

（4）采取措施

① 加强电气各项操作制度执行情况的检查考核，杜绝重形式、走过场，确保各项制度得到严格全面有效的执行。

② 加强职工责任意识的培养，结合本次事故及相关电气事故案例，全员开展事故学习，吸取事故教训，结合岗位责任制的落实，提高全员的责任意识，使大家充分认识到自己每一项操作的重要性以及对全局的影响，认真履职、精心操作，严格遵守操作纪律，确保岗位生产安全。

③ 加强相关操作的危害识别及风险评估。对各项操作的风险进行全面深入的排查分析，采取有效管控措施。如对倒闸操作的关键步骤列表提示需要确认、检查的部位、内容、参数等事项，确保操作准确无误。

④ 增加操作过程中的视频监控。

通过上述案例的分析，严格按照操作要求进行操作，会大大减少误操作，确保大型油库电气设备的安全有序运行。

第六节　仪表技术

工业仪表是油库安全运行的重要组成部分。通过工业仪表，能在无人操作的情况下自动地完成测量、记录和控制的工作。此外，还可实现信息远距离传送和数据处理等目标。

一、雷达液位计

（一）功能用途

储罐雷达液位计主要用于储罐内原油液位测量，具有就地和远传及收发油过程中与罐容系统配合计算收发油速率功能，是油库生产运行的关键仪表设备之一。

（二）技术特点

根据《石油储备库设计规范》（GB 50737—2011）第 11. 1. 2 条要求，每座油罐应设置液位连续测量仪表，应符合精度优于±1mm，所以雷达液位计选型精度应满足≤±1mm。液位连续测量信号应以现场通信总线的方式远传送入控制室的罐区液位数据采集系统，并通过串行接口与储备库计算机监控管理系统通信。油库应建立雷达液位计台账，详细记录相关信息，见表 4-6-1。

表 4-6-1　雷达液位计台账

序号	单位	位号	设备名称	安装地点	规格型号	设备类别	精度	量程	检测参数	生产厂家	使用日期
例	××库	LIA2011	雷达液位计	T1 罐	××	B	0. 5	0～21. 8m	T1 罐液位	××	2008. 10

（三）日常管理

雷达液位计安装以后，维护和保养步骤如下：

（1）定期的检查雷达液位计和中控室接口单元的接地线缆是否完好无损；

（2）定期将雷达液位计读数与人工投尺读数进行比对；

（3）当储罐长时间没有操作时，比如空罐或储存一定液位的物料较长的时间，应对液位计通信回路进行通信回路测试。

雷达液位计如图 4-6-1 所示。

安全认证和报警提示：

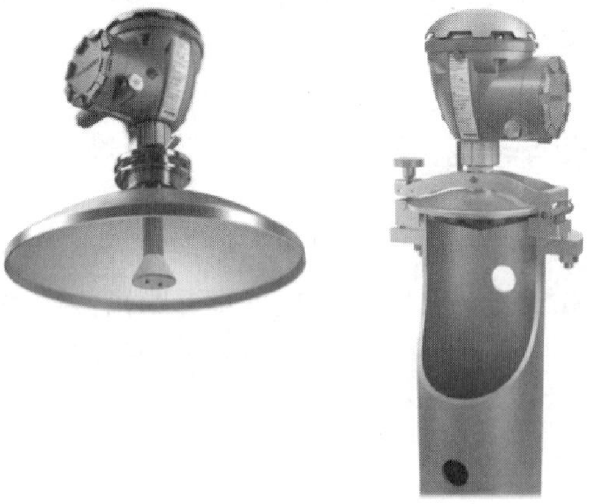

图 4-6-1　雷达液位计

（1）计量级雷达液位计防爆等级为 Exd（ia）IIC T6，其可以安全的使用于罐区现场。

（2）计量级雷达液位计可以提供 SIL2 等级的继电器和 4～20mA 输出（包含最大值、最小值和全量程范围），可以接入罐区现场的 SIS 系统中。

（3）当雷达液位计出现任何故障时，雷达液位计的自带显示面板和罐旁显示仪颜色会变为醒目的红色，可以方便现场操作人员及时发现问题并采取相应的处理方式。

(四) 常见故障及处理

常见故障及处理见表 4-6-2。

表 4-6-2 常见故障及处理

障碍现象	解决方法
现象：当储罐确认没有任何物料或液位低于计量零点时，雷达液位计的读数不等于 0。	1) 检查确认雷达液位计的空高设置； 2) 对于导波管安装的雷达液位计，检查导波管底部反射板； 3) 使用调试软件或显示面板检查雷达液位计信号的包络曲线，确认底部信号的强度和相关参数
雷达液位计无法锁定真实的储罐液位读数，其读数不断跳动。	1) 对于有导波管安装的雷达液位计，需要检查导波管的内壁是否有黏附； 2) 使用调试软件或显示面板检查雷达液位计信号的包络曲线，确认真实液位和干扰信号的强度，检查相关参数(比如：首次回波因子、FAC 等参数)； 3) 根据实际的情况，设置抑制曲线
中控室库存管理软件或 DCS/PLC 的读数与现场液位计读数不一致。	1) 检查液位计的输出/通信设置； 2) 检查接口单元的输入/通信设置； 3) 检查库存管理软件的设置； 4) 检查 DCS/PLC 的输入/通信设置； 5) 进行回路线路检测

二、超声波液位开关

(一) 功能用途

超声波外测液位开关是一种利用超声波检测原理的液位报警装置。测量探头吸附在容器外壁是一种从罐外检测液位的完全非接触隔离式仪表。主要安装在储油罐罐壁，用于监测储油罐内液面的高度，实现高、低位报警功能，也可将其输出信号接入 SCADA/DCS 和 SIS 系统中，实现联锁控制功能。

液位开关安装如图 4-6-2 所示。

图 4-6-2 液位开关安装示意图

(二) 技术特点

(1) 被测容器：安装声呐探头处的容器壁要求用能够良好传递信号的硬质材料制成。例如：碳钢、不锈钢或其他复合材料。

（2）液位开关主机使用环境温度范围为：−20～60℃。在北方地区建议使用仪表保护箱，在阳光直射强烈的地区，建议将仪表安装在阴凉处或者用遮阳板，这样既可以避免暴晒造成仪表内温度过高，又能很好地通风散热。

（3）防爆、防腐、防护级别：外贴式液位开关采用铝合金铸造密封、表面环氧喷涂的防爆、防腐结构。适用于含爆炸性混合气体，中等浓度腐蚀性气体和 15%～95%湿度范围的恶劣环境。外贴式液位开关防爆等级为：Exd IIC T6 GB，防腐等级为：WF1 级户外中级防腐蚀。防水防尘等级为：IP65、IP67 级防护。

（4）参数见表 4-6-3。

表 4-6-3　液位开关参数表

名　称	参　数	名　称	参　数
电源	DC24V	环境温度	−40～100℃
继电器	继电器输出（无源节点）	环境湿度	0%～95%RH
继电器容量	DC30V 6A AC250V 6A	额定功率	3W
重复性误差	5mm	外壳材质	不锈钢、铸铝
可测壁厚	最大 60mm	防护等级	IP67
容器材质	钢、不锈钢、玻璃、不发泡塑料等	防爆等级	ExmbIIT6
可测介质	纯净液体、乳状液体、悬浮状液体		

（三）日常管理

（1）检查液位开关的检测探头应与罐壁接触良好，检测探头无移位、掉落情况。

（2）检测探头的引出线保护管固定牢固，无移位、掉落情况。现场防爆软管及保护管连接紧密，无断开现象。

（3）罐边变送单元外壳应无影响其性能的锈蚀、裂缝，变送单元内部无结露和进水现象。电源或运行指示灯状态正常。

（4）罐边变送单元、SCADA 或 SIS 界面无液位开关误报警。

（5）每季度校准一次，并做好校准记录。校准前，应临时摘除该储罐的液位联锁保护。

（四）常见故障及处理

常见故障及处理见表 4-6-4。

表 4-6-4 故障及处理

故障现象	故障原因	处理方法
液位开关误报警	液位开关程序错误	重新标定液位开关探头松脱、损坏，紧固维修或更换测量探头液位开关变送器故障，维修或更换液位开关变送器
探头安装错误	施工时安装错误或者受外力影响导致安装位置偏移	探头安装距离要满足大于 1m，位置用水平尺进行水平定位，不符合要求要重新进行安装
液位开关测量探头脱落	测量头避免外力影响	防爆挠性管不能有较大的扭矩力，并防止外物的磕碰，如不合格需重新安装

三、油库仪表联锁

（一）液位联锁

油库仪表联锁应根据《石油化工储运系统罐区设计规范》(SH/T 3007—2014)第 5. 4. 2 条，大型(5000m^{3}以上)可燃液体储罐、400m^{3}以上的危险化学品压力储罐应另设高高液位监测报警及联锁控制系统，同时也要符合《石油化工储运系统罐区设计规范》(SH/T 3007—2014)第 5. 4. 2 条设立相应的报警，储罐高液位报警的设定高度，不应高于储罐的设计储存高液位；储罐低液位报警的设定高度，不应低于储罐的设计储存低液位。

油库的联锁根据以上规范要求一般采用雷达液位计和液位开关进行二取一联锁或者液位开关三取二联锁的形式，动作结果应满足《石油储备库设计规范》(GB 50737)高高液位开关应具备高高液位联锁关闭油罐进口阀门的功能；低低液位开关应具备低低液位联锁停输油泵并关闭泵出口阀门的功能，低低液位开关设定高度(距罐底板)不小于 1. 85m。联锁逻辑如图 4-6-3 所示。

（二）联锁仪表管理

（1）油库应组织投用联锁回路，联锁回路 100%投用，对不能投用的联锁回路应办理联锁摘除审批手续。

（2）根据工艺生产操作法要求，在开、停工或某种特定工况下需要临时切除的联锁，不属于联锁摘除审批管理范围，但应严格按工艺操作法执行，相关操作法应是现行有效的文件。

（3）生产运行期间执行联锁系统的修改、解除、取消、恢复等作业时，均应填写《联锁工作票》，经审批后进行。作业时，工艺操作人员应密切监控与联锁有关的过程变量。作业完毕后，详细记录作业内容、解除及恢复时间等信息。

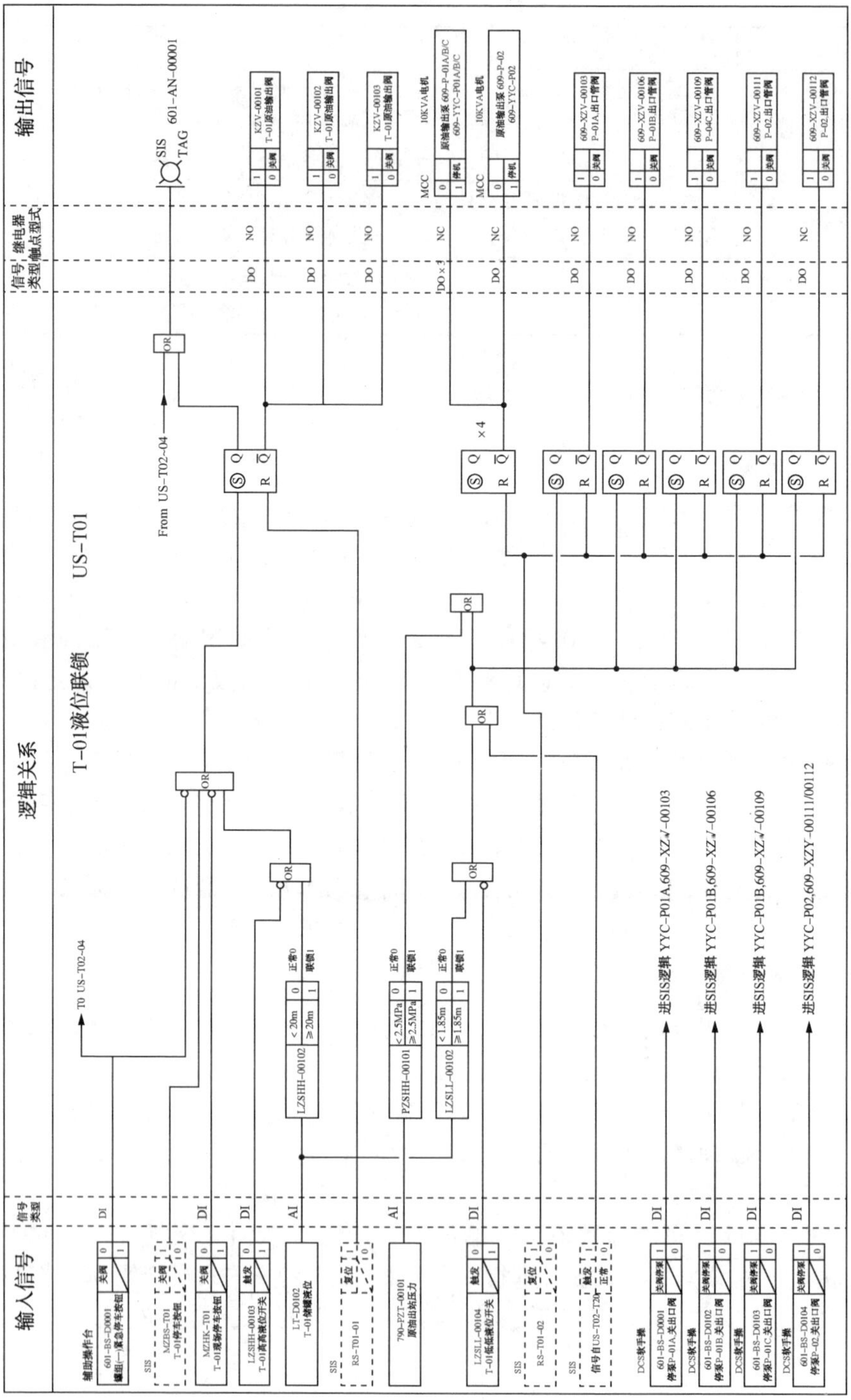
输入信号
信号类型
逻辑关系
T-01液位联锁
US-T01
信号类型
继电器触点型式
输出信号
SIS TAG 601-AN-00001
From US-T02-04
TO US-T02-04
进SIS逻辑 YYC-P01A,609-XZ√-00103
进SIS逻辑 YYC-P01B,609-XZ√-00106
进SIS逻辑 YYC-P01B,609-XZ√-00109
进SIS逻辑 YYC-P02,609-XZY-00111/00112

图4-6-3 联锁逻辑图

(4) 新油库或油库检修、开工之前，必须进行联锁确认。联锁确认由油库组织，有关的仪表、设备、电气等专业人员共同检查和确认，并经动作试验合格后填写《联锁系统开车联校确认单》，方可投入使用。

(5) 油库应制定联锁确认方案和记录表，联锁确认应首选生产人员实际操作达到联锁条件的确认方式，确实无法实际操作的由仪表等专业按需要进行模拟实验，模拟实验应从联锁回路可操作的最前端现场仪表到最终执行环节进行确认，严禁只从联锁控制系统进行模拟实验。

(6) 油库在仪表设备故障或检修需求时，应及时发起办理相关退出联锁手续，尽快消除设备隐患。

联锁作业票参考样式见表4-6-5。

表4-6-5 联锁作业票参考样式

<table>
<tr><td colspan="4">联锁摘除/恢复审批表</td></tr>
<tr><td colspan="2">仪表位号：
描述：</td><td colspan="2">联锁级别：□A □B □C
联锁类别：□工艺联锁/□设备联锁
动作类别：□解除 □恢复</td></tr>
<tr><td colspan="4">理由及内容：

申请单位： 申请人： 年 月 日 审核人： 年 月 日</td></tr>
<tr><td colspan="4">风险评估及工艺(设备)上采取的安全措施：

编制人： 年 月 日 审核人： 年 月 日</td></tr>
<tr><td colspan="4">作业方案及作业风险评估和采取的安全措施：

编制人： 年 月 日 审核人： 年 月 日</td></tr>
<tr><td rowspan="4">审核
意见</td><td>生产科：</td><td>审核人</td><td>年 月 日</td></tr>
<tr><td>设备科：</td><td>审核人</td><td>年 月 日</td></tr>
<tr><td>安全环保科：</td><td>审核人</td><td>年 月 日</td></tr>
<tr><td>技术质量科：</td><td>审核人</td><td>年 月 日</td></tr>
<tr><td>审批意见</td><td>主管经理：</td><td>审批人</td><td>年 月 日</td></tr>
</table>

四、流量计

(一) 功能用途

(1) 计量精确度高、流量范围大、重复性好；

(2) 转动平稳、管道内流体无压力波动，无振动；

图 4-6-4 流量计现场图

(3) 精确度受被测介质黏度变化的影响较小；

(4) 单壳体结构简单，体积小质量轻；双壳体结构避免了因高压使计量室变形，确保计量精度，亦可将内壳组件抽出进行维修或对管道冲洗、扫线、试压；

(5) 可按需要配备各种计数器和发讯器，实现就地指示或将电信号远传；

(6) 流体状态不影响计量精度，流量计前后不需直管段，减省占地和费用。如图 4-6-4 所示。

(二) 日常管理

1. 流量计的运行操作与监护

流量计首次投运或切换投运操作步骤：

(1) 按以下要求进行消气器排气：①缓慢打开消气器排气阀，直至气体全部排净；②观察消气器排气情况，若消气器排出原油，应立即关闭排气阀，停运消气器，对其检查。

(2) 缓慢打开流量计进口阀至 10%，使原油充满流量计，观察流量计、过滤器、压力表、附属设备及管线法兰连接处有无渗漏，稳压时间不少于 5min。

(3) 分别对过滤器、流量计缓慢排气，至无气为止。

(4) 排气完毕后，打开进口阀至 100%。

(5) 缓慢打开流量计出口阀，并使排量由小逐渐到大，观察流量计表头计数器和仪表运行是否正常，监听流量计的运转有无杂音。观察流量计的前后压差，如压差大于 0.2MPa 时流量计仍没有运转，则应立即关闭流量计的进、出口阀门，待查明原因排除故障后再继续投运。如无异常，调节流量计出口阀，使流量计在所需的流量范围内运行。

(6) 保持流量计出口运行压力不小于 0.1MPa。

(7) 流量计切换投运时，若已确知计量流程中无气体，可略过(1)~(3)。

流量计并联运行时，应调节流量计的出口阀，保持每台流量计的流量均衡，并在正常的流量范围内。

正常运行时，运行人员应每小时对流量计、压力表、温度计、过滤器等巡查一次，记录流量计表头读数、压力、温度值，同时监听流量计的运转是否有杂音，表头计数器有无卡字或计数不连续等现象。发现流量计异常，应及时投用备用流量计，停运该台流量计，同时做好记录。

2. 流量计的停运

流量计停运时，记录进、出口的温度、压力参数。流量计的切换应先投用备用流量计，待备用流量计运行正常后，方可停运流量计。对于暂时或短期停运的流量计，缓慢关闭出口阀，记录累积计数器数值；对于较长时期停运的流量计，应先缓慢关闭进口阀，再关闭出口阀，记录累积计数器数值，关闭仪表电源并记录停运时间。流量计停运后，应采取相应的措施防止憋压，对停运的流量计应根据停运时间、季节、油温和安全要求等确定是否应排污。

（三）常见故障及处理方法

常见故障及处理方法见表4-6-6。

表4-6-6　故障及处理

故障现象	故障原因	处置措施
刮板不转动	1. 有杂质进入腔体 2. 过滤器堵塞 3. 被测液体压力过小	1. 打开过滤器清理杂质 2. 清洗过滤器 3. 增大系统压力
传感器运转正常，数字不动	1. 传动系统卡住 2. 传动系统连接脱落	1. 检查传动，并加注润滑 2. 换连接件
数字运转时出现抖动现象，时走时停	1. 液体含气量大 2. 流量过小，转动不均 3. 传动系统松动 4. 计数器卡阻	1. 检查消气器是否正常工作 2. 加大流量 3. 维修传动/计数机构
运行时有异响	1. 流量超过额定范围 2. 轴承磨损，或刮板与腔体碰摩	1. 调整流量 2. 停用流量计维修
渗漏	1. 密封件磨损 2. 放气或放油线松动	1. 更换密封件 2. 进行紧固
计量误差较大	1. 液体内含有气体 2. 密封泄漏	1. 检查消气器 2. 检漏

五、电动执行器

（一）功能用途

电动执行器是流体输送系统中的控制部件，是一种能提供直线或旋转运动的驱动装置，它利用某种驱动能源并在某种控制信号作用下工作。执行机构使用液体、气体、电力或其他能源并通过电机、气缸或其他装置将其转化成驱动作用。电动阀门如图 4-6-5 所示。

图 4-6-5　电动阀门

（二）日常管理

1. 电动执行器的电动操作

（1）检查执行机构指示盘上各指示灯显示正常、执行机构有无报警、执行机构与阀门连接是否紧固。

（2）向中控汇报即将进行的操作。

（3）得到允许后，通知有关人员就位，准备操作。

（4）根据实际情况，选择现场操作或者中控远程操作：①远程操作在现场监护人员到位后通知中控进行操作，操作结束后通知中控阀门操作后的状态。②现场操作将模式旋钮转至就地状态，旋转控制旋钮进行阀门的启闭操作，操作结束后通知中控阀门操作后的状态，并根据中控要求将模式旋钮转至要求的状态。

（5）阀门启闭时，现场监护人员向中控室人员应汇报“阀门动作”“阀门开度 50%”“阀门开度 100%（全开）”/“阀门开度 0%（全关）”。

2. 电动执行器现场手动操作

（1）检查要进行操作阀门的情况。

（2）向中控汇报即将进行的操作。

（3）得到允许后，通知有关人员就位，准备操作。

（4）电动执行机构采用半自动离合器，按离合器手柄指示方向压下手柄，同时旋转手轮直到齿轮接合，使其处于手动位置，松开手柄，手柄自动弹回初始位置；如没有接合，则缓慢转动手轮并重复操作。

（5）逆时针旋转手轮开阀门，顺时针旋转手轮关阀门。

（6）阀门全开/关后，将手轮（或手柄）回转 1~2 圈。

3. 注意事项

（1）远控操作时发生故障不能完成操作，应立即进行选择就地操作。

（2）无论执行机构是在现场或远控操作，将模式旋钮置于“STOP”位置都会使执行机构停止动作。

（3）当阀门电动执行机构处于“远控”位置时，现场开、关阀门不起作用。

（4）检修阀门时应开具相关作业票并通知中控室，同时将阀门切换至就地模式。

（三）常见故障及处理

常见故障及处理见表 4-6-7。

表 4-6-7 故障及处理

故障现象	故障原因	处置措施
阀门不动	1. 执行机构动力不足 2. 执行机构故障 3. 填料过紧或偏斜，阀杆锈蚀卡阻、偏斜 4. 阀门两侧压差大	1. 维修执行机构 2. 给阀杆处加注润滑油 3. 维修阀门
阀门关不严	1. 执行机构限位未调整好 2. 阀门内漏 3. 阀门卡阻，无法关到位	1. 调整执行机构限位 2. 维修阀门
阀门压盖处渗漏	密封圈渗漏	1. 暂停进行的操作，恢复至操作前的状态 2. 如工艺流程允许，则给阀门两侧泄压 3. 更换或新加密封圈
阀门底部丝堵处渗油	丝堵锈蚀或松动	1. 紧固丝堵 2. 对阀门进行放油，并更换丝堵

六、电液执行器

（一）功能用途

电液执行器是一种将电能转化为液压能，最终利用液压能进行位移输出的装置。主要安装在储油罐罐根阀，用于控制罐根阀的开启和关闭，并具有紧急切断功能。电液执行器集成了液压动力、液压蓄能、手泵操作和智能电控等系统，液压循环系统在内部封闭运行，不受外界污染。在掉电或异常状态时，执行器执行故障复位动作。执行器适用于多种类型的回转和线性阀门。可以根据需要安装于各个方位，还可以方便地实现控制部分和驱动部分分离安装，保证了不同应用场合的需要。执行器可以直接与绝大部分阀门直接相连而不需要额外的变速箱，在额定范围内任意设定力矩，不需要额外的力矩开关。通过智能电控系统面板操作，可实现就地操作执行器或远程控制执行器。智能电控单元实时监测执行器的工作状态，并把各个信息显示在显示屏幕屏上，阀门的状态信息也同时反馈到远程控制中心。电液执行器具有机械阀位指示和手动泵系统，可在电力中断时指示阀位并手动启闭阀门。原理如图 4-6-6 所示。

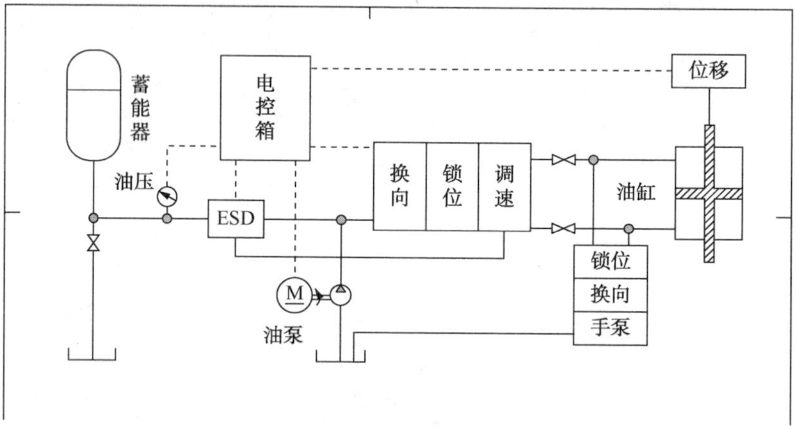

图 4-6-6　电液阀原理图

当需要手动操作时，关闭电液回路截止阀，打开手泵回路截止阀，用户可以利用手泵模块及其上的换向阀操作油缸启闭。

（二）技术特点

电液阀控制器实时监测蓄能器压力，当蓄能器压力低于设定值时，启动油泵向蓄能器充油，如果充油速率低于设定值，系统停机并发出报警信号。当电液阀控制器接收到来自面板或远程的操作指令时，控制器解析指令，按照指令方向和速度驱动油泵和电磁阀组动作，驱动油缸动作，当油缸位移传感器检测到油缸到达指令位置时，停止运行并锁定油缸位置。当执行器掉电或接收到紧急联动信号时，模式和换向阀组切换到故障复位状态，蓄能器内的高压油流释放，驱动油缸运行到故障安全位置。在运行过程中，控制器实时监测系统工作状态，如果检测到异常状态，会发出报警信息提示用户维护。

1. 总体结构

总体结构如图 4-6-7 所示。

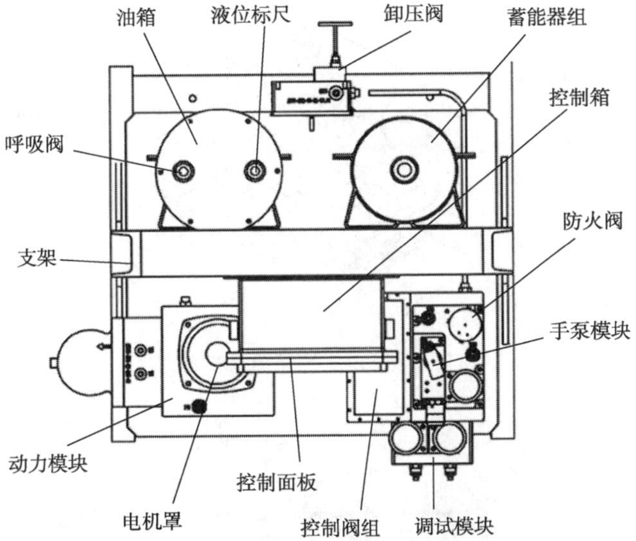

图 4-6-7　总体结构图

2. 执行器结构

(1) 动力模块

动力模块如图 4-6-8 所示。

(2) 调速模块

调速模块如图 4-6-9 所示。

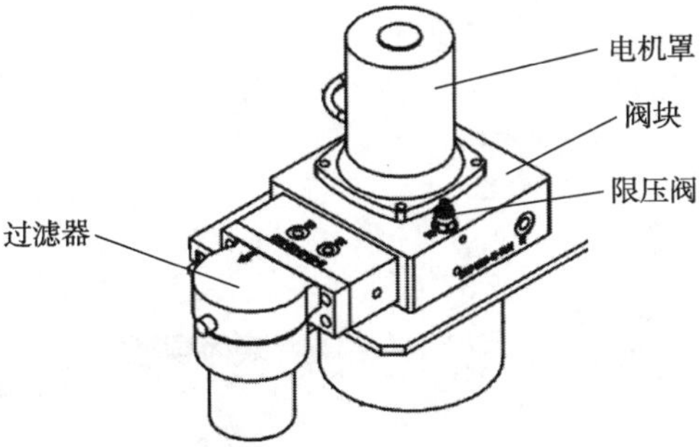

图 4-6-8　动力模块

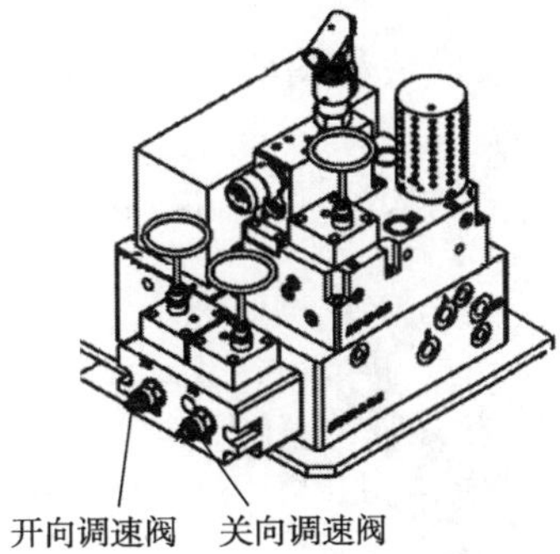

图 4-6-9　调速模块

(3) 控制模块

控制模块如图 4-6-10、图 4-6-11 所示。

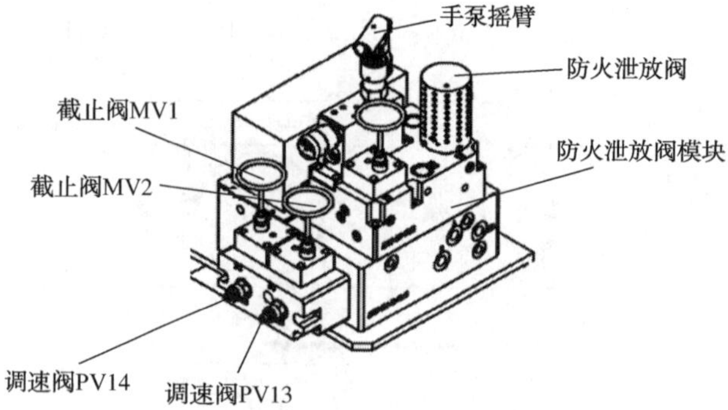

图 4-6-10　控制模块图 1

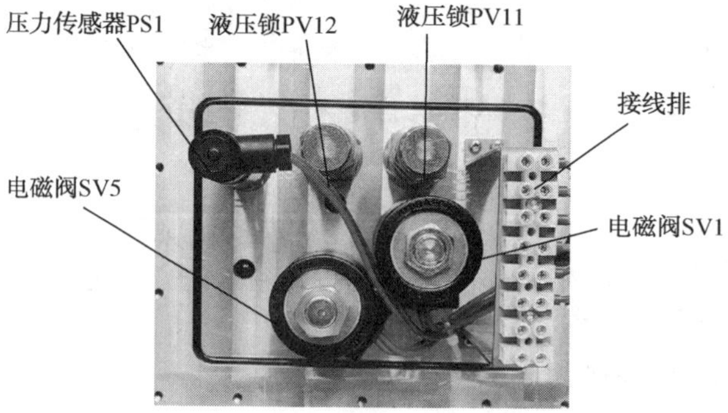

图 4-6-11　控制模块图 2

(4) 手泵模块

手泵模块如图 4-6-12 所示。

(5) 油箱

油箱结构如图 4-6-13 所示。

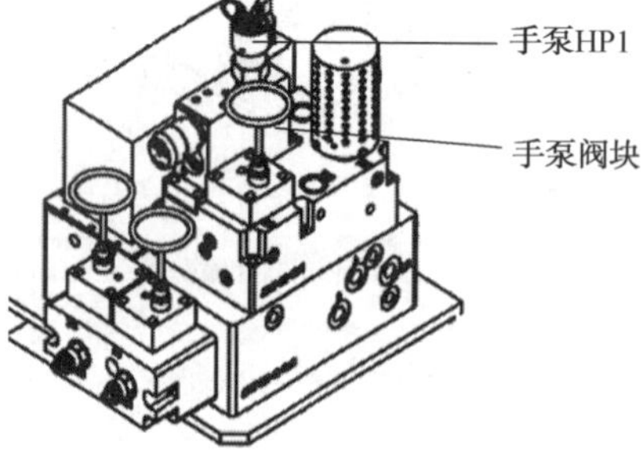

图 4-6-12　手泵模块

图 4-6-13　油箱结构图

(三) 常见故障及处理

1. 电液执行器常见故障及处理，见表 4-6-8。

表 4-6-8 电液执行器常见故障及处理

问题	症状	措施及方法
无电源	显示屏没有显示	检查电源线及接头是否连接； 检查主控器的保险丝
电机运行失灵	按下本地按钮显示有反应，但电机不动作	检查电机电源是否连接； 相序和电压是否符合要求； 检查电机驱动是否发生故障或损坏
执行器不动作	电机运行，但是执行器不动作	检查截止阀 MV1、MV2 是否打开； 检查截止阀 MV3、MV4 是否关闭； 检查油箱油位是否正常； 检查手泵换向阀是否在中间位置
蓄能器压力不足	电机动作但蓄能器压力达不到设定值	检查油箱油位是否正常； 检查执行器是否存在泄漏； 检查截止阀 MV6 是否关闭； 检查调压阀 PV1 是否正常
不能手动操作	按压手泵阀门不能动作	检查手泵换向阀是否打开； 截止阀 MV1、MV2 是否关闭； 截止阀 MV3、MV4 是否打开
不能全关/全开	全关/全开的灯不亮	检查阀门法兰和执行器连接紧密与否（力矩大时会发生执行器和法兰连接螺栓大公差的冲击）； 检查定位器的安装； 检查全关/全开的行程限位设定
油泄漏	执行器周边发生漏油现象	检查执行器的密封 O 型圈，如果损坏请更换； 根据情况更换泄漏部分的零件
远程信号传播障碍	无法远程检查阀门状态	根据使用说明书确认信号接线
远程控制出错	远程控制不动作	检查 SELECT SWITCH 是否在 REMOTE 位置； 检查信号连接； 检查操作台到执行器的控制信号

2. 异常发生时的报警

执行器发生异常的时候，同时发生报警信号声，这时需要解决问题后才能继续运行。见表 4-6-9。

表 4-6-9　故障一览表

状态窗口显示	障碍原因	解决方法
01 POWER ERROR （电源故障）	电源相序错误； 电源电压过低； 马达驱动系统出现故障	对换任意两根相线。 检查配电系统和电缆是否过细。 检查电液内部断路器是否脱开，电机是否损坏
02 VALVE JAMMED （阀门堵住）	电液执行器动作方向设置错误或校准错误。 阀与阀板间有异物堵住。 阀门管道压力比设定扭矩大	按 STOP 键解除报警； 检查安装或重新校准； 清除阀板间的异物； 确定当前管道的压力和扭矩值； 检查定位器是否发生故障或者损坏
03 MHP OVERLOAD （执行超时）	电液执行器出现异常不动作或者动作缓慢； 系统运行极限时间设置得过短	按 STOP 键解除报警； 检查电液执行器的运行状况； 重新设置系统运行极限时间
04 PRESSURE LOW （油压过低）	压力传感器失灵； 溢流阀失灵； 充油电磁阀失灵； 油泵吸油不正常	按 STOP 键解除报警；检测压力传感器是否损坏； 检查溢流阀是否损坏、压力是否正常； 检测充油电磁阀是否正常； 检查油箱油位是否过低，油泵是否损坏
05 PRESSURE ERR （油压传感器故障）	压力传感器失灵	检查压力传感器
06 SONSOR BROKEN （油压传感器故障）	定位器发生故障或者损坏； 位置信号传输发生故障	按 STOP 键解除报警； 检查定位器是否发生故障或者损坏； 检查定位器与电液执行器间的连线是否正确
07 HYDRAULIC ERR （油路故障）	电液执行器动作方向设置错误或校准错误； 液压油不足或者存在漏油现象； 手泵模块损坏	按 STOP 键解除报警； 检查安装或重新校准； 检查液压油油箱的油量； 检查电液执行器外部是否有漏油现象及连接部分的密封圈是否有损坏； 检查手泵
08 UNDER VOTAGE （电压过低）	电源电压过低	检查电源电压，检查电压低限设置参数； 按 STOP 键解除报警
09 OVER VOTAGE （电压过高）	电源电压过高	检查电源电压，检查电压高限设置参数； 按 STOP 键解除报警

七、仪表事故

（一）事件介绍

1. 事件回顾

某油库错误投用超压保护联锁，造成水击事件。

2020 年 3 月 30 日，某油库进行进站压力变送器校验工作，工艺员在配合仪表校验作业后，重新投用进站压力联锁保护程序时，没有检查仪表联锁，直接投用联锁使正在工作状态的输油泵停泵，造成停输，同时造成长输管线水击。

2. 事件原因分析

查询联锁报警列表发现：在现场压力变送器校验过程中，水击联锁的状态由 1 变为 0，即变为触发状态。工艺人员没有检查联锁保护是否恢复正常，联锁依然在触发状态，即重新投用压力保护联锁，造成联锁触发导致停泵，造成水击。事件发生后，通过对水击超前保护程序的分析发现，在压力保护联锁在摘除的情况下，压力变送器校验仍会导致压力保护联锁触发，但由于联锁处于摘除状态并不会导致停泵，压力保护联锁触发后一直处于触发状态，该状态必须通过点击联锁投用界面的人工复位按钮进行手动复位，无法跟随系统压力值恢复正常而自动复位。该联锁在未手动复位的情况下，恢复投用压力联锁保护，会造成联锁触发执行，导致在工作状态下的输油泵停泵，造成长输管线水击。

（二）经验教训及改进措施

（1）在系统测试验收过程中，测试内容不够全面细致，侧重于工艺控制功能的测试，忽视了对逻辑执行细节的检查确认，未能发现压力保护联锁逻辑存在缺陷。

（2）在系统组态集成过程中，对集成商的技术审查不严格，实施流程不规范，未采取将工艺控制原理转化为逻辑框图并审核把关的标准做法，而是由集成商工程师直接依据工艺控制原理编程组态，犯经验主义错误。

（3）开展管线压力保护联锁功能的标准化工作。统一联锁功能判断、人机界面布局等技术要求，明确工艺控制原理、逻辑框图审查等程序组态流程，规范验收测试内容和步骤，为今后新建和改造项目的实施提供依据，提升技术管理水平。

第五章 环境保护管理

第一节 概 述

一、清洁生产

清洁生产是指不断采取改进设计、使用清洁能源和原料、采用先进工艺技术与设备、改善管理、综合利用等措施，从源头削减污染，提高资源利用效率，减少或者避免生产、服务和产品使用过程中污染物的产生和排放，以减轻或者消除对人类健康和环境的危害。

油库必须认真执行国家和属地有关清洁生产、环境保护、节约能源和循环经济等法律、法规、标准以及集团公司相关要求，将清洁生产纳入规划、计划、建设、生产、经营等各项日常工作中。推行清洁生产，推进节能减排，提高资源利用效率，构建资源节约型、环境友好型企业，促进可持续发展。

清洁生产工作实行领导负责、人人参与、全程控制、持续改进的原则。油库应明确环保责任制，将清洁生产职责落实到日常工作中，对生产全过程和产品周期全过程实施清洁过程控制，并建立长效机制。

二、绿色基层

绿色基层是指坚持以习近平新时代中国特色社会主义思想为指导，牢固树立社会主义生态文明观，以“奉献清洁能源、践行绿色发展”为理念，强化组织引领，严格污染治理，依法合规管理固废，多项措施落实节能减排，高标准强化环保设备设施运行维护，有力推进绿色油库建设，促进能源资源节约和循环利用，强化源头减排、过程管控和末端治理，持续提升清洁生产水平，实现“清洁、高效、低碳、循环”的企业。

第二节 环境监测

依据《排污单位自行监测技术指南总则》，污染物排放标准、环境影响评价文件以及批复或其他环境管理有明确要求，对其相应的空气、地表水、地下水、土壤等环境质量开展监测。

一、环境监测的内容

1. 环境监测内容

环境监测内容包括：

物理指标的测定：噪声等；

化学指标的测定：涉及油库的各种化学物质在空气、水体等存在水平的监测。

目前，我国环境监测工作可分为两种：一种是政府环保主管部门(或受其委托的其他部门)实施的监督性监测；另一种则是企业环保管理部门实施的自主性监测。

2. 监测管理

(1) 环境监测坚决不能弄虚作假，确保监测依法合规。

(2) 油库对监测结果异常的样品应进行分析，查找原因并制定可行的整改措施。

(3) 污水排放口末端设置采样(口)井。

(4) 油库应保证地下水监测井完好，便于取样。

(5) 排放口设置：落实排放口规范化要求，按照《环境保护图形标准》规定要求，设置污染物排放口环境保护图形标志牌，建立污染物排放口管理档案，做好污水排放或拉运记录，排至污水处理厂的污水要留存水量确认表。如图 5-2-1~图 5-2-3 所示。

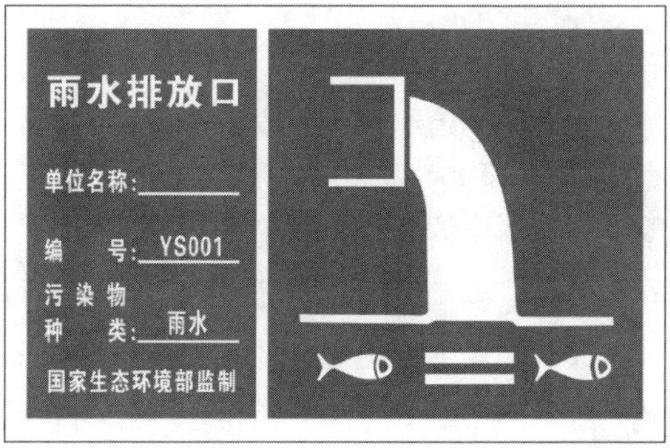

图 5-2-1　雨水排放口示意图

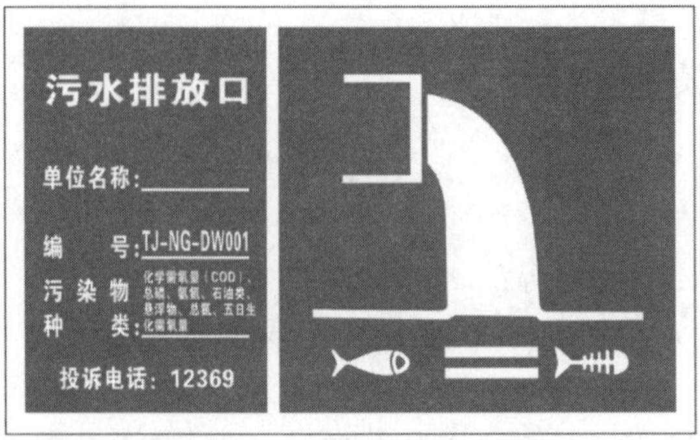

图 5-2-2　污水排放口示意图

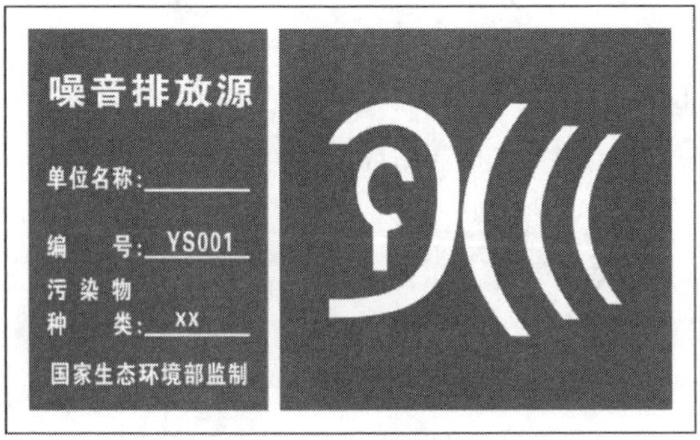

图 5-2-3　噪声排放源示意图

二、废气污染源监测

（一）废气污染源分类

油库废气主要是原油储罐无组织挥发、设备动静密封点泄漏的非甲烷总烃类气体，这些气体的直接排放口称为废气污染源。

废气污染源一般有固定污染源和移动污染源之分。

（二）监测频率

每年至少对废气排放口和厂界无组织排放废气进行一次监测，取样具有代表性，出具的监测数据要符合国家有关规定和规范。

1. 非甲烷总烃排放监测：大型油库每年开展一次监测。执行《挥发性有机物无组织排放控制标准》（GB 37822—2019），周界外浓度最高值不超过 4mg/m^3。

2. 泄漏检测与修复（LDAR）：依据《工业企业挥发性有机物泄漏检测与修复工作指南》对动静密封点每年开展一次监测，排放限值易挥发物料不超过 2000×

10^{-6}，不易挥发物料不超过 500×10^{-6}。

三、水污染源监测

（一）水污染物分类

油库内排放的水主要包括含油污水、生活污水、清洁雨水，按水污染物的性质和控制方式可分为两类。

1. 第一类污染物

不分行业及污水排放方式，也不分纳水体的功能类别，一律在油库或油库排放口采样，其最高允许排放浓度必须达到《污水综合排放标准》要求。

2. 第二类污染物

以排污许可单位所在的排放口采样，其最高允许排放浓度必须达到《污水综合排放标准》要求。

（二）监测频率

至少每季度对废水排放口开展一次监测，取样具有代表性，主要检测项目：pH 值、化学需氧量、五日生化需氧量、氨氮、总磷、总氮、悬浮物、石油类；出具的监测数据要符合国家有关规定和规范。

四、噪声监测

（一）厂界噪声监测

油气储运行业噪声源主要有各类电机、风机、泵机组、加热炉等产生的噪声。噪声源产生的噪声频率范围较宽，噪声源的声压级一般在 80～110dB 的范围内。

厂界噪声的监测和标准须符合《工业企业厂界环境噪声排放标准》(GB 12348—2008)的要求。

（1）采样监测点应选在法定厂界外 1m、高度 1.2m 以上的噪声敏感处。若有围墙，采样监测点应高于围墙。

（2）若厂界与居民住宅相连，厂界噪声无法测量时，采样监测点应选在居室中央，室内限值应比相应标准低 10dB。

（二）监测频率

至少每季度对厂界噪声开展一次监测，监测点具有代表性，夜间生产的要监测夜间噪声，出具的监测数据要符合国家有关规定和规范。

第三节 环境风险评估与应急管理

应急救援工作近年来逐渐引起各级政府和企业的高度重视。2015 年生态环境部先后公布了《企业事业单位突发环境事件应急预案备案管理办法(试行)》(环发〔2015〕4 号)、《突发环境事件应急管理办法》(部令〔2015〕第 34 号)，对企业应急预案备案工作提出了新的管理要求。为适应管理要求，提高应对突发环境事件的能力，最大限度地减少企业突发事故伴随的环境影响，必须对油库进行环境风险评估和应急资源调查，并开展公众参与工作，征求员工和周边企业代表的意见，有针对性地编制突发环境风险应急预案。

环境风险评估过程中需对油库周边的环境风险受体进行调查，对油库涉及的环境风险物质进行筛选，根据环境风险物质数量与临界量比值的计算结果判定环境风险等级。针对油库可能发生的火灾、泄漏、环保治理措施失灵等突发环境事故，明确相应的应急措施；查找现有环境风险防控和应急措施的差距，给出完善环境风险防控和应急措施的实施计划；调查企业应急物质的配备情况，明确应急组织机构的设置情况及职责。

一、环境应急预案与演练

(一) 突发环境事件应急预案管理

油气储存单位应结合突发环境事件应急预案实施情况，至少每三年进行一次评估。期间有重大变更的，需要及时修订。预案中应包括应急监测方案，在方案中明确采样布点、现场监测、采样与现场监测的安全防护、样品管理、监测项目、分析方法、数据处理、监测报告等内容。按照新固废法要求，编制危险废物突发环境事件专项应急预案(现场处置方案)，并向当地生态环境行政主管部门备案。

(二) 突发环境事件应急预案备案

在突发环境事件应急预案签署发布之日起 20 个工作日内，向所在地县级环境保护主管部门备案。跨县级以上行政区域的二级单位、油库突发环境事件应急预案，应当向沿线或跨域涉及的县级环境保护主管部门备案。

突发环境事件应急预案首次备案，应当提交下列文件：

(1) 突发环境事件应急预案备案表。

(2) 突发环境事件应急预案及编制说明的纸质和电子文件，突发环境事件应急预案包括：突发环境事件应急预案的签署发布文件、突发环境事件应急预案文本和编制说明，编制说明包括：编制过程概述、重点内容说明、征求意见及采纳情况说明、评审情况说明等。

(3) 环境风险评估报告的纸质文件和电子文件。

(4) 环境应急资源调查报告的纸质和电子文件。

(5) 突发环境事件应急预案评审意见的纸质和电子文件。

提交备案文件可通过信函、电子数据交换等方式进行。通过电子数据交换方式提交的，可只提交电子文件。

(三) 应急演练

在开展应急演练过程中，应包含环保应急演练及环境监测等内容。做好演练总结评价，对发现的问题提出整改措施并逐项落实。油库每年应至少开展一次涉及危险废物突发环境事件的应急演练。

(1) 严格按照应急预案和现场处置方案进行演练，做好演练记录。

(2) 从环境突发事件所需应急队伍、物资、装备、技术、预案等方面进行演练总结、评价，根据评价情况，及时完善预案，纠正演练中存在的问题，必要时应修订应急预案。

二、环境风险识别与评估

(一) 环境因素识别与评价

油库每年至少开展一次环境因素识别，建立环境因素清单。综合考虑法律法规、标准规范要求，环境影响范围、程度和持续时间，以及社会和公众的关注程度和环境敏感点，确定重要环境因素，制定针对重要环境因素的管理类和工程(技术)类管控措施。在法律法规、标准规范更新，生产工艺变更，项目改扩建等情况发生时，及时重新评价确定环境因素。

(二) 环境风险识别、评价与管控

油库每年至少开展一次环境风险识别与评估，确定环境风险源等级，建立环境风险清单。结合环境风险源级别制定并落实相应的管控方案，方案主要包括：风险源情况(名称、描述、等级)、责任落实情况、工程(技术)措施、管理措施、应急资源等内容。环境风险源、环境敏感受体、风险防控措施发生重大变化时，应重新开展环境风险评估，更新环境风险清单。

积极采取工程(技术)措施、管理措施管控环境风险，实现环境风险降级或销项。对重大环境风险源编制“一源一案”，对拟采取的环境风险防控措施开展专项培训和应急演练。

三、环境应急三级防控

三级防控具体范围：

（1）第一级防控范围，由储罐防火堤及初期雨水池组成。

（2）第二级防控范围，由罐区外部环形消防道路、明沟以及集水池（事故池）组成。

（3）第三级防控范围，由实体围墙组成。

正常情况下，罐区防火堤或装置区围堰与事故水池连接的出口切断阀处于常关状态。事故水收集池的进水切断阀和出水切断阀均处于关闭状态。平时保证事故水收集池处于空池、清净状态；正常情况下，排至厂外的清净雨水排放切断总阀处于常关状态。当发生风险事故时，首先确保关闭排至厂外的清净雨水排放切断总阀，并开启罐区防火堤或装置区围堰进事故水收集池的出水切断阀。同时，必须马上通知事故水收集池单元迅速进入事故应急状态。

当事故水收集池单元接到生产装置区或罐区相关部门的事故报警后，必须迅速进入事故应急状态并做好监测、控制的应急准备。按序开启事故水收集池的进水切断阀，将携带有泄漏物料的污染消防水导入事故水收集池，然后送至污水处理系统，使其不对污水处理系统产生冲击，保证事故污水不外排。

四、环境应急监测

（一）采样

1. 采样布点原则

采样点的设置一般以突发环境事件发生地及其附近区域为主，同时必须注重人群和生活环境，重点关注对饮用水水源地、人群活动区域的空气、农田土壤等区域的影响，并合理设置监测点，以掌握污染发生地状况、反映事故发生区域环境的污染程度和范围。

对被突发环境事件所污染的地表水、地下水、大气和土壤应设置对照点、控制点，尽可能以最少的点获取足够的有代表性的所需信息，同时须考虑采样的可行性和方便性。

2. 布点方法

根据污染现场的具体情况和污染区域的特性进行布点。

（1）对固定污染源和流动污染源的监测布点，应根据现场的具体情况，产生污染物的不同工况（部位）分别布设采样点。

（2）对江河的监测应在事故发生地及其下游布点，同时在事故发生地上游一定距离布设对照点；如江河水流的流速很小或基本静止，根据污染物的特性在不同水层采样；在事故影响区域内饮用水取水口和农灌区取水口处必须设置采样点。

（3）对地下水的监测应以事故地点为中心，根据本地区地下水流向采用网格法或辐射法布设监测井采样，同时视地下水主要补给来源，在垂直于地下水流的上方向，设置对照监测井采样；在以地下水为饮用水源的取水处必须设置采样点。

(4) 对大气的监测应以事故地点为中心，在下风向按一定间隔的扇形或圆形布点，并根据污染物的特性在不同高度采样，同时在事故点的上风向适当位置布设对照点；在可能受污染影响的居民住宅区或人群活动区等敏感点必须设置采样点，采样过程中应注意风向变化，及时调整采样点位置。

(5) 对土壤的监测应以事故地点为中心，按一定间隔的圆形布点采样，并根据污染物的特性在不同深度采样，同时采集对照样品，必要时在事故地附近采集作物样品。

(6) 根据污染物在水中溶解度、密度等特性，对易沉积于水底的污染物，必要时布设底质采样断面(点)。

(二) 监测项目及现场监测安全事项

1. 监测项目

发生的突发环境事件，污染物主要是原油，监测项目通常应考虑石油类和 COD。

2. 现场监测安全事项

(1) 应急监测至少两人同行。

(2) 进入事故现场进行采样监测，应经现场指挥/警戒人员许可，在确认安全的情况下，按规定佩戴必需的防护设备(如防护服、空气呼吸器等)。

(3) 进入易燃易爆事故现场的应急监测车辆应有防火帽等，应使用防爆的现场应急检测仪器设备(包括附件如电源等)进行现场监测，或在确认安全的情况下使用现场应急检测仪器设备进行现场监测。

(4) 进入水体或登高采样，应穿戴救生衣或佩戴防护安全带。

3. 监测数据处理和上报

突发环境事件应急监测的数据处理参照相应的监测技术规范执行。突发环境事件应急监测报告以及时、快速报送为原则，监测报告信息要完整，实行三级审核。为及时上报突发环境事件应急监测的监测结果，可采用电话、传真、电子邮件、监测快报、简报等形式报送监测结果等简要信息。

五、应急物资配备

(1) 环境应急物资配备与应急预案要求相符。环境应急物资主要分为：个体防护、环境监测、警戒疏散、工程器具、应急照明、水上处置及医疗救助等七大类物资。

(2) 根据环境风险情况配备围油栏、收油机、吸油毡等应急物资，高风险管段溢油物资应在现场存放。环境应急物资要由专人负责，并留有联系电话确保物资能够及时调拨。

(3) 建立应急物资(含设备、机具)等储备台账。环境事件应急物资台账在生产安全应急物资台账中体现，但应分类统计。

六、重污染天气应急

根据地方环境保护管理要求，与地方环保部门和气象局建立重污染天气应急体系联动机制，根据信息预警发布，启动或解除黄、橙、红三级响应程序。通过停产、限产、停止土建施工、限制车辆出行、增加降尘减排措施等方式，努力减缓重污染天气的影响。

第四节　污染治理

一、废水治理

(一) 废水排放管理

油库应建有雨水管道系统和含油污水管道系统，在非事故状态下须能实现雨污分流。各独立罐区应能实现对污水和雨水的分区收集。在雨水排水系统末端设置事故污水收集池，确保事故状态下的污水全部处于受控状态，防止对环境造成污染。

1. 生活污水

生活污水排放主要有自行处置、依托周边企业处置、接入市政管网或外运等形式。自行处置生活污水应按要求收集进入生活污水一体化处理装置，经处理达标后提升外排或依规回用；依托周边企业处置的水质应满足接管协议要求；接入市政管网应满足《污水排入城镇下水道水质标准》(GB/T 31962—2015)；外运处置的应与具备资质及处理能力的单位签订协议进行处置。水井标识牌如图 5-4-1 所示。

图 5-4-1　水井标识牌示意图

2. 初期雨水

初期雨水处置要求。按照雨污分流、分级控制的原则，浮顶罐罐顶前15min雨水或30mm高的初期雨水(环评报告或设计文件)，经中央排水管排至罐下，经由含油污水管网自流至含油污水池。自行处置初期雨水应提升至含油污水处理装置，经处理达标后提升外排或回用；依托周边企业处置的水质应满足接管协议要求；外运处置的须与具备资质及处理能力的单位签订协议，确保依法合规。

3. 清洁雨水

罐顶后期清洁雨水经罐底阀门切换排入罐组内的雨水明渠，汇同罐组地面雨水排出防火堤，出防火堤处设有切断阀。各罐组排出的雨水及油库地面雨水，通过雨水明沟自流至雨水监控池，清洁雨水溢流进入雨水提升池，提升监控排放。若雨水被污染，可将含油污水暂存在监控池内，经泵提升进入含油污水池后进行处理。雨水排放前，经第三方检测机构检测达到《污水综合排放标准》和地方标准后排放。

(二) 控制措施

(1) 油库应有雨水(污水)管网的平面布置图、污水处理工艺流程图，明确污水处理装置、化粪池、隔油池的位置和污水排放口的标识等。

(2) 严禁将含有毒有害、污油或化学物质废液随处倾倒或倒入下水管道。对不能达标排放的废水应设置回流设施，重新处理，实现达标排放。

(3) 罐底雨水、污水切换纳入岗位操作规程，岗位留存阀门切换记录。油库废水(雨水)尽可能收集集中外排，外排水量要有记录可查。废水排放执行标准见表5-4-1。

表5-4-1 废水排放执行标准

污染物项目	pH	COD_{Cr}/(mg/L)	BOD_5/(mg/L)	$N-NH_3$/(mg/L)	动植物油/(mg/L)	石油类/(mg/L)	悬浮物/(mg/L)
一级	6.5~8.5	≤50	≤10	≤5	≤10	≤5	10
二级	6~9	≤100	≤20	≤15	≤15	≤10	70
三级	6~9	≤150	≤30	≤25	≤100	≤20	150
执行标准	《污水综合排放标准》(GB 8978)						

二、废气治理

油品在储存过程中，会不断地进行VOCs的排放。储罐在进料时，液体进入储罐内，罐内液位升高，挤压罐内空间，当空间压力超过“呼吸阀”的呼出控制压力时，将 VOCs 气体排放到大气环境。呼出排放则是随着气温升高的热胀冷缩效应，罐内液体气体体积膨胀过程，将空间 VOCs 气体排放到大气环境。挥发性有机化合物（VOCs）是油气储罐的特征污染物，从原理方面，防止油品蒸发损耗及对环境的污染技术措施可分为以下四点：

（1）加强管理，完善制度，改进操作措施；

（2）抑制油品蒸发，如采用浮顶罐；

（3）集气回收排放。

储罐呼出排放 VOCs，不但造成资源损失，还污染大气环境。治理储罐区 VOCs 排放，不但是节约资源减少损失的需要，更是保护大气环境的需要。大气污染物排放标准见表 5-4-2。

表 5-4-2　大气污染物排放标准（单位：mg/m^3）

污染物	标准限值	备注
非甲烷总烃	4.0（周界外浓度最高点）	《大气污染物综合排放标准》

三、噪声治理

（一）噪声污染源

油气储运行业噪声源主要有各类电机、风机、泵等产生的噪声。噪声源产生的噪声频率范围较宽，噪声源的声压级一般在 80～110dB 的范围内。在正常情况下生产是不分昼夜的、连续的生产过程，其噪声强度昼夜无明显差别。产生噪声的设备多数露天布置，声波近似在半自由声场传播，影响范围较大。

（二）噪声控制措施

（1）优化工艺流程，减少噪声污染源，如选用低噪声设备。

（2）按照机电设备的检查与维护要求，定期做好加注润滑油（脂）、更换易损件、紧固各个零部件等工作。

（3）严格遵守机电设备的操作规程，防止因误操作而产生异常噪声。尽量减少临时使用机电设备运转的时间，用完后及时关闭。

（4）对噪声控制设备、防噪设施加强管理、维修，对失效的设备及时更换。

（5）在超过听力保护规范的设备或区域，采取减少噪声接触时间、提高自控水平、开展定期体检、佩戴耳塞等措施。

厂界噪声［dB（A）］排放标准见表 5-4-3。

表 5-4-3 厂界噪声[dB(A)]排放标准

声环境功能区	Ⅰ类	Ⅱ类	Ⅲ类	Ⅳ类
厂界噪声值	昼间≤55 夜间≤45	昼间≤60 夜间≤50	昼间≤65 夜间≤55	昼间≤70 夜间≤55
评价指标	一级			
排放标准	《工业企业厂界环境噪声排放标准》(GB 12348)			

四、固体废物治理

固体废物分为两大类：危险固体废物和一般固体废物。固体废弃污染源主要包括生活垃圾、建筑垃圾、清罐产生的含油污泥，污水处理产生的废物，油品泄漏等产生的含油污泥、吸油毡和其他含油污染物等。

（一）一般固体废物

一般固体废物主要包括生活垃圾、建筑垃圾以及废弃的固体物品等，临海(水)处岸线不得堆放生活及建筑垃圾。必须与具有相关资质的单位签订生活垃圾清运(处置)协议，确保生活垃圾、建筑垃圾依法合规处置。其中工业固体废物要建立管理台账，如实记录产生工业固体废物的种类、数量、流向、储存、利用、处置等信息，实现工业固体废物可追溯、可查询。

（二）危险废物

油库应每年对所有危险废物外委处置单位进行至少一次现场核实，核实内容应包括其环保合规性，危险废物处置能力，处置方式，资质许可处置的危险废物类型、处置量、处理处置工艺以及台账记录等，并编制现场监管报告。

油库应制定危险废物年度管理计划，并向所在地县级以上人民政府的生态环境行政主管部门备案。内容应至少包括产废环节、种类、产生量、危险特性、暂存及利用处置方式、危险废物减量化及突发环境事件应急处置措施等，当计划内容发生重大改变时，应及时申报。危险物的识别。按照《国家危险废物名录》(2021 版)，对可能产生的危险废物进行全面识别并及时更新。可能涉及的危险废物种类主要包括：HW08 类的含油泥沙、吸油毡、废变压器油、废润滑油、HW49 类的沾油废物、废弃油漆桶、废 UPS 电池、实验试剂、过期的危化品、荧光灯管等，HW12 类的废油漆、颜料、硒鼓、墨盒等。

1. 危险废物的收集

建设符合《危险废物贮存污染控制标准》(GB 18597)要求的危险废物暂存间。危险废物暂存间应设置导流槽，地面、裙角和导流槽应防渗，保持良好通风，照明设施应防爆，按照危险废物特性分类装在容器或防漏胶袋内进行收集和存放，不相容的危险废物不得混装，暂存时间不应超过 1 年(地方政府有特殊要求的按地方政府要求执行)。危险废物暂存间、危险废物容器和包装按照《环境保护图形标志-固体废物贮存(处置)场》(GB 15562.2)设置危险废物标识。落实危险废物污染防治责任信息公开，在危险废物暂存间入口处设置信息公开牌，内容至少包括产废环节、危险特性、去向、责任人等。如图 5-4-2 所示。

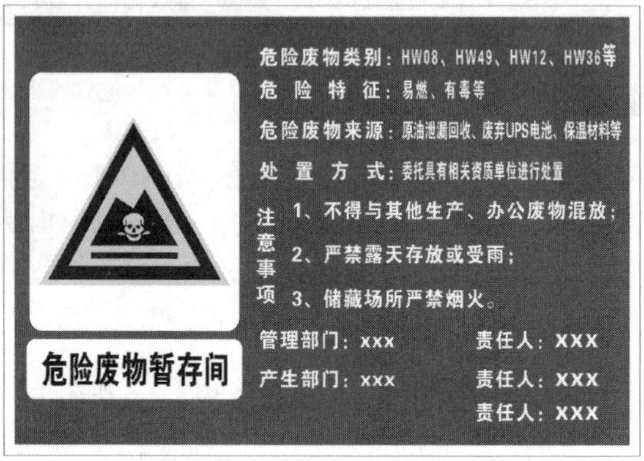

图 5-4-2　危险废物暂存间标识示意图

2. *危险废物的转移*

转移的危险废物，全部提供或委托给持危险废物经营许可的单位进行收集、储存、利用、处置。为加强对危险废物转移的有效监督，根据《中华人民共和国固体废物污染环境防治法》有关规定，实施危险废物转移联单制度。油库要做好监督、押运、称重的全过程跟踪和记录，并制定危险废物事故防范措施和应急预案。

(1) 在转移危废物前，向所在地县级以上环保部门报批危废转移计划并得到批准，需要进行网上申报的单位与地方环保部门咨询办理流程。

(2) 转移危险废物时，按照《危险废物转移联单管理办法》有关规定，每转移 1 种同类危险废物，应填写 1 份联单。

(3) 危险废物移出者应当通过信息系统如实填写联单中移出者、运输者、接受者的相关信息，包括危险废物的废物种类、废物代码、重量(数量)、形态、性质、移出者、运输者、接受者名称等情况，打印后将联单(或联单卡)交付运输者随危险废物一起转移运行。

(4) 危险废物运输者经核对联单信息无误后，应当将危险废物连同打印的联单一起安全运抵联单载明的接受地点，交付危险废物接受者核实验收。

(5) 危险废物接受者对运抵的危险废物进行核实验收后，应当将打印的联单存档，并通过信息系统如实填写联单的接受者栏目相关信息，确认接收。

(6) 危险废物纸质转移联单(包括电子转移联单的打印联、转移信息台账记录)保存期限一般为危险废物利用或者处置完毕后3年。危险废物电子转移联单数据应永久保留。

五、土壤污染管理

(一) 土壤污染管控

(1) 当油库生产工艺、规模、主要产品等发生重大变化可能污染土壤和地下水时，要及时委托场地调查与风险评估单位进行场地调查与风险评估。被列为土壤环境污染重点监管单位的油库，按属地环保部门要求开展自行监测和土壤污染隐患排查工作。

(2) 建设单位应委托具有环境工程专业承包资质的施工单位加强土壤污染风险管控，针对各类历史遗留问题及土壤污染易发区域制定风险防控方案，采取有效预防措施，防止有毒有害物质渗漏、流失、扬散，避免土壤受到污染。

(3) 土壤修复标准参照《含油土壤修复标准指南》。

(4) 建立土壤污染事件“一案一档”制度，妥善留存图片、视频、检测报告等过程资料。

(二) 土壤修复流程

1. 修复原理

土壤修复是指利用物理、化学和生物的方法转移、吸收、降解和转化土壤中的污染物，使其浓度降低到可接受水平，或将有毒有害的污染物转化为无害的物质。从根本上说，污染土壤修复的技术原理可包括为：(1)改变污染物在土壤中的存在形态或同土壤的结合方式，降低其在环境中的可迁移性与生物可利用性；(2)降低土壤中有害物质的浓度。

2. 修复流程

发生土壤污染事件时要严格按照污染场地修复流程开展工作：

(1) 委托场地调查与风险评估单位开展场地调查，并依据现场场地调查情况进行风险评估(场地调查与风险评估不需要资质)，场地调查单位在场地调查后编制场地调查与风险评估报告；

(2) 建设单位组织场地调查单位及相关专家对场地调查和风险评估报告进行评审并给出评审意见，场地调查单位依据评审意见按要求进行修改，报告评审通过后建设单位向属地环保部门进行备案登记；

(3) 环保部门对评审过的场地调查和风险评估报告提出修改意见，场地调查单位按意见修改后，建设单位上交环保部门进行备案登记，建设单位进行土壤及地下水修复工程招投标，与中标单位签订施工合同；

(4) 中标单位依据修复现场实际情况编制污染土壤和地下水修复实施方案(包含应急预案)，建设单位组织施工的单位及相关专家对实施方案进行评审并给出评审意见，施工单位依据专家意见修改实施方案上报建设单位，建设单位报环保部门进行备案；

(5) 施工单位在施工过程中持续进行现场监护，确保施工现场不会发生二次环境污染，同时对产生的固体废物进行合规处置；

(6) 建设单位待修复工程完结后组织有 CMA 资质的第三方检测结构和施工单位共三方进行现场土壤和地下水取样验收，并对环境持续监测；

(7) 修复工程竣工验收达标后，施工单位编制竣工报告和整理施工资料，建设单位组织施工单位及相关专家对修复工程进行评审并给出评审意见，施工单位依据评审意见进行修改，建设单位将评审合格竣工报告及相关施工资料上报属地环保部门进行备案；

(8) 经过建设单位及环保部门等相关单位确认现场环境治理合格后，施工单位将修复地块移交建设单位。

第五节　环保设备设施管理

一、主要环保设备设施

环保设施必须保证完好投用，停用或废弃须向属地环保主管部门申报并获得批准，做好合规备案和变更管理。

油库的主要环保设施包括以下五类：

(1) 含油污水处理设施：油水分离器、涡凹气浮设施、核桃壳过滤器、气浮加药装置、含油污水池、含油污水提升泵等；

(2) 生活污水处理设施：生活污水一体化处理设备、潜水泵、沉淀池、化粪池等；

(3) 雨水处理设施：格栅除污机、清洁雨水池、雨水提升泵等；

(4) 雨水(污水)管网：雨水(污水)管网、雨水井盖、雨水(污水)阀门等；

(5) 固体(危险)废物储存设施：危废暂存间、危险废物储存容器、轴流风机等。

二、环保设备设施的管理

(1) 环保设备设施的管理标准不得低于输油生产设备设施的管理标准，不得存在安全隐患。

（2）对每类环保设备设施制定操作规程，并报生产、安全主管部门备案。对长期不使用的泵或设施，定期进行试运，测试设备运转状态，确保设备完好、排放达标。

（3）每季度对环保设备设施进行维护保养，确保环保设备完好率100%。

（4）按阀门管理相关规定，定期对雨污阀门进行活动，确保阀门灵活好用。定期对化粪池、沉淀池等装置进行清理。位于寒冷地区的环保设备设施、工艺管网应有保温防冻措施。

（5）环保设备应具有设备承包牌，工艺管网应有流向标志。上墙的制度、规程和标识标牌要按照下环境保护图形相关标准进行设置。

环保设施安全警示标识牌如图5-5-1所示，环保设施操作规程如图5-5-2所示。

图5-5-1　环保设施安全警示标识牌示意图

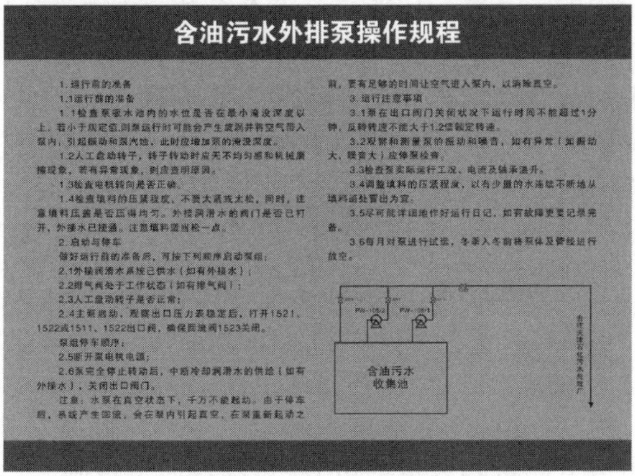

含油污水外排泵操作规程

1.运行前的准备

1.1运行前的准备

1.1检查泵吸水池内的水位是否在最小淹没深度以上，若小于规定值，则泵运行时可能会产生旋涡并将空气带入泵内，引起振动和泵汽蚀，此时应增加泵的淹没深度。

1.2人工盘动转子，转子转动时应无不均匀感和机械摩擦现象，若有异常现象，则应查明原因。

1.3检查电机转向是否正确。

1.4检查填料的压紧程度，不要太紧或太松，同时，注意填料压盖是否压得均匀。外接润滑水的阀门是否已打开，外接水已接通。注意填料应当松一点。

2.启动与停车

做好运行前的准备后，可按下列顺序启动泵组：

2.1外接润滑水系统已供水（如有外接水）；

2.2排气阀处于工作状态（如有排气阀）；

2.3人工盘动转子是否正常；

2.4主泵启动，观察出口压力表稳定后，打开1521、1522或1511、1522出口阀，确保回流阀1523关闭。

泵组停车顺序：

2.5断开泵电机电源；

2.6泵完全停止转动后，中断冷却润滑水的供给（如有外接水），关闭出口阀门。

注意：水泵在真空状态下，千万不能起动。由于停车后，系统产生回流，会在泵内引起真空，在泵重新起动之前，要有足够的时间让空气进入泵内，以消除真空。

3.运行注意事项

3.1泵在出口阀门关闭状况下运行时间不能超过1分钟，反转转速不能大于1.2倍额定转速。

3.2观察和测量泵的振动和噪音，如有异常（如振动大，噪音大）应停泵检查。

3.3检查泵实际运行工况、电流及轴承温升。

3.4调整填料的压紧程度，以有少量的水连续不断地从填料函处冒出为宜。

3.5尽可能详细地作好运行日记，如有故障更要记录完备。

3.6每月对泵进行试运，冬季入冬前将泵体及管线进行放空。

图5-5-2　环保设施操作规程示意图

第六章　油库管理技术

第一节　概　　述

一、基本情况

油库安全管理是为实现油库安全目标而进行的有关计划、组织、指挥、控制和协调等一系列活动的总称。油库安全管理是针对特殊对象的安全管理，首先必须遵循安全管理的一般规律，但更重要的是应着重分析油库安全管理的特殊规律，应用现代管理科学的先进方法，借鉴其他行业安全管理的先进经验，系统研究油库安全管理的任务、特点、内容及方法等特殊性，控制和消除油库中的不安全因素，保证油库安全。油库安全管理研究的主要内容是从油库安全管理体制、管理技术、管理方法等着手，对涉及油库安全的各个环节进行有效的控制，从而保证生产经营的顺利进行。

二、炼化企业的安全方针和安全管理理念

企业 HSE 方针：以人为本、安全第一、预防为主、综合治理。

企业 HSE 管理理念：①HSE 先于一切、高于一切、重于一切。②一切事故都是可以预防和避免的。③对一切违章行为零容忍。④安全环保源于设计、源于质量、源于责任、源于能力。⑤坚持全员、全过程、全天候、全方位 HSE 管理。⑥坚持罐区“零用火”、装置“零泄漏”、设备“零缺陷”，做到报警 100%处置、联锁 100%投用、操作 100%准确。⑦坚持直接责任唯一、管理责任唯一、领导责任唯一。

第二节　重大危险源管理

危险化学品重大危险源(以下简称重大危险源)，是指按照《危险化学品重大危险源辨识》(GB 1821—2018)标准辨识确定，生产、储存、使用或者搬运危险化学品的数量等于或者超过临界量的单元(包括场所和设施)。

重大危险源管理按照“谁主管、谁负责”的原则，实行专业管理和属地管理

相结合。

（一）重大危险源安全管理

企业应当对辨识确认的重大危险源及时、逐项进行登记建档。重大危险源档案应当包括下列文件、资料：

（1）辨识、分级记录；

（2）重大危险源基本特征表；

（3）涉及的所有化学品安全技术说明书；

（4）区域位置图、平面布置图、工艺流程图和主要设备一览表；

（5）重大危险源安全管理规章制度及安全操作规程；

（6）安全监测监控系统、措施说明、检测、检验结果；

（7）重大危险源事故应急预案、评审意见、演练计划和评估报告；

（8）安全评估报告或者安全评价报告；

（9）重大危险源关键装置、重点部位的责任人、责任机构名称；

（10）重大危险源场所安全警示标志的设置情况；

（11）其他文件、资料。

企业应当在重大危险源所在场所设置明显的安全警示标志，写明紧急情况下的应急处置办法。将重大危险源可能发生的事故后果和应急措施等信息，以适当方式告知可能受影响的单位、区域及人员，并依法制定重大危险源事故应急预案，建立应急救援组织或者配备应急救援人员，配备必要的防护装备及应急救援器材、设备、物资，并保障其完好和方便使用；配合地方人民政府安全生产监督管理部门制定所在地区涉及本单位的危险化学品事故应急预案。重大危险源物质安全告知牌如图 6-2-1 所示。

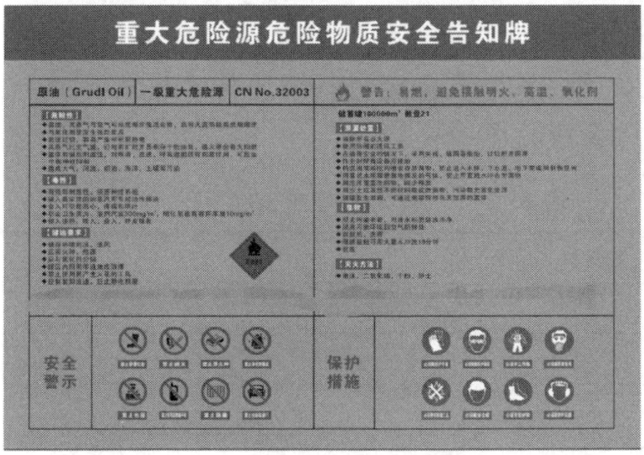

图 6-2-1　重大危险源物质安全告知牌

企业应当制定重大危险源事故应急预案演练计划，并按照要求进行事故应急预案演练，应急预案演练结束后，企业应当对应急预案演练效果进行评估，撰写应急预案演练评估报告，分析存在的问题，对应急预案提出修订意见，并及时修订完善。

企业应当根据构成重大危险源的危险化学品种类、数量、生产、使用工艺(方式)或者相关设备、设施等实际情况，按照下列要求建立健全安全监测监控体系，完善控制措施：

(1) 重大危险源配备温度、压力、液位、流量等信息的不间断采集和监测系统以及可燃气体和有毒有害气体泄漏检测报警装置，并具备信息远传、连续记录、事故预警、信息存储等功能；一级或者二级重大危险源，具备紧急停车功能；

(2) 重大危险源单元要安装符合安全要求的 SCADA 系统或 DCS 系统；一级或者二级重大危险源，装备紧急停车系统；

(3) 对重大危险源中涉及毒性气体、液化气体、剧毒液体的一级或者二级重大危险源，配备独立的安全仪表系统(SIS)；

(4) 重大危险源场所或者设施，设置视频监控系统；

(5) 安全监测监控系统符合国家标准或者行业标准的规定。

根据应管理部办公厅《关于印发危险化学品企业重大危险源安全包保责任制办法(试行)的通知》应急厅〔2021〕12 号文件要求，企业要全面实行重大危险源安全包保责任制，确定每一处重大危险源的主要负责人、技术负责人和操作负责人，从总体管理、技术管理、操作管理三个层面对重大危险源实行安全包保。

一般情况下，重大危险源主要负责人为公司的负责人，技术负责人为分管技术、生产、设备副经理，操作负责人为重大危险源所在油库主任。企业重大危险源主要负责人、技术负责人和操作负责人包保职责在重大危险源安全警示标志位置设立公示牌，写明重大危险源的主要负责人、技术负责人、操作负责人姓名、对应的安全包保职责及联系方式，接受各级监督，见表 6-2-1。包保责任人要根据包保职责定期对重大危险源进行检查。

表 6-2-1 重大危险源安全包保公示牌

危险化学品名称	主要负责人	
	职务	
重大危险源级别	电话	
	技术负责人	
最大数量/吨	职务	
	电话	

续表

<table>
<tr><td>监督举报电话</td><td>操作负责人</td><td></td></tr>
<tr><td rowspan="2">安全生产投诉电话：
安全生产投诉邮箱：</td><td>职务</td><td></td></tr>
<tr><td>电话</td><td></td></tr>
<tr><td>主要负责人职责</td><td colspan="2">（一）组织建立重大危险源安全包保责任制并指定对重大危险源负有安全包保责任的技术负责人、操作负责人；
（二）组织制定重大危险源安全生产规章制度和操作规程，并采取有效措施保证其得到执行；
（三）组织对重大危险源的管理和操作岗位人员进行安全技能培训；
（四）保证重大危险源安全生产所必需的安全投入；
（五）督促、检查重大危险源安全生产工作；
（六）组织制定并实施重大危险源生产安全事故应急救援预案；
（七）组织通过危险化学品登记信息管理系统填报重大危险源有关信息，保证重大危险源安全监测监控有关数据接入危险化学品安全生产风险监测预警系统</td></tr>
<tr><td>技术负责人职责</td><td colspan="2">（一）组织实施重大危险源安全监测监控体系建设，完善控制措施，保证安全监测监控系统符合国家标准或者行业标准的规定；
（二）组织定期对安全设施和监测监控系统进行检测、检验，并进行经常性维护、保养，保证有效、可靠运行；
（三）对于超过个人和社会可容许风险值限值标准的重大危险源，组织采取相应的降低风险措施，直至风险满足可容许风险标准要求；
（四）组织审查涉及重大危险源的外来施工单位及人员的相关资质、安全管理等情况，审查涉及重大危险源的变更管理；
（五）每季度至少组织对重大危险源进行一次针对性安全风险隐患排查，重大活动、重点时段和节假日前必须进行重大危险源安全风险隐患排查，制定管控措施和治理方案并监督落实；
（六）组织演练重大危险源专项应急预案和现场处置方案</td></tr>
<tr><td>操作负责人职责</td><td colspan="2">（一）负责督促检查各岗位严格执行重大危险源安全生产规章制度和操作规程；
（二）对涉及重大危险源的特殊作业、检维修作业等进行监督检查，督促落实作业安全管控措施；
（三）每周至少组织一次重大危险源安全风险隐患排查；
（四）及时采取措施消除重大危险源事故隐患</td></tr>
</table>

企业要建立重大危险源主要负责人、技术负责人、操作负责人的安全包保履职记录，做到可查询、可追溯，企业的安全管理机构对包保责任人履职情况进行评估，纳入安全生产责任制考核与绩效管理。以主要负责人为例，重大危险源安全包保履职记录见表 6-2-2。

表 6-2-2　重大危险源安全包保履职记录(主要负责人)

重大危险源名称：
重大危险源安全包保人：
活动日期：
履职内容： (一)组织建立重大危险源安全包保责任制并指定对重大危险源负有安全包保责任的技术负责人、操作负责人； (二)组织制定重大危险源安全生产规章制度和操作规程，并采取有效措施保证其得到执行； (三)组织对重大危险源的管理和操作岗位人员进行安全技能培训； (四)保证重大危险源安全生产所必需的安全投入； (五)督促、检查重大危险源安全生产工作； (六)组织制定并实施重大危险源生产安全事故应急救援预案； (七)组织通过危险化学品登记信息管理系统填报重大危险源有关信息，保证重大危险源安全监测监控有关数据接入危险化学品安全生产风险监测预警系统。
包保履职记录：
包保单位负责人签字：　　　　　　包保人签字：

(二) 重大危险源安全评估

油库作为重大危险源企业当委托具有相应资质的安全评价机构，按照有关标准的规定采用定量风险评价方法进行安全评估，确定个人和社会风险值。

重大危险源安全评估报告应当客观公正、数据准确、内容完整、结论明确、措施可操作行，并包括下列内容：

(1) 评估的主要依据；

(2) 重大危险源的基本情况；

(3) 事故发生的可能性及危害程度；

(4) 个人风险和社会风险值(仅适用定量风险评价方法)；

(5) 可能受事故影响的周边场所、人员情况；

(6) 重大危险源辨识、分级的符合性分析；

(7) 安全管理措施、安全技术和监控措施；

(8) 事故应急措施；

(9) 评估结论与建议。

有下列情形之一的，应当对重大危险源重新进行辨识、安全评估及分级：

(1) 重大危险源安全评估已满3年的；

(2) 构成重大危险源的设备、设施或者场所进行新建、改建、扩建的；

(3) 危险化学品种类、数量、生产、使用工艺或者储存方式及重要设备、设施等发生变化，影响重大危险源级别或者风险程度的；

(4) 外界生产安全环境因素发生变化，影响重大危险源级别和风险程度的；

(5) 发生危险化学品事故造成人员死亡，或者10人以上受伤，或者影响到公共安全的；

(6) 有关重大危险源辨识和安全评估的国家标准、行业标准发生变化的。

(三) 重大危险源备案

在完成重大危险源安全评估报告或者安全评价报告后15日内，应当填写重大危险源备案申请表，连同重大危险源材料，报送所在地县级人民政府安全生产监督管理部门备案。

第三节　安全风险与隐患管理

风险是指某一特定危害时间发生的可能性和后果的组合。是指因为人类的生产活动，可能产生的导致人员伤亡、财产损失的安全事故，如化工行业可能带来的人体中毒危险、火灾爆炸等。

隐患是指企业违反安全生产法律、法规、规章、标准、规程和安全生产管理制度的规定，或者因其他因素在生产经营活动中存在可能导致事故发生的物的不安全状态、人的不安全行为和管理上的缺陷。

风险是对客观可能性进行的主观评价，不一定导致事故的发生，安全风险高意味着事故发生的可能性高。

隐患是客观存在的，指人的违法行为、物的不安全状态或管理上的缺陷。

一、安全风险辨识与评价

安全风险管理就是指通过识别生产经营活动中存在的危险源，并运用定性或定量的统计分析方法确定其风险严重程度，落实风险控制措施，以达到改善安全生产环境、减少和杜绝安全生产事故的过程。

危险源是可能导致损害的根源、状态或行为，或其组合。危险源可分为第一类危险源和第二类危险源。

第一类危险源：能量和危险物质的存在是危害产生的最根本的原因，通常把可能发生意外释放的能量（能量源或能量载体）或危险物质称为第一类危险源；第二类危险源：造成约束、限制能量和危险物质措施失控的各种不安全因素称作第二类危险源。包括：物的不安全状态、人的不安全行为、管理缺陷。

危险源是危险的“源头”，是客观存在的。一般所说危险源多指第一类危险源，第二类危险源其实就是隐患。

安全风险管理坚持“谁主管谁负责”“谁的属地谁负责”“优先治理”“五定原则”。

安全风险管理主要包括风险识别、风险评价、风险控制和风险监控四个环节。企业应成立风险评价小组开展各环节工作。

（一）企业风险清单建立流程如下

1. 风险识别

企业首先成立风险评价小组，小组成员构成为：主要负责人、安全员、各部门负责人、员工代表。主要负责人全面负责安全风险分级管控工作，分管负责人及各岗位人员负责分管范围内的安全风险分级管控工作。

企业应对生产经营过程中涉及的生产工艺、设备设施、作业环节、人员行为和管理体系等方面存在的安全风险进行全面、系统的辨识，做到所有危险源、作业活动和相关的设备、设施全覆盖。风险识别方法主要包括：JSA、SCL、HAZOP 等。

企业每年至少开展一次全面风险识别。当出现以下情况时，应当及时开展风险识别：

（1）装置长时间在设计上、下限运行或延长计划检修周期。

（2）发生火灾爆炸或毒性气体严重泄漏事故。

（3）施工内容和方案发生重大变化。

（4）安全相关法律、法规与标准规范发生重大变化时。

（5）重大危险源发生重大变化。

（6）重大永久性变更。

（7）使用新技术、新工艺、新设备、新产品等变更。

2. 风险评价

风险评价是指对识别出的风险采用相应的评价方法和工具进行定性、定量评估，准确描述风险，确定风险等级，制定管控措施。

企业应成立风险评价小组，对前期识别出的风险开展风险评价，确定风险等级，制定相应的风险管控措施。采用中国石化安全风险矩阵等工具，对识别出的风险进行评价，确定每个风险的等级和风险值，完善风险清单。

安全风险按重大风险、较大风险、一般风险和低风险管理，分别用红、橙、黄、蓝颜色表示。

公司级管控风险清单应当包括重大风险（红色区）、较大风险（橙色区）、后果等级为F、G的一般风险。风险值≥40或后果为E、F、G的较大风险以及公司重点关注的其他风险应当作为公司的重大风险管理；风险值≥40且后果严重性等级为E、F、G的风险可推荐为集团公司重大风险。

风险清单制定后按照工程技术措施、管理措施、个体防护、应急响应的顺序确定风险管控措施。工程技术措施应当包括技术方案、实施计划、责任部门和责任人。风险管理应当满足安全风险矩阵规定的“各级风险的最低安全要求”。公司级管控风险应当用风险管控行动模型(Bow-Tie)、集团公司重大风险用定量风险评价(QRA)等风险评价工具进一步定量分析评价，优化风险管控措施。

3. 风险控制

企业应制定风险总值降低的目标和计划，风险评价确定的管控措施，进行责任分解，分级明确风险的管控责任人和措施落实责任人。各级主要负责人应当承包本单位的最大风险，其他负责人按照风险值高低和分管业务承包其他风险，承包期内应当实现风险降级或风险值降低。

各级风险承包人应当及时审定风险管控方案和措施，听取、研究承包风险的管控情况，协调各种资源，确保风险消减与管控方案有效落实；定期组织现场专项检查，发现风险值增加的危害因素时，及时调整风险管控方案；各项管控措施落实到位后，应当及时组织评估、销项。

风险控制措施确定后，对相关管理和操作人员进行风险控制措施的技术交底和培训，确保措施落实到位。

风险控制措施主要有以下几种：

(1) 消除。将危险从工作场所中消除。

(2) 替代。用一种危险性较小的物质替代危险性较大的物质。

(3) 管理。日常管理中采取的措施，一般变化不大。

(4) 工程技术方面。在设备、工艺进行设计阶段采用降低风险的方式。如储罐雷击风险，采用增设雷电预警系统、感温光栅等措施。

(5) 个体防护方面。包括空气呼吸器、防静电服、便携性硫化氢报警器等。

(6) 应急方面。制定相应应急预案。

4. 风险监控

企业每年结合实际按装置绘制红、橙、黄、蓝四色风险电子分布图(如图6-3-1所示)，根据风险清单中等级最高的风险确定风险色。在醒目位置和重点区域分别设置风险公告栏，重大风险的工作场所和岗位，要设置明显警示标志。

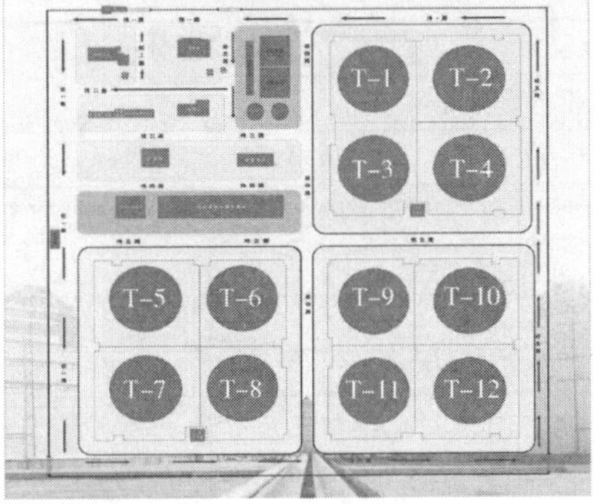

图6-3-1 风险电子分布图

公司级管控风险管控措施制定实施进度计划，进行专项检查、挂牌督办和每月跟踪。风险管控责任人和措施落实责任人对照计划检查落实进度，确保达到年度管控目标。

安全管理部门应当掌握风险管控进度和风险总值变化情况，及时组织研究解决管控问题，更新风险清单，并向 HSE 委员会汇报。

5. 风险降级或销项

风险达到降级或销项条件时，应当办理审批手续，及时降级或销项。由业务主管部门组织办理审批手续，组织专家评估现有风险，满足 ALARP 原则后出具评估报告，办理降级或销项手续；工程施工和作业活动类风险的销项应当在施工和作业活动完成后。

（二）风险识别方法

1. JSA 方法

作业安全分析（Job Safety Analysis，简称 JSA）是指事先或定期对某项作业活动进行危害辨识，并根据识别结果制定和实施相应的控制措施，以达到最大限度消除或控制风险，确保作业人员健康和安全的目的，是一种定性分析方法。此方法适用于工艺操作、设备设施检修等。

作业安全分析对作业活动每一步骤进行分析，从而辨识潜在的危害并制定管控措施。

作业安全分析是规划工作的一种方式，方法为：

（1）列出该工作的所有步骤；

（2）找出该工作的可能风险；

（3）建议、说明该工作的安全执行方式，避免安全意外与职业灾害的发生；

（4）预测哪些事情可能出错，并想出备用控制手段。

作业安全分析记录见表 6-3-1。

表 6-3-1　作业安全分析记录表

<table>
<tr><td colspan="4">作业安全分析记录表（JSA）</td><td colspan="2">编号</td></tr>
<tr><td colspan="4">作业名称：</td><td colspan="2">工艺过程/区域</td></tr>
<tr><td colspan="4">分析组长：　　　　　成员：</td><td colspan="2">日期</td></tr>
<tr><td>序号</td><td>作业步骤</td><td>危害因素</td><td>控制措施（管理、工程技术、个体防护）</td><td>评估风险度</td><td>执行人</td></tr>
<tr><td></td><td></td><td></td><td></td><td></td><td></td></tr>
<tr><td></td><td></td><td></td><td></td><td></td><td></td></tr>
<tr><td></td><td></td><td></td><td></td><td></td><td></td></tr>
<tr><td></td><td></td><td></td><td></td><td></td><td></td></tr>
<tr><td></td><td></td><td></td><td></td><td></td><td></td></tr>
<tr><td></td><td></td><td></td><td></td><td></td><td></td></tr>
</table>

2. SCL 分析方法

安全检查表法是将一系列项目列出检查表进行分析，以确定系统、场所的状态是否符合安全要求，通过检查发现系统中存在的安全隐患，提出改进措施的一种方法。检查项目可以包括场地、周边环境、设施、设备、操作、管理等各方面。主要用于设备设施检查、作业现场检查。分析记录见表 6-3-2。

安全检查表应列举需查明的所有能导致活动的不安全状态或行为。为了使检查表在内容上能结合实际、突出重点、简明易行、符合安全要求，应依据以下四个方面进行编制。

(1) 有关标准、规程、规范及规定。

(2) 国内外事故案例及本单位在实验室活动中的有关经验。

(3) 通过系统分析，确定的危险部位及防范措施。

(4) 研究成果。

表 6-3-2　安全检查分析记录表

安全检查分析(SCL)记录表								
区域/工艺过程/岗位：					设备设施：			
分析人员：							日期：	
序号	检查项目	依据标准	产生偏差的主要后果	现有安全措施	L	S	R	建议改正/控制措施

风险 R＝事件发生的可能性 L * 后果严重性 S

3. HAZOP 分析方法

危险与可操作性分析(Hazard and Operability Analysis，简称 HAZOP)是英国帝国化学工业公司(ICI)为解决除草剂制造过程中的危害，于 1960 年代发展起来的一套以引导词为主体的危害分析方法，用来检查设计的安全以及危害的因果来源。各专业人员组成的分析组以一系列会议的形式对装置工艺过程的危险和操作性问题进行分析，因为不同专业、具有不同知识背景的人员组成的分析组一起工作比独自一人单独工作更具有创造性与系统性，能识别更多的问题。由此可见，该方法的精髓就在于发挥集体的智慧。

HAZOP 分析的目的是系统、详细地对工艺过程和操作进行检查，以确定过程的

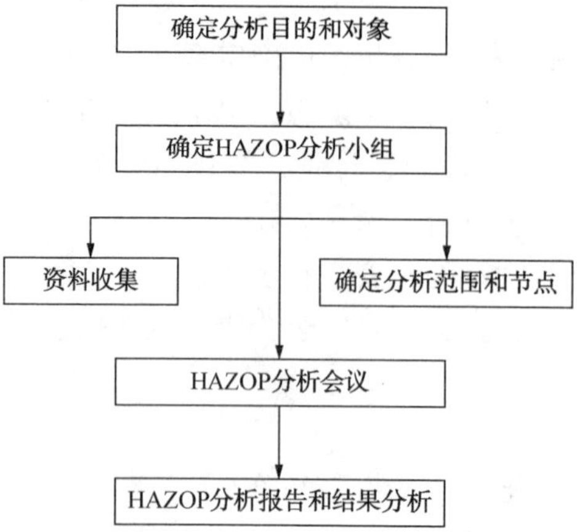

图 6-3-2　HAZOP 分析流程

偏差是否导致不希望的后果，该方法可用于连续或间歇过程，还可以对拟订的操作规程进行分析。分析的目的、对象和范围必须尽可能地明确。HAZOP 分析流程如图 6-3-2所示。

在 HAZOP 分析准备阶段，必须收集下列资料或数据：工艺流程图、设计标准、设备规格、操作规程、总平面布置、安全仪表系统说明等。

（1）HAZOP 分析会议并完成分析

根据划分的节点、设定的偏离，召开 HAZOP 分析会议，分析导致偏差的原因。HAZOP 分析需要将工艺图或操作程序划分为分析节点或操作步骤，然后用引导词找出过程的危险。

（2）编制结果报告

分析记录是 HAZOP 分析的一个重要组成部分，也是后期编制分析报告的直接依据。

会议记录员应根据分析结果讨论过程提炼出恰当的结果，将所有重要的意见全部记录下，并应当将记录内容及时与分析组人员沟通，以避免遗漏和误解。HAZOP 分析会议以表格形式存在。

（3）分析结果的追踪和溯源

分析结果的追踪和完善采取的措施要有完整的文件记录才能关闭，适当的实施措施和行动计划需要包括以下内容：

① 同意采纳建议、接受研究、不接受不同方案或拒绝的声明；

② 接受建议后方案责任的落实；

③ 拟采取措施的简短描述；

④ 实施建议措施所需要做的工作。

（三）安全风险矩阵

安全风险矩阵是安全风险等级量化工具，体现了企业容忍安全风险准则和可接受安全风险准则。在企业生产经营活动中，相关安全风险应统一采用安全风险矩阵评估初始风险等级（Raw Risk）和剩余风险（Residual Risk）等级，决定是否需要采取措施降低风险。见表 6-3-3。

表 6-3-3 安全风险矩阵

安全风险矩阵		发生的可能性等级——从不可能到频繁发生							
		1	2	3	4	5	6	7	8
事故严重性等级（从轻到重）	后果等级	类似的事件没有在石油石化行业发生过，且发生的可能性极低	类似的事件没有在石油石化行业发生过	类似的事件在石油石化行业发生过	类似的事件在中国石化曾经发生过	类似的事件在本企业相似设备设施（使用寿命内）或相似作业活动中发生过	在设备设施（使用寿命内）或相同作业活动中发生过1次或2次	在设备设施（使用寿命内）或相同作业中发生过多次	在设备设施或相同作业活动中经常发生（至少每年发生）
		$\leqslant 10^{-6}$/年	$10^{-6} \sim 10^{-5}$/年	$10^{-5} \sim 10^{-4}$/年	$10^{-4} \sim 10^{-3}$/年	$10^{-3} \sim 10^{-2}$/年	$10^{-2} \sim 10^{-1}$/年	$10^{-1} \sim 1$/年	>1/年
	A	1	1	2	3	5	7	10	15
	B	2	2	3	5	7	10	15	23
	C	2	3	5	7	11	16	23	35
	D	5	8	12	17	25	37	55	81
	E	7	10	15	22	32	46	68	100
	F	10	15	20	30	43	64	94	138
	G	15	20	29	43	63	93	136	200

风险矩阵中伤害后果需要考虑健康与安全影响、财产损失影响、非财务与社会影响3类，按严重性从轻微到特别重大分为7个等级，依次为A、B、C、D、E、F和G，后果严重性等级分类详见表6-3-4。其中重伤标准执行原劳动部《关于重伤事故范围的意见》(劳护久字第56号)。

表6-3-4 后果严重性分级表

后果等级	健康和安全影响（人员损害）	财产损失影响	非财务性影响与社会影响
A	轻微影响的健康/安全事故： 1. 急救处理或医疗处理，但不需住院，不会因事故伤害损失工作日； 2. 短时间暴露超标，引起身体不适，但不会造成长期健康影响	事故直接经济损失在10万元以下	能够引起周围社区少数居民短期内不满、抱怨或投诉(如抱怨设施噪声超标)
B	中等影响的健康/安全事故： 1. 因事故伤害损失工作日； 2. 1~2人轻伤	直接经济损失10万元以上，50万元以下；局部停车	1. 当地媒体的短期报道； 2. 对当地公共设施的日常运行造成干扰(如导致某道路在24小时内无法正常通行)
C	较大影响的健康/安全事故： 1. 3人以上轻伤或1~2人重伤(包括急性工业中毒，下同)； 2. 暴露超标，带来长期健康影响或造成职业相关的严重疾病	直接经济损失50万元及以上，200万元以下；1~2套装置停车	1. 存在合规性问题，不会造成严重的安全后果或不会导致地方政府相关监管部门采取强制性措施； 2. 当地媒体的长期报道； 3. 在当地造成不利的社会影响。对当地公共设施的日常运行造成严重干扰
D	较大的安全事故，导致人员死亡或重伤： 1. 界区内1~2人死亡或3~9人重伤； 2. 界区外1~2人重伤	直接经济损失200万元以上，1000万元以下；3套及以上装置停车；发生局部区域的火灾爆炸	1. 引起地方政府相关监管部门采取强制性措施； 2. 引起国内或国际媒体的短期负面报道
E	严重的安全事故： 1. 界区内3~9人死亡或10人及以上，50人以下重伤； 2. 界区外1~2人死亡或3~9人重伤	事故直接经济损失1000万元以上，5000万以下；发生失控的火灾或爆炸	1. 引起国内或国际媒体长期负面关注； 2. 造成省级范围内的不利社会影响；对省级公共设施的日常运行造成严重干扰； 3. 引起了省级政府相关部门采取强制性措施； 4. 导致失去当地市场的生产、经营和销售许可证

续表

后果等级	健康和安全影响（人员损害）	财产损失影响	非财务性影响与社会影响
F	非常重大的安全事故，将导致工厂界区内或界区外多人伤亡： 1. 界区内 10 人及以上，30 人以下死亡或 50 人及以上，100 人以下重伤； 2. 界区外 3～9 人死亡或 10 人及以上，50 人以下重伤	事故直接经济损失 5000 万元以上，1 亿元以下	1. 引起了国家相关部门采取强制性措施； 2. 在全国范围内造成严重的社会影响； 3. 引起国内国际媒体重点跟踪报道或系列报道
G	特别重大的灾难性安全事故，将导致工厂界区内或界区外大量人员伤亡： 1. 界区内 30 人及以上死亡或 100 人及以上重伤； 2. 界区外 10 人及以上死亡或 50 人及以上重伤	事故直接经济损失 1 亿以上	1. 引起国家领导人关注，或国务院、相关部委领导作出批示； 2. 导致吊销国际国内主要市场的生产、销售或经营许可证； 3. 引起国际国内主要市场上公众或投资人的强烈愤慨或谴责

伤害后果发生的可能性从低到高分为 8 个等级，依次为 1、2、3、4、5、6、7 和 8，可能性分级详情见表 6-3-5。

表 6-3-5　发生的可能性等级分级表

可能性分级	定性描述（定性描述仅作为初步评估风险等级使用，在设计阶段评估风险或精确评估风险等级时，应采用定量描述）	定量描述
		发生的频率 F/(次/年)
1	类似的事件没有在石油石化行业发生过，且发生的可能性极低	$\leqslant 10^{-6}$
2	类似的事件没有在石油石化行业发生过	$10^{-5} \geqslant F > 10^{-6}$
3	类似事件在石油石化行业发生过	$10^{-4} \geqslant F > 10^{-5}$
4	类似的事件在中国石化曾经发生过	$10^{-3} \geqslant F > 10^{-4}$
5	类似的事件在本企业相似设备设施（使用寿命内）或相似作业活动中发生过	$10^{-2} \geqslant F > 10^{-3}$
6	在设备设施（使用寿命内）或相同作业活动中发生过 1 或 2 次	$10^{-1} \geqslant F > 10^{-2}$
7	在设备设施（使用寿命内）或相同作业中发生过多次	$1 \geqslant F > 10^{-1}$
8	在设备设施或相同作业活动中经常发生（至少每年发生）	>1

风险矩阵中每一个具体数字代表该风险的风险指数值，非绝对风险值，最小为 1，最大为 200。风险指数值表征了每一个风险等级的相对大小。对于某风险

的具体风险等级，应取3种后果中最高的风险等级，采用后果严重性等级的代表字母和可能性等级数字组合表示。例如：当后果等级为A，可能性等级为7时，其对应的风险等级为A7。

二、安全隐患排查治理

隐患是指违反安全生产法律、法规、规章、标准、规程和安全生产管理制度的规定，或者因其他因素在生产经营活动中，存在可能导致事故发生的物的危险状态、人的不安全行为和管理上的缺陷。

（一）事故隐患判定标准

隐患级别分为三级，即重大隐患、较大隐患、一般隐患。

重大隐患是指符合国家、集团公司规定的重大隐患判定标准或经评估可能导致较大及以上事故、必须及时治理的隐患。较大隐患是指危害较大，整改有一定难度，不能即查即改，但又亟须治理的隐患，如不属于重大隐患的其他隐患。一般隐患是指危害和整改难度较小，发现后能够立即整改消除的隐患。

国家安全监管总局规定的化工和危险化学品经营单位重大生产安全事故隐患判定标准中涉及公司的如下：

（1）危险化学品生产、经营单位主要负责人和安全生产管理人员未依法经考核合格。

（2）特种作业人员未持证上岗。

（3）涉及"两重点一重大"的生产装置、储存设施外部安全防护距离不符合国家标准要求。

（4）构成一级、二级重大危险源的危险化学品罐区未实现紧急切断功能；涉及毒性气体、液化气体、剧毒液体的一级、二级重大危险源的危险化学品罐区未配备独立的安全仪表系统。

（5）地区架空电力线路穿越生产区且不符合国家标准要求。

（6）涉及可燃和有毒有害气体泄漏的场所未按国家标准设置检测报警装置，爆炸危险场所未按国家标准安装使用防爆电气设备。

（7）控制室或机柜间面向具有火灾、爆炸危险性装置一侧不满足国家标准关于防火防爆的要求。

（8）安全阀、爆破片等安全附件未正常投用。

（9）未建立与岗位相匹配的全员安全生产责任制或者未制定实施生产安全事故隐患排查治理制度。

（10）未制定操作规程和工艺控制指标。

（11）未按照国家标准制定动火、进入受限空间等特殊作业管理制度，或者制度未有效执行。

(12) 未按国家标准分区分类储存危险化学品，超量、超品种储存危险化学品，相互禁配物质混放混存。

隐患排查工作按照“谁主管谁负责”和“全员、全过程、全方位、全天候”的原则，做到实时动态管理。隐患排查治理工作应包括隐患排查、隐患评估、隐患防控、隐患治理、效果后评估、信息管理等主要工作内容。

(二) 隐患分类

(1) 生产安全隐患。能通过企业规划、实施技改技措项目治理的隐患；其他属于安全隐患的项目。

(2) 设备设施隐患。符合设备管理相关规定，应通过更新、检维修、材质升级等途径治理的设备缺陷或故障等。

(3) 管理隐患。能通过加强管理，教育培训，严格考核等途径治理的隐患。

(三) 隐患排查

隐患排查应依据国家法律法规、标准规范等要求，制定隐患排查计划、标准、范围，企业应按照计划，通过日常检查、定期检查、专业排查、专项排查和事故类比排查等多种形式开展隐患排查工作。做到全面覆盖、责任到人、专业管理、不留死角。

隐患排查主要有以下方式：

(1) 日常检查是指班组、岗位员工的交接班检查和巡回检查，库区领导和专业技术人员的日常性检查。班组人员现场巡检间隔不得大于2小时，涉及“两重点一重大”的生产、储存装置和部位的操作人员现场巡检间隔不得大于1小时。

(2) 专业排查主要是对输油设备及工艺管网、电气、仪表、特种设备、消防、承包商、施工和直接作业、车辆交通、环保、职业卫生、危险物品等进行的专业性检查。油库工艺、设备、电气、仪表人员每天至少两次对装置现场进行相关专业检查。基层库区至少每周组织一次安全风险隐患排查。

(3) 专项排查主要包括季节性隐患排查，特殊地区、特殊时期、重大活动和节日前(期间)隐患排查，专业性隐患排查。

(4) 事故类比排查指当同类企业发生安全事故时，应举一反三，及时进行事故类比安全风险隐患专项排查。

出现下列情况之一时，应当及时组织开展隐患排查。

(1) 法律法规、标准规范颁布执行或修订发布时，应当组织开展法规符合性隐患排查。

(2) 同类企业发生生产安全事故时，应当组织开展事故类比性隐患排查。

(3) 生产作业场所外部环境发生重大变化时，应当组织开展环境适应性隐患排查。

各级部门应当对排查出的隐患进行分级，建立车间、作业部和公司级隐患清单。全体员工应积极查找隐患，发现隐患要按照规定立即向上级汇报。对排查出来的隐患，安全专业应及时组织评估，按照一般隐患、较大隐患、重大隐患进行分级，同时按照生产安全隐患、设备设施隐患、管理隐患进行分类，按相关规定和程序上报上级主管部门。

(四) 隐患防控

在隐患治理完成前，应采取相应防控措施，制定并组织演练应急处置方案。针对事故隐患治理的不同阶段采取防控措施。

1. 治前防控

隐患排除前无法保证安全的，应撤出危险区域内作业人员，疏散可能危及的其他人员，暂时停产停业或停止使用，设置警示标志，采取防止人员误入危险区域的措施。

2. 治中防控

对于边生产经营边治理的，应当编制专项施工技术方案、安全防范措施以及包含各责任方在内的联动专项应急预案。

3. 自然灾害防范

对因自然灾害可能导致事故灾难的隐患，应当进行排查治理，采取有效的预防措施，制定应急预案。当发生可能危及人员安全的情况时，应采取撤离人员、停止作业、加强监测等安全措施，并及时向当地人民政府报告。

(五) 隐患治理

对排查出的隐患项目，建立隐患项目台账。隐患项目台账应包含隐患所在单位、存在部位、资金来源、计划治理完成时间、实际完成时间及隐患治理后的评估情况。

隐患治理按照“五定”要求(定方案、定资金、定期限、定责任人、定预案)，及时组织治理，并实行闭环管理。一般隐患治理由基层单位负责；对于较大、重大隐患，及时组织治理或申报立项治理。

隐患治理方案必须符合法律法规和标准规范的要求，重视源头治理，严格过程控制，防止隐患治理过程中产生新的隐患和发生事故。

隐患项目治理完成后，应按照相关管理规定组织效果后评估，并及时销项，使其达到保障安全生产的目的。隐患排查治理情况应及时录入安全管理信息系统。

三、油库安全稳态评价办法

（一）评价目的

通过开展安全稳态评价，引领企业安全发展方向，践行安全理念，促进企业落实安全生产主体责任，不断强化安全“三基”工作，持续提升安全管理水平和安全业绩。

该评价方法是对油库的整体进行评价从而给出分值，分值的高低是对油库整体的客观反映。针对薄弱的环节进行查找，可通过动态的评价来体现油库的“健康状态”。

（二）评价原则

（1）公平、公正、公开的原则。

（2）过程与结果并重，以过程为主的原则。

（3）定量与定性相结合，以定量为主的原则。

（4）激励与约束并重的原则。

（三）评价要素

评价要素分为稳态系数计算和关键指标现场检查。

（1）稳态系数：通过计算得出各指标的稳态系数。

（2）关键指标：安全管理重点和难点，设置设备管理(储罐、机泵、DN300以上阀门)、特种设备管理、风险管理、隐患排查、应急与消防、安全教育、高风险作业检查等现场检查指标。

（四）评分计算方法

（1）油库总得分为各关键指标计算得分之和，总分值越大，代表油库安全风险越高。

（2）油库稳态评价分值(P)初始分值0分，评价周期内油库每记录出一条闭环管理的问题隐患可抵消0.2分。

（3）计算方法

$$w=t/k \qquad P=\sum w \quad (\text{各分值精确到0.01})$$

式中 w——关键指标稳态值；

t——关键指标现场检查得分；

k——关键指标对应的稳态系数。

（4）稳态系数(k)的确定

储罐管理=操作人员/储罐数量

机泵阀管理=操作人员/(输油、环保机泵+>300阀门)

特种设备=特种设备管理人数/登记的特种设备数目

应急与消防=固定、移动消防考察合格人数/考察总人数

安全教育=安全考试(笔试或提问)合格人数/考察总人数

承包商管理=油库具有监护资格人数/(油库下达计划数/工作日天数)

风险管控=风险管控措施落实数目/清单中风险管控措施

隐患排查=问题隐患闭环数目/问题隐患总数

(5) 现场检查分数判定

现场依据分类检查表，所检查出的问题根据评估判分，最后汇总计算。各项指标评估判分依据见表 6-3-6。

表 6-3-6　各项指标评估判分依据

火灾危险性	不影响生产	影响辅助生产	影响消防	影响输油生产
容易引起	1	4	8	10
可能会引起	1	3	5	7
不会引起	1	2	3	4

不安全因素的状况如果在相邻两级程度之间，其判分可取相邻两级之间的中间分。

(五) 油库评价流程

(1) 评价人员

组织自有专家库成员，形成评价团队，结合安全大检查、安全巡查、安全水平量化评估和日常管理等工作，按照评价表进行评价，或按要求进行随机检查和评价，并将评价结果进行分析并公布，每季度至少一次。

(2) 确定评价周期

评价周期由专家库领导小组确定，专家组的评价针对该周期内油库所做工作。

(3) 确定评价内容

专家组应在评价前组织研讨，确定部分系数的评价内容，如：询问在场人员最近一次班组安全活动的内容、现场安全答题或现场测试背空呼成绩。

储罐的检查，通过现场随机挑选的方式来确定检查的罐号。

隐患排查的现场检查，通过列出 10 条油库曾经历过大型检查的不符合整改项，每项分数为 10 分。

其他现场检查项目通过专家组个人经验来指出不符合问题及低老坏问题，对于提出的不符合项要以标准和规范具体的条款为依据。

(六) 分析和改进

检查项目汇总及分数计算由检查专家组秘书完成，安全管理部门对于现场检查出的问题下达整改通知单，油库将问题列入隐患台账并形成闭环。

在自我深入剖析的基础上，由专家组以“专家会诊”的方式进行总体分析、评估，并出具整体分析报告，提出“会诊意见”和整改要求。油库应针对存在的问题制定整改措施，并在例会上反馈整改进展。

（七）评价工具

常用的安全稳态评价见表6-3-7。

表6-3-7　安全稳态评价表

油库安全稳态评价					
单位：				日期：	
序号	油库稳态值				
1	储罐管理	评价内容	操作人员数	储罐数目	分值(*k*)
		核对人员及储罐数量			
2	机泵阀管理	评价内容	操作人员数	输油、环保机泵、DN300以上阀门数	分值(*k*)
		核对人员及机泵阀数量			
3	特种设备管理	评价内容	特种设备管理人员	登记的特种设备数目	分值(*k*)
		核对人员及在册特种设备数量			
4	应急与消防	评价内容	固定、移动消防考察合格人数	考察总人数	分值(*k*)
		（评价前制订考核内容）			
5	安全教育	评价内容	安全考试（笔试/提问）合格人数	考察总人数	分值(*k*)
		（评价前制订考核内容）			
6	承包商管理	评价内容	油库具有监护资格人数	（油库下达计划数/工作日天数）	分值(*k*)
		核对监护资格人数及工程计划			
7	风险管控	评价内容	风险管控措施落实数目	清单中风险管控措施	分值(*k*)
		检查风险管控台账			
8	隐患排查	评价内容	问题隐患闭环数目	问题隐患总数	分值(*k*)
		检查隐患问题台账			

续表

现场检查问题					
序号	问题分类	问题描述	问题建议	问题判分(t)	关键指标得分(w)
1	储罐、管道及附件				
2					
3	机泵阀及附件				
4					
5	特种设备				
6					
7	应急与消防				
8					
9	安全教育				
10					
11	承包商管理				
12					
13	风险管控（风险再识别）				
14					
15	隐患排查(之前问题整改项类比)				
16					
分数合计(p)					

第四节　生产运行管理

一、工艺技术规程及岗位操作法

工艺技术规程是具有法规性的生产技术文件，是组织生产的技术依据。岗位操作法是指导操作人员生产操作的主要技术文件，规定生产操作的技术要求、操作步骤及注意事项等。工艺技术规程、岗位操作法涵盖了生产、技术、安全、设备等专业要求内容。

（一）工艺技术规程及岗位操作法编制程序

工艺技术规程及岗位操作法由油库生产、设备、安全等专业管理人员和经验丰富的技能操作人员参与编写或修订。工艺技术规程、岗位操作法的编制依据设计单位或技术提供商的技术资料、设备使用说明书、有关的操作手册、安全管理规范及国家的相关技术规定；岗位操作法还应依据工艺技术规程编制。

油库每3年至少对工艺技术规程、岗位操作法进行1次全面修订。油库新建或改造，在试生产前由上级专业管理科室根据设计单位或技术提供商的技术资料编制试行版，在试生产期间(1年)完成修订。油库每年应评估1次工艺技术规程、岗位操作法的适应性、有效性和执行情况，根据评估结果、安全检查、过程危害分析、生产事故等情况及时修订工艺技术规程。由于变更导致需要修订工艺技术规程、岗位操作法内容的，必须及时完成修订，变更页需要加盖变更标识。

工艺技术规程、岗位操作法经油库生产、设备、安全负责人和主任审定，上级生产、设备、安全环保等专业管理科室负责人审核，上级生产、设备、安全主管副经理核准，公司生产、设备、安全环保管理部门主管副经理审查后，报公司分管领导批准生效。工艺技术规程、岗位操作法正式版本应附会签审批表。

现行工艺技术规程、岗位操作法必须为合规、有效版本，各级岗位人员必须遵守。中控室必须存放现行有效的工艺技术规程、岗位操作法。岗位操作人员必须经工艺技术规程、岗位操作法培训并考核合格。

（二）主要内容

1. 工艺技术规程主要包括以下内容

(1) 油库概况：开工建设、中交、投产时间、设计规模，历次重大改造情况，主要工艺技术特点等；

(2) 生产工艺原理；

(3) 工艺流程简述(应有单独成册的PID图、PFD图)；

(4) 主要工艺指标和动力指标；

(5) 物料及能源平衡图或表；

(6) 主要技术经济指标；

(7) 工艺参数(设计值)一览表；

(8) 工艺参数一览表(具体内容以现行有效工艺卡片作为附件)；

(9) 原料及辅助材料：化学品名称、用途、物化性质、危害信息、质量指标、设计消耗量，危险化学品安全使用说明书(MSDS)；

(10) 产品物化性质、危害信息、质量指标、用途；

(11) 主要设备一览表：名称、位号、结构、材质、介质、尺寸、设计温度及压力、操作温度及压力、制造厂家；

(12) 仪表控制方案及主要仪表性能，主要控制仪表及计量器具一览表；

(13) 储罐大修退出运行、储罐大修后投入运行操作，特殊设备、生产单元的操作维护说明书；

(14) 报警(报警点和报警值)及联锁(联锁点及联锁控制范围)一览表(具体

内容以现行有效报警台账、联锁台账作为附件）；

（15）异常情况判断及处理、生产过程事故处理、储存设施条件等；

（16）安全、环保、职业卫生技术规定（包括岗位涉及的危险化学品危害信息、操作时的人身安全保障、职业健康等注意事项）；

（17）油库布置图、地下管道图、主要设备单体图等。

2. 岗位操作法主要包括以下内容

（1）岗位适用范围及职责；

（2）岗位生产工艺流程及关键控制点；

（3）岗位报警、联锁及其投用与操作；

（4）储罐大修后投入运行操作与检查确认，操作步骤与注意事项、安全要求，包括升压、提量等操作及要求；

（5）岗位正常操作：关键工艺参数的正常控制范围，偏离正常工况的后果，防止和纠正偏离正常工况的方法及步骤；关键设备的操作维护规定；物料切换操作及安全要求；

（6）岗位异常情况（临时）的操作、安全要求；

（7）储罐大修退出运行（内部、外部条件）与检查确认，退出运行操作步骤及注意事项、安全要求，包括降压、降量等操作及要求；

（8）紧急停车的操作步骤、安全要求；

（9）应急处理：应急处理原则；公用工程故障紧急处理方法与步骤，如水、电、蒸汽等停供；自然灾害紧急处理方法及步骤，如台风强风、暴雨雷电、暴雪寒潮、高温高湿等；油库事故处理；主要设备故障，物料中断、泄漏，着火爆炸等紧急处理方法与步骤；

（10）主要设备操作法。

（三）工艺卡片

工艺卡片是指导油库各工序实现安全生产、稳定操作的法规性工艺技术参数文件，由油库技术人员负责编写。工艺卡片制（修）定以设计资料、工艺技术规程、岗位操作法、技术改造资料、技术标定报告、产品质量标准、安全环保规范、实际运行情况等为依据，工艺卡片每年至少修订1次，期间可以根据生产过程的实际需要及时变更。

工艺卡片内容包括主要工艺控制指标、储运系统指标、关键机组运行指标、安全环保指标等，以及分类标识、文件审批签字。油库技术人员和操作人员应当熟记工艺卡片规定的指标。做好参数平稳控制，对异常波动及时分析处理，油库工艺卡片应上墙公示。

二、调度管理

调度是生产管理指挥中枢，按照生产计划和调度指令，指挥生产运行，同时协调与码头、炼厂等上下游企业的生产相关事宜。严格执行各项规章制度、标准、规程，实现生产过程的安全管理。生产调度利用 DCS 系统、视频监控系统、SIS 系统、GDS 系统、雷电预警系统，全面指挥油库安全生产工作。

（一）运行调度工作主要内容

（1）根据下达的生产计划，组织实施、指挥生产运行。

（2）收集生产运行参数，分析生产运行工况，协助处理与生产运行相关的突发事件。

（3）协调与生产运行相关的各项工作。

（二）职责与权限

1. 调度中心职责与权限

（1）对各油库调度岗位行使指挥、协调职能。

（2）根据输油计划制作原油转输滚动三天计划。

（3）收集、掌握港口码头交油、船情、气象动态。

（4）收集各油库生产运行参数、库存，分析掌握运行情况，按时完成输油计划。

（5）协助处理与生产运行有关的重大事件。

（6）负责向上级生产管理部门汇报生产运行动态、重大事项等情况。

（7）传达上级指示和决议，并检查落实情况。

（8）协助处理生产运行突发事件，详细了解并跟踪现场处置情况，负责突发事件处置的上报和管理，负责应急生产指挥，及时向应急指挥中心汇报，请示并进一步落实指令。

（9）负责协调指挥与检修、检测及施工相关的生产运行工作。

（10）收集、掌握设备设施、生产操作系统工作状况及检修进度。

2. 油库职责与权限

（1）与调度做好对接，及时认真执行上级调度命令。

（2）按时收集、填写运行记录，及时分析运行参数，并向上级调度汇报。负责生产运行管理系统数据上报。

（3）负责填写“看图识路、手指口述”工艺流程操作票（表 6-4-1、表 6-4-2），操作票填写内容应清楚、规范、无误，经审核签字后组织实施，操作时必须有人监护。

（4）主动做好与上、下游的业务联系，油库运行操作必须在操作前告知上、下游油库及相关企业。

（5）掌握油库运行动态和主要设备情况。根据工艺要求，有权向上级调度申请择优选用参加或退出运行的生产设备。

（6）生产运行中的设备检修，应向上级调度请示，作业前、作业后应向上级调度汇报。

（7）对违章作业的现象及时纠正。

（8）协助处理生产运行突发事件，详细了解并跟踪现场处置情况，负责突发事件处置的上报。

表 6-4-1 “看图识路、手指口述”操作票模板

“看图识路，手指口述”流程图

NO：0000001　　　　　　　　　　　　　　　　　年　　月　　日

操作内容：
操作相关流程：（画图）   操作人：
操作相关流程：（画图）   班　长：
审核人：
备注：(1)画出与操作相关的简易流程，注明相关的罐、泵、阀、管线号。 (2)审核人为值班干部或值班领导。

表 6-4-2 “看图识路、手指口述”操作票

操作票

NO：0000001　　　　　　　　　　　　　　　　　　年　　月　　日

下令人		下令时间		接令人	

操作内容：

操作起始时间	时　分	操作终止时间	时　分

操作前工艺流程(运行设备)：

操作后工艺流程(运行设备)：

操作步骤：

<table>
<tr><td colspan="7">阀门状态确认：</td></tr>
<tr><td colspan="2">阀号</td><td>电动执行器
显示开度%</td><td>指示盘、
阀杆状态</td><td>现场与控制系统
显示是否正常</td><td>现场确认人</td><td>控制室确认人</td></tr>
<tr><td rowspan="5">所开阀门</td><td></td><td></td><td>□ 正常</td><td>□正常</td><td></td><td></td></tr>
<tr><td></td><td></td><td>□ 正常</td><td>正常</td><td></td><td></td></tr>
<tr><td></td><td></td><td>□ 正常</td><td>正常</td><td></td><td></td></tr>
<tr><td></td><td></td><td>□ 正常</td><td>正常</td><td></td><td></td></tr>
<tr><td></td><td></td><td>□ 正常</td><td>正常</td><td></td><td></td></tr>
<tr><td rowspan="5">所关阀门</td><td></td><td></td><td>□ 正常</td><td>□正常</td><td></td><td></td></tr>
<tr><td></td><td></td><td>□ 正常</td><td>正常</td><td></td><td></td></tr>
<tr><td></td><td></td><td>□ 正常</td><td>正常</td><td></td><td></td></tr>
<tr><td></td><td></td><td>□ 正常</td><td>正常</td><td></td><td></td></tr>
<tr><td></td><td></td><td>□ 正常</td><td>正常</td><td></td><td></td></tr>
<tr><td colspan="5">控制系统相关压力波动是否正常：　□　是；　　□　否</td><td colspan="2"></td></tr>
<tr><td colspan="4">通知上站人员　　　　时　　分</td><td colspan="3">通知下站人员　　　　时　　分</td></tr>
</table>

注意事项：

操作人		监护人		审核人	

备注：(1)签字时使用本人最常用的书写习惯署名，不得使用仿宋体。

(2)保证每册序号完整无缺，并归档备查。

(3)审核人为值班干部或值班领导。

（三）调度令

1. 调度令的级别

（1）一般调度令：适用于正常运行中的设备启停、参数调整。

（2）紧急调度令：仅适用于事故状态或有事故征兆的非常规作业。

2. 调度命令的下达及要求

（1）调度令只能在同一调度指挥调度系统中自上而下下达。

（2）调度命令下达时要记录、录音，并由受令人复述无误后按规定时间执行。

（3）油库内操对调度令执行情况要及时汇报。要向调度中心调度反馈流程导通确认通知单。

（4）任何单位和个人不得干预值班调度人员发布或执行调度命令；调度值班人员执行调度令时有权拒绝各种干预。

（5）油库内操如对上级调度下达的调度命令有异议时，应及时向上级调度申诉，如上级调度不予采纳，内操必须按照上级调度命令执行，并逐级汇报。

（四）请示、汇报与询问

1. 请示与汇报

（1）调度负责向上级生产管理部门汇报生产运行情况，请示重要的生产问题。每日汇总生产运行数据。

（2）油库每日 7 点前必须向调度中心上传运行日报。

（3）油库内操每 2 小时整点汇报运行参数，每日早 8 点汇报一次主要运行动态。

（4）油库切换运行设备前，应向调度请示征得同意，并主动告知受影响的上下游油库和相关企业后实施。

（5）由于供电系统、仪表系统或设备故障造成的非计划停输，油库内操应立即向上级调度汇报，并积极组织排除故障，最短时间恢复运行。

（6）生产运行中发生事故，油库内操应立即向上级调度汇报，同时报告油库值班干部及领导，并报清事故发生的时间、地点、原因、操作者、事故状态、处理措施、事故损失、伤亡情况等，暂时无法查明的待查明后上报。

（7）调度中心在接到突发事件报告后立即向调度长汇报，并向主管领导报告。

2. 询问

（1）上级调度有权向油库内操查询运行工况、工艺参数、原油收、输、库存等情况。

（2）上级调度有权向油库内操及各油库领导、技术人员等了解运行中事故处理、设备检修进度等情况。

(3) 油库内操有权向上级调度询问与本油库相关的生产运行情况和相关信息。

流程确认单示例如下。

流程确认通知单

编号 202101

××调度中心：

某油库已准备好接收某商储库达连原油，已于1：30将来油进T-8罐流程导通，具体流程如下：

某商储库→10308#阀→10303#阀→10305#阀→10282#阀→10285#阀→T-8

已具备收油条件。

操作人：　　　监护人：　　　审核人：

××××油库

年　月　日

三、岗位操作管理

油库主要承担原油计量、收发转输、储存等任务，主要分为工艺流程操作和综合计量操作。

(一) 工艺流程操作

油库工艺流程操作主要有以下几项：收油、外输、库内倒罐、储罐循环搅拌。

油库工艺流程操作应遵循以下原则：

(1) 流程操作人员应熟知油库工艺流程、相关设备状况及操作方法。

(2) 流程的操作与切换，实行集中调度，统一指挥。任何人未经调度人员同意，不得擅自操作或改变流程。

(3) 流程操作必须严格遵守“先开后关”的原则，确认新流程已经导通后，方可切断原流程。

(4) 了解原油物性情况，凝点、密度、含水、硫化氢含量等数据，根据原油中硫化氢含量佩戴硫化氢检测仪、便携式呼吸器及空气呼吸器等防护措施。

(5) 工艺流程操作前要进行“看图识路，手指口述”安全操作确认。

① “看图识路”确认工艺流程

油库内操与班长分别画出与设备、管线位置相符的工艺流程简图，油库内操与班长核对流程图无误，值班干部审核确认后，油库内操填写操作票。

② “手指口述”安全操作确认

油库内操画出简易流程图、填写操作票，经审核无误；外操人员手持操作票第二联，对照流程图手指口述设备位置、操作内容及操作方法。见图6-4-1。

外操佩戴防爆执法记录仪到达现场后，对操作设备进行“手指口述”检查、准备，完成后向油库内操汇报，油库内操远程操作，外操现场监护。

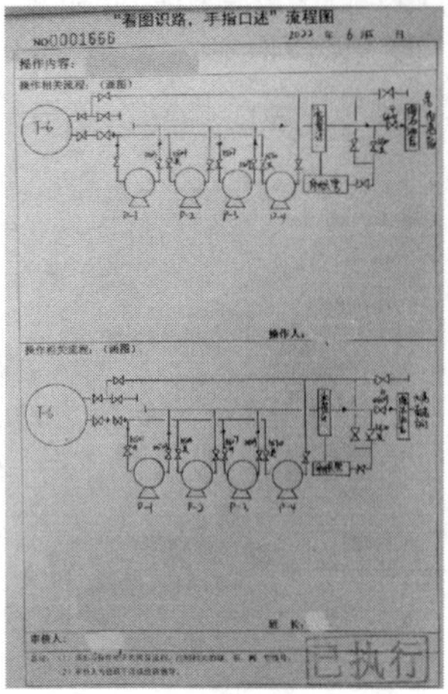

图 6-4-1　手绘“看图识路手指口述”流程图示例

1. 收油操作

收油操作是指将原油从油轮接卸至储罐的作业过程。

（1）准备阶段

① 油库与码头沟通，掌握船舶到港时间、油种和提单量，制定卸船方案。

② 船舶到港后，油库运销计量人员上船监护商检检尺、测温、取样，计算油轮所载油量。

③ 根据上一级调度下达的原油接卸指令，油库进行库内管道及油罐等设备、设施的检查与准备，切换卸船流程，达到卸船作业的条件。

④ 油库内操与码头调度联系，确定具体卸船作业时间与程序。

⑤油库、码头双方确认各自的卸船准备工作全部完成，并共同签署卸船作业单。

（2）实施阶段

① 打开卸船进库阀门，倒通卸油进罐流程，进行卸船作业。

② 卸船前后及卸船过程中，油库应与码头加强协调和沟通，共同确认相关流程确保卸油流程无误。

③ 卸油过程中，油库应密切监视进库压力、液位变化，根据工艺技术规程及岗位操作法，确定相应的卸油速度，并及时通知码头调度调整排量，

④ 卸船作业中不停卸船泵倒罐时，应提前通知码头调度降低卸油速度。

⑤ 卸油过程中，油库应加强对储罐运行状况的检查，收油结束后，应再次确认储罐运行情况。

⑥ 计量操作人员依据国家、行业的标准，进行取样、化验计量等工作，计算原油的入库油量。卸油完毕后，油库应及时掌握罐内原油的各项物性参数。

⑦ 卸船作业全部完成后，关闭卸船管道的进库阀门，导通库内泄压流程。

⑧ 卸船作业结束后，油库、码头调度互通情况，并进行全面检查，汇报上一级调度。

⑨ 卸船作业结束后，油库运销计量人员监护商检人员检验油轮底舱量，督促船方卸净原油，并逐舱检验，确认卸船后所剩底油量。

2. 外输操作

外输操作是指向下游炼厂提供原油供应。

（1）启输操作

① 准备阶段：接到上一级调度外输启动的指令后，油库完成储罐、库内管道、输油泵等相应设备、设施的检查与准备工作，达到外输启动条件。

② 实施阶段：

a. 油库按照生产计划和上级调度令，倒通相应的外输流程。流程切换完成后，汇报上一级调度，并通报下游收油单位调度。

b. 油库内操和收油单位内操确认具备启动条件后，根据上一级调度指令，启动输油泵，待运行压力平稳后，汇报上一级调度，并通报下游收油单位调度。

c. 根据上一级调度指令，需要启动下一台泵时，应提前控制运行泵机组的负荷，防止出库压力超高。启泵前后，应向上一级调度汇报并通报下游收油单位内操。

d. 实时跟踪监视设备、设施的运行参数，每 2 小时录取出库压力、温度和外输量等运行参数，按要求向上一级调度汇报或通报收油单位内操。

e. 根据上一级调度指令，调节原油的出库压力和温度，并通报下游收油单位调度。

f. 根据外输储罐的液位高度及生产运行的需求，进行外输油罐的流程切换。

③ 注意事项：油库出站压力的控制需缓慢提高或降低，待压力平稳后再进行下一步操作。

（2）停输操作

① 准备阶段：接上一级调度外输停止的指令后，油库进行外输停止前准备工作，达到外输停止的条件。

② 实施阶段：

a. 油库内操和收油单位调度确认达到外输停止条件后，停运输油泵。

b. 切换相应的停输流程，导通库内泄压流程。

c. 全面检查，汇报上一级调度，并通报收油单位内操。

3. 库内倒罐操作

库内倒罐操作是指在油库内部，通过转油泵将油料从一个油罐转输到另一个油罐的作业过程。

（1）准备阶段

根据计划倒罐时间，油库进行油罐、库内管道、倒罐泵等设备、设施的检查与准备，达到倒罐启动的条件。

（2）实施阶段

① 倒通倒罐流程。流程切换完成后，汇报上一级调度。

② 根据上一级调度指令，进行倒罐作业。采用自压方式倒罐时，应缓慢开启罐前阀门控制进出罐的流速；需要启动倒罐泵时，根据上一级调度指令启动倒罐泵并调节排量。

③ 接到倒罐停止的指令后，停运倒罐泵。

④ 关闭发油罐、收油罐罐前阀门，并切换停运流程。

⑤ 全面检查，并向上一级调度汇报。

（3）注意事项

注意收油罐与外输罐液位变化，定时对收油量与付油量进行比对，防止流程切换错误或阀门内漏等原因造成串油。

4. 储罐循环搅拌操作

油库静止 24 小时以上储罐，在外输作业前进行搅拌，每次搅拌时间不小于 4 小时；长期静止的储罐每月搅拌一次，每次搅拌不小于 4 小时。储罐循环搅拌能有效减少罐底油泥淤积。

（1）准备阶段

根据油库生产计划，将需要循环搅拌的储罐，向上级调度申请搅拌。油库进行储罐、库内管道、搅拌泵等设备、设施的检查与准备，达到倒罐启动的条件。

（2）实施阶段

① 倒通搅拌流程。

② 根据调度指令，进行搅拌作业。

③ 接到搅拌停止的指令后，停运搅拌泵。

④ 切换泄压或外输流程。

⑤ 全面检查，并向上一级调度汇报。

（3）注意事项

① 搅拌泵启动后，密切监护泵体及工艺管线震动情况，机械密封泄漏情况，如有异常，立即停泵。

② 密切监控搅拌泵出口压力、流量和电机电流、功率等参数变化，如发现参数异常，通过泵出口阀门开度进行调节。

③ 搅拌泵运行正常后，应对储罐四周、罐前阀门管线、罐顶浮盘进行检查，如发现异常情况，应立即分析并处理。

各类环节操作风险识别与管控见表 6-4-3～表 6-4-8。

表 6-4-3　输油泵机组操作风险识别与管控

序号	危险事件	现象	原因分析	控制措施
1	输油泵抽空	泵在正常运行中，突然发出异常声音，产生振动，并伴随压力剧烈波动流量减少，电机电流忽高忽低，严重时因压力不够，轴向窜动过大，机械密封损坏，引起泄漏、气蚀等事故的发生	输油泵刚启动时发生抽空： 启泵前没有对泵体进行排空，或没有排尽气体；过滤器前后压差过大，进入泵体流量不足；输油泵入口前阀门没有全部打开，进入泵体流量不足；电机修理后相序不对，输油泵反转	1. 启泵前对进站流程现场和上位机进行检查，确认显示是否一致； 2. 通过观察阀门丝杆，确定阀门是否与实际相符； 3. 排空前，应先进行盘车，排空管线开始出现原油后关闭排空阀；再次盘车，再进行排空，出现线状原油后关闭排空阀； 4. 电机修理后，应先进行空载试运，判断转向，确认后再安装联轴器，并做好相关记录； 5. 泵体突然产生振动过大，多是由于吸入性不好造成，应立即检查过滤器压差、进站压力，确认问题原因
2	输油泵甩泵	1. 输油泵启动过程中，启动后随即跳泵，启泵不成功； 2. 输油泵运行过程中，输油泵甩泵，引起下站甩泵的危险； 3. 输油泵运行过程中，无任何操作的情况下，输油泵跳泵，进站压力超高的危险	1. 泵机组在启动过程中发生跳泵现象，正常情况下不会对上下游单位或管道造成较大影响，油库应及时查找原因，一般原因有仪表保护误动作、入泵压力低、泵入口侧阀门没打开、下游抢修后造成泵出口侧空管，如短时间内查找不出，应及时进行启运其他备用设备； 2. 泵机组运行过程中突然跳泵：（设备本身故障引起的跳泵，包括震动超高、温度超高等保护动作）电力系统引起的跳泵（上级变电供电质量差、设备接地、电气设备故障等）、压力引起的故障（上站跳泵或过滤器堵塞造成进泵压力低或下游单位跳泵、调节阀动作引起出站压力高保护动作）； 3. 泵机组仪表保护系统出现故障，引起跳泵；轴承箱润滑油缺少，导致轴承温度超高，保护动作造成跳泵；倒泵过程中引起的保护性跳泵	1. 对泵机组现场和上位机进行检查比对，发现有报警或数据失真的情况时，严禁启动； 2. 启输前，需要根据排量选择合适的泵机组组合，即满足泵机组运行条件； 3. 泵机组运行过程中，如出现温度超高应立即申请换泵； 4. 润滑油缺油时应及时加注

表 6-4-4　储油罐操作风险识别与管控

序号	危险事件	现象	原因分析	控制措施
1	储油罐冒溢	储油罐在收油过程中，液位达到安全罐位后继续进油，原油从罐顶溢出，造成原油大面积泄漏	1. 液位计不准； 2. 高低液位报警失效； 3. 液位开关失灵，保护失效； 4. 高低压泄压阀误动作或内漏、管线抢修进行泄压没及时发现造成	1. 强化责任意识和风险意识，定期进行基础知识考核； 2. 做好仪表检验工作，对液位计、高低液位报警系统、液位开关进行校验，对存在问题及时进行处理。 3、每班次巡检中，要注意查看高低压泄压阀是否有过油等异响，每天对大罐液位进行核对，异常罐位升高要及时确认
2	储油罐罐前阀门、管线漏油	1. 波纹管补偿器变形导致管线撕裂跑油； 2. 罐前管线腐蚀穿孔风险； 3. 罐前阀门泄漏风险	1. 波纹管补偿器形变量超过设计值、拉杆紧固螺栓太紧富余量不足造成管线撕裂跑油； 2. 长期不走油管线下侧积水腐蚀管线； 3. 阀门没有定期排水造成冻凝泄漏	1. 加强阀门、工艺管线管理，定期检查检测、排水排气； 2. 严格执行站内工业管道定期检测管理制度； 3. 加强波纹管补偿器检查和形变量的测量，对接近或到达设计值的补偿器，应及时进行维修
3	储油罐火灾	见泄压罐着火应急处置卡	1. 雷雨天气雷击起火； 2. 腐蚀穿孔，原油泄漏	1. 利用雷电预警系统，做好提前预警； 2. 加强日常巡检及测厚点测量，随时掌握腐蚀情况

表 6-4-5　泄压阀操作风险识别与管控

序号	危险事件	现象	原因分析	控制措施
1	泄压阀误动作	1. 泄压阀不需要打开时自行打开； 2. 持续性缓慢渗漏	1. 泄压阀气源压力不足； 2. 缓冲罐气源压力不足； 3. 压力设定值不正确； 4. 泄压阀密封不严或阀芯锈蚀； 5. 阀芯弹簧老化，预紧力不足	1. 检查氮气瓶和缓冲罐压力值，压力偏低、漏气或低压报警时，及时进行处理和更换； 2. 每半年进行一次校验，核准泄压值，并出具报告； 3. 当发现泄压阀在正常压力值时有过油声音，应申请上级调度，暂停泄压阀，立即进行检维修，检查密封、阀芯、弹簧是否存在问题，及时进行更换和维修

表 6-4-6　工艺操作风险识别与管控

序号	危险事件	现象	存在风险	控制措施
1	流程操作	工艺流程切换作业	1. 误操作，造成流程憋压、泄露； 2. 原油泄漏后，造成人员硫化氢中毒	1. 严格按操作规程执行，监护人监护到位； 2. 操作人员携带 H_2S 检测仪； 3. 现场可燃气体检测探测器完好，持续进行检测

表 6-4-7　仪表系统风险识别与管控

序号	危险事件	现象	存在风险	控制措施
1	PLC 故障	1. 现场设备参数采集失败； 2. 远程操作失败	现场设备参数采集失败，不能及时掌握设备运行状态	对比现场仪表和上位机采集参数，发现设备异常时及时处理
2	操作站故障	1. 无法在操作站监测设备运行状态及工艺参数； 2. 输油设备都不能在站控工作站实施远控操作	站控只能通过现场仪表读取站场的生产运行参数，影响站控对站场的运行操作，可能存在因运行操作不及时或操作失误造成管线憋压漏油、油罐溢油、输油泵损坏等风险	1. 系统恢复后做好数据的备份，并检查各显示界面数据是否正常； 2. 巡检人员、监护人监护到位

表 6-4-8　高含硫化氢原油输送的风险识别与管控

序号	危险事件	现象	存在风险	控制措施
1	高含硫化氢原油在罐内储存	罐内原油硫化氢含量过高	高含硫化氢原油在罐内储存一段时间后，有一定量 H_2S 从原油内逸散到空气中，工艺管线泄压、污油入罐时，气体也将从罐内挤压出。此时与罐内联通的呼吸阀和通气阀处均可检测到较高浓度的可燃气体和 H_2S，具有较大安全风险	1. 不上罐作业，如必须上罐，作业人员必须佩带空气呼吸器，携带硫化氢报警仪。应当安排两人同行，一人操作，一人监护，监护人员应注意保持在上风位置； 2. 及时将罐内原油排出
2	泵房发生“跑冒滴漏”	输油泵轴承或法兰连接等部位有漏油甚至喷油现象	泵房发生“跑、冒、滴、漏”现象的可能性较大，输送高含硫化氢原油时，应加强安全防护措施	巡检人员应佩戴便携式硫化氢报警仪和防毒面具，提高硫化氢中毒安全防护意识。便携式硫化氢检测报警仪显示浓度超过硫化氢浓度大于 $10mg/m^3$（6×10^{-6}）小于 $20mg/m^3$（12×10^{-6}）时，作业人员应使用过滤式防毒用具。硫化氢检测报警仪显示浓度超过 $20mg/m^3$（12×10^{-6}）或发生泄漏、浓度不明时，作业及抢险人员应使用正压式空气呼吸器
3	报警值设置	硫化氢含量已超过报警值而未报警	报警值设置不符合规范，未按期检定失效，导致人员失去警惕而中毒	硫化氢检测报警仪定期校验检定（固定式、便携式）的一级报警设定值应不大于 $10mg/m^3$（6×10^{-6}），二级报警设定值应不大于 $20mg/m^3$（12×10^{-6}）

（二）综合计量操作

综合计量操作主要有以下几项：检尺、测温、取样、测密度、含水率。综合计量操作应符合 GB/T 13894《石油和液体石油产品液位测量法（手工法）》、GB 8927《石油和液体石油产品温度测量手工法》、GB/T 4756《石油液体手工取样法》。

计量操作时应遵循以下安全事项：

（1）进入罐区，应严格遵守油库安全管理规定。

（2）储罐的扶梯和平台牢固可靠，冬季应有防滑措施。

（3）计量员上罐前穿戴防静电工作服，劳动保护鞋。

（4）计量员所用金属器具应由不打火花材料制造，上下油罐应背工具包，以便腾出手攀扶罐梯。

（5）计量操作的工具与器具应为防爆类型。

（6）雷电、冰雹、暴雨期间禁止上罐操作。

（7）特殊要求外，已确认罐顶有毒气体超标，禁止上罐操作。

（8）上罐前应确认罐内油品性质，做好有毒气体防护。

（9）油罐进出油作业完成后至少 30min 方可进行原油储罐计量操作。

（10）上罐前用手接触消除静电设施，消除人体静电。

（11）进行计量操作前先释放静电，站在计量口上风口位置。

（12）整个计量操作期间，确保计量设备消除静电和接地。

（13）当用金属量油尺进行测量时，在整个降落或提升操作期间，应始终保持与检尺槽相接触。

（14）储罐进行检尺、测温和油品采样时，不得猛拉快提，上提速度不得大于 0.5m/s，下落速度不得大于 1m/s。

1. 检尺

油罐检尺是对储罐内的原油厂进行体积和质量测定的一种基本方法，也是可靠的油罐液位计校验方法。

（1）准备阶段

检尺人员应掌握需储罐雷达液位、原油动态、原油物性。备好适用的量油尺、记录本、抹布。检查尺铊、摇柄是否松动，并将尺擦拭干净。

（2）实施阶段

检尺人员在登上储罐前应消除人体静电，站在量油孔的上风口，将孔盖轻轻打开，在固定位置下尺。

对于原油应检空尺。待油面稳定后，站在容器顶部计量口的上风头，一手握尺，小心地沿参照点的下尺位置下尺。下尺时尺砣不要摆动，尺砣接近油面时应缓慢下尺，以防静止的油面被破坏。当尺砣和部分尺带进入油层后，卡住尺带，用另一手指压住尺带，对准计量口的参照点停留 1min 后，读取与参照点相重合的尺带刻线示值 L。L 值最好是整数，否则可将尺带继续下伸，使 L 值的刻线读数是厘米以上的整数。提尺后读取尺带的浸油深度 L_1，$(L-L_1)$ 即为空间高度（空距）。容器的总高减去空间高度，即为容器内油面的高度。表达式为：

$$H_1=H-(L-L_1)$$

式中 H_1——油面高度，m；

H——容器参照高度，m；

L——尺带下尺高度示值，m；

L_1——浸油深度，m。

空距应连续测量 2 次，读数误差不得超过 2mm。若 2 次读数误差不超过 1mm 时，取第一次测量值，若超过 1mm 时，取两个测量值的平均值。若连续两次误差超过 2mm，应重新检尺。

2. 测温

(1) 准备阶段

备好测温仪、抹布等，根据检尺液位确定测温点位，参考值见表 6-4-9。

表 6-4-9 测温点位参考值

罐内液位/m	最少测量点数/个	测量位置（液位 h）
>4.5	3	（上部）5/6h、（中部）1/2h 和（下部）1/6h
3.0~4.5	2	（上部）5/6h 和（下部）1/6h
<3.0	1	（中部）1/2h

(2) 实施阶段

便携式电子温度计（PET）测温操作步骤如下：

① 站在上风口，打开计量口之前，PET 应接地；

② 按上部、中部、下部的顺序把测温传感器降落到上部的液深位置；

③ 在预定液深位置上下 0.3m 的区间高度内，上下缓慢提拉传感器，使传感器与周围液体达到温度平衡，直至 30s 内指示温度的变化稳定到 0.1℃以内；

④ 读取电子温度计读数并记录；

⑤ 置重复步骤②~④，完成所有位置的温度测量；

⑥ 用算术平均法计算平均温度并记录。

⑦读数精确到 0.1℃；平均温度修约到 0.25℃。

3. 取样

(1) 准备阶段

可使用加重取样器。取样前检查取样器各个连接部位应完好；取样塞、取样绳应无破损，取样部位见表 6-4-10。

表 6-4-10 取样部位参考表

液位	取样部位	取样份数
3m 以上	上部：顶液面下 1/6 处 中部：液面深度 1/2 处 下部：顶液面下 5/6 处	各取一份，按等体积，1：1：1 混合成平均样
低于 3m	中部：液面深度 1/2 处	各取一份

（2）实施阶段

加重取样器操作步骤如下：

① 站在上风口，将取样器的瓶塞扣好，把取样器缓慢放到指定的液位高度。

② 急速提拉取样绳，打开瓶塞，观察液面有气泡逸出。

③ 直到液面平静，取样器充满液体，提出取样器，倒出取样器上部油样约 30mL，将样品倒入瓶中。

④ 按照①~③步骤依次取上部样、中部样、下部样。

⑤ 取样器在下降的过程中，液面有气泡产生，应提出取样器并倒掉取样器内的油品，盖好瓶塞，重新操作。

⑥ 样品标签应包括以下内容：取样地点；取样日期；取样人；被取样油种；罐号；样品类型。

4. 测密度

（1）准备阶段

备好适合温度范围经标定的密度计、温度计及量筒和记录本等。

（2）实施阶段

① 将均匀的油样缓慢倒入量筒，避免试样飞溅和生成气泡，并减少轻组分的挥发。测定前用一片清洁的滤纸除去试样表面上形成的所有气泡。

② 把装有试样的量筒垂直地放在没有空气流动的地方。在整个试验期间，环境温度变化应不大于 2℃。

③ 用合适的温度计作垂直旋转运动搅拌试样，记录温度接近到 0.1℃。从密度计量筒中取出温度计。

④ 将合适的、清洁、干燥的石油密度计轻轻地放入试样中，待石油密度计静止后，将石油密度计压入油中两个刻度，再放开。在放开时轻轻转动一下密度计，使它能在离开量筒壁的地方静止下来自由地漂浮。

⑤ 应使眼睛稍高于液面的位置观察。密度计读数为液体上弯月面与密度计刻度相切的那一点。

⑥ 记录密度计读数后，立即小心地取出密度计，并用温度计垂直地搅拌试

样。记录温度接近到0.1℃，如这个温度与开始试验温度相差大于0.5℃，应重新读取密度计和温度计读数，直到温度变化稳定在±0.5℃以内。

⑦ 对观察到的密度计读数作有关修正，按不同的试验油品，用GB/T 1885中的表59A把修正后的密度计读数换算到20℃下标准密度。

5. 含水率

(1) 从管线、油罐或其他系统中取得有代表性的试样，放置到实验室的容器中。

(2) 根据原油的预期含水量应按下表选择试样量，见表6-4-11。

表6-4-11　试样量

预期试样中水含量(质量)/%	大约试样量/g	预期试样中水含量(质量)/%	大约试样量/g
50.1~100.0	5	5.1~10.0	50
25.1~50.0	10	1.1~5.0	100
10.1~25.0	20	≤1.1	200

(3) 测定水的质量分数时，把试样直接倒入蒸馏烧瓶中，按试样量要求称量试样。

(4) 水含量测定操作

① 按表6-4-11要求称量试样。用清洁的量筒称量400mL溶剂加入圆底烧瓶，摇匀试样。

② 加入干燥的玻璃珠。

③ 装配仪器要保证全部接头气密性和液密性。要求玻璃接头不涂润滑脂。把装有显色干燥剂的干燥管插到冷凝器上端，防止空气中的水分在冷凝器内部冷凝。通过冷凝器夹套的循环冷却水应保持在20~25℃。

④ 加热蒸馏烧瓶，初始阶段要缓慢加热，约0.5~1h，保持冷凝液在冷凝管冷却水进口处。

⑤ 初始加热后，调整沸腾速度，使冷凝液不高于冷凝器内管的1/2处。控制馏出物应以每秒钟2~5滴的速度滴进接收器。

⑥ 继续蒸馏，直到除接收器外仪器的任何部位都无可见水，且接收器内的水的体积在5分钟内保持不变。

⑦ 如在冷凝器内管中有水滴持久积聚，用溶剂冲洗后再蒸馏至少5分钟。重复此步骤直到冷凝管内没有任何可见水并且接收器内水的体积至少5分钟内保持不变。如这个操作不能除掉水时，可用刮具把水刮进接收器中。

⑧ 待接收器冷却到室温，读出接收器中水的体积。

(5) 计算含水量

使用公式计算样品中的水含量

$$w_c = \frac{V_2 - V_0}{m} \times 100$$

式中 w_c——样品中的水含量,%;

V_0——做空白试验室接收器中水的体积(修约到0.025mL), mL;

V_2——接收器中水的体积(修约到0.025mL), mL;

m——试样质量, g。

四、巡检管理

油库要结合实际,制订岗位的巡检标准,巡检标准应该包括油库巡检时间网格表、岗位管辖范围、巡检路线、巡检点、检查内容、要求和检查频次等内容。巡检路线应当按生产岗位工艺顺序等要求确定,主要包括输油泵、储罐、流量计、压力容器以及与之相连的工艺管线(绝缘法兰内侧)和阀门管件、电力系统、自控系统、通信系统、安全环保系统(消防设施、安全防护设备、环保设备)等。重点考虑重点设备、关键部位、关键要害(重点)部位风险和隐患点,列入巡检路线中。

巡检点应当设在油库的关键部位。现场巡检牌必须明确标识巡检点主要巡检内容和安全提示事项。巡检路线、巡检点的检查内容,要求应当在巡检标准中予以明确。动态设备的运行状况须列入重点检查内容。操作人员巡检频次为1次/小时(不属于"两重点一重大"的可以将巡检频次设置1次/2小时)。

岗位员工巡检时,佩戴防爆执法记录仪,按照巡检标准,以"手指口述"的形式,进行巡检。油库管理人员每周定期检查防爆执法记录仪视频,督促员工按路线、按要求进行巡检。巡检发现的问题及时向班长、值班干部汇报,并记录在交接班记录中,不能解决的设备故障等问题,一并记录在设备故障记录本中,形成闭环管理。油库泵机组巡检标准见表6-4-12。

五、变更管理

变更是指油库建成投料试车验收合格后,在生产流程、工艺参数、设备设施、仪表联锁、公用工程、安全环保、运行管理等方面做出的任何变化。

变更管理是油库运行中非常重要的一部分,如果一项重要的变动,没有进行变更管理,而是仅一部分知晓,当后续出现问题的时候将无据可依;同时也有可能发生,前端已进行了改变,而后端不清楚,造成前后不一致的困境。

表 6-4-12 油库泵机组巡检标准

岗位	巡检设备	巡检周期	巡检内容及要求		巡检标准	确认人	备注
油库中控岗	泵机组及其附属设施	泵机组2小时一次(同时中控人员应密切关注控制系统系统运行参数)	运行泵机组	检查泵机组声音是否正常；泵体温度、机组轴承温度及振动、机械密封温度、电机定子温度、电机电流电压、进出口管线压力等仪表监测显示值是否在规定范围内	泵机组运行声音正常、无杂音；仪表监测显示值满足工艺和设备保护定值要求，无超温、超压和超负荷运行情况		
				检查泵机组各静密封点有无泄漏；机械密封原油泄漏量是否超标，机械密封集油槽是否堵塞，各部连接是否紧固，接地是否完好	各静密封点无泄漏；机械密封原油泄漏量不超过30mL/h，机械密封集油槽无堵塞，各部连接紧固，接地完好		
				检查泵出入口管线及阀门、设备配套仪表等各动静密封点有无泄漏，各部连接是否牢固可靠，接地是否完好，阀门执行机构状态指示是否正常，站控、设备显示屏及现场机械指示状态是否一致	无泄漏、各部连接牢固、接地完好、执行机构状态指示正常，各类指示状态一致		
				检查排空阀、泵体放空阀是否关闭，污油线、冲洗管路是否畅通，保温伴热系统是否运行正常	排空阀、泵体放空阀关闭，污油线、冲洗管路无堵塞，保温伴热运行正常		
				检查泵机组润滑油(脂)外观颜色是否正常，有无颗粒杂物，有无凝结及浑浊现象	颜色正常，无颗粒杂物和凝结、浑浊现象		
				检查泵机组轴承箱及油杯油位是否符合要求，检查轴承箱是否渗漏润滑油	目测润滑油油箱视窗和恒位油杯，油箱液位在视窗1/2~2/3之间，恒位油杯液位保持在2/3以上，无渗漏		

续表

岗位	巡检设备	巡检周期	巡检内容及要求		巡检标准	确认人	备注
油库中控岗	泵机组及其附属设施	泵机组2小时一次(同时中控人员应密切关注控制系统系统运行参数)	运行泵机组	检查泵前过滤器运行情况是否正常	过滤器无撞击声等异响(过滤器前后压降不宜超过0.04MPa，超过0.04MPa时应加密巡检频次，必要时清洗，超过0.15MPa时应立即清洗)		
				检查运行状态指示牌指示是否准确	运行状态指示牌指示准确		
				检查泵机组及泵区周围有无乱堆乱放的材料和其他杂物	无乱堆乱放杂物		
				检查电机防潮加热系统是否完好投用，备用泵机组是否定期盘车	电机防潮加热系统完好投用，按规定定期盘车		
			备用泵机组	检查泵机组、泵出入口管线及阀门、设备配套仪表等各动静密封点有无泄漏，各部连接是否牢固可靠，接地是否完好，阀门执行机构状态指示是否正常，站控、设备显示屏及现场机械指示状态是否一致	各动静密封点无泄漏、各连接牢固可靠，接地完好，执行机构状态指示正常，各类指示状态一致		
				检查排空阀、泵体放空阀是否关闭，检查保温伴热系统是否运行正常	排空阀、泵体放空阀关闭，保温伴热系统运行正常		
				检查泵机组及进出口管线各测温、测压、测振仪表显示值是否正常。	各测量仪表显示值正常		
				检查泵机组润滑油(脂)外观颜色是否正常，有无颗粒杂物，有无凝结及浑浊现象	颜色正常，无颗粒杂物和凝结、浑浊现象		

续表

岗位	巡检设备	巡检周期	巡检内容及要求		巡检标准	确认人	备注
油库中控岗	泵机组及其附属设施	泵机组2小时一次(同时中控人员应密切关注控制系统系统运行参数)	备用泵机组	检查泵机组轴承箱及油杯油位是否符合要求，检查轴承箱是否渗漏润滑油	目测润滑油油箱视窗和恒位油杯，油箱液位在视窗1/2~2/3之间，恒位油杯液位保持在2/3以上，无渗漏		
				检查运行状态指示牌指示是否准确无误	运行状态指示牌指示准确		
				检查泵机组及泵区周围有无乱堆乱放的材料和其他杂物	无乱堆乱放杂物		
			污油系统	检查污油罐是否完好，罐位是否正常	罐体无变形、无泄漏，罐位处于正常范围内		
				检查污油泵及相关阀门、管路各密封点是否渗漏，连接是否可靠，阀门开关状态是否符合工艺要求	无泄漏、连接牢固、开关状态符合工艺要求		
		24小时一次	停用泵机组	检查泵机组、泵出入口阀门及管线等各动静密封点有无泄漏，接地是否完好，各部连接是否牢固可靠	无泄漏、接地完好、各连接牢固可靠		
				检查排空阀、泵体放空阀是否关闭	阀门关闭、无泄漏、无油污		
				检查润滑油(脂)外观、油位是否正常	外观、油位正常		
				检查泵机组定期盘车情况	按规定定期盘车		

(一) 变更类别界定

(1) 工艺质量变更：是指已批准工艺条件范围的改变。主要包括工艺控制指标、工艺联锁、工艺报警等方面的改变。

(2) 生产变更：是指已批准操作条件范围的改变。主要包括设计工艺流程(含临时管线)、生产方案、应急、公用工程系统等方面的改变。

(3) 设备变更：包括设备设施变更、设备联锁/控制程序变更、设备运行环境、运行状态变更、设备操作变更和设备管理变更。

① 设备设施变更是指初始设计文件中已明确的生产运行所拥有的设备设施(含仪器仪表)种类和规格要求变化，包括管线布置、材质、规格变化、带压堵漏、带压开孔、设备设施的新增、升级换代、改造及拆除，设备材质、结构、型号及处理能力的变更，设备原有设计的变更等。

② 联锁/控制程序变更是指为优化组态提高仪表系统可靠性、实用性所做的变更或根据合法的工艺(设备)变更审批文件、设计文件进行的组态变更。

③ 设备运行环境和运行状态变更是指润滑变更、实时监测系统变更、设备联锁保护系统变更，电气技术、继电保护定值变更，操作指标、临时接管接头等变更。

④ 设备操作变更是指关键机组、机泵岗位操作法操作步骤的改变。

⑤ 设备管理变更是指设备预防性工作与定时性工作策略及计划等执行中发生改变的变更、KPI 指标变更以及其他管理类变更。

(4) 安全环保变更：是指安全环保设施、环保排放指标等方面的改变。主要包括安全系统、职业病防护设施、安全视频监控、环保排放指标、可燃有毒报警仪限值及固定式位置等方面的改变。

(5) 建设项目变更：是指固定资产投资项目实施引起的改变。

(6) 管理变更：是指劳动工作制、业务外包等组织方式的改变。

(7) 人员配备变更：是指定岗定编、与生产紧密相连的基层关键岗位人员的改变。

(8) 消防气防变更：是指消气防设施、消防通道、灭火剂等的改变。

(9) 工期变更：是指工程建设项目合同约定工期的改变。

(10) 保卫设施变更：是指门禁、保卫视频监控系统的改变。

(11) 紧急变更：是指在生产运行中，为避免紧急状况下造成人员伤亡、财产损失、环境破坏及企业声誉影响，需立即执行且不能及时履行正常变更审批程序的变更。

不属于变更管理范围的事项：主要包括设备的检修和维护，更换同一型号的设备、管线和配件，清扫容器、管线或其他设备，日常的设备设施防腐保温处理，修理或重新校验仪器、仪表，工艺参数、设备运行参数在控制指标范围内的调整。变更管理控制表中已明确需要完善的制度或技术文件内容作为此项变更附件管理，不再单独履行其他变更手续。

（二）变更流程

1. 变更申请

在生产经营过程中生产运行、工艺技术、设备设施、劳动组织等发生变化，可能对安全生产带来影响时，以及固定资产投资项目实施引起的改变，先识别是否属于变更，确定变更管理类别和变更管理部门。

变更分为重大变更、较大变更、一般变更三级，变更申请由具体负责实施所在单位变更所属专业发起，对照变更等级评估表确定变更等级，填写《变更申请表》发起变更。

需要紧急变更时，应当执行应急处置规定，在风险预判可控的情况下经单位主要负责人同意先行实施。实施期间应当做好相关技术记录，并及时按变更程序进一步开展风险评估，制定和落实风险管控措施，2 周内完成补办变更审批手续。

2. 变更风险评估

成立变更风险分析评估小组，一般变更风险分析评估小组组长由单位（部门）生产、工艺、设备、相应安全专业主管主任担任，较大变更风险分析评估小组组长由相应专业科室主要负责人担任，重大变更风险分析评估小组组长由相应专业管理部室主要负责人担任。

风险分析评估小组成员由单位安全主管主任及相关专业管理人员组成，变更风险分析评估小组，负责变更风险评估并对评估结果负责，并确认变更涉及专业和审核会签部门。

一般、较大变更采用专家审查的方式进行风险评估，重大变更采用 HAZOP、FMEA 等方法进行风险评估，并将评估结果填入变更管理控制表。重大变更还应由专业管理部室联系协调原设计单位，征得原设计单位同意后方可发起审批，确因年代久远等原因无法联系到原设计单位的，以风险评估结果为准。重大变更风险评估应当对照重大变更审批参考表核实可能涉及的内容和措施，并填写重大变更审批参考表作为变更申请表的附件。

风险分析评估小组组长组织从生产、工艺、设备、安全、环保等方面进行变更的风险识别，针对评估、识别出的风险，变更风险评估小组组长组织逐一制定预防措施、实施方案、应急预案、需完善的文件或制度等。

3. 变更审批

一般变更由上级相关专业管理科室审核、会签，专业主管经理审批；较大变更由相关专业管理部室审核、会签，部室主管领导审批；重大变更由相关专业管理部室审查、会签后，报企业安全总监审核，企业专业主管(副)总经理审批。

批准的变更，应将变更审批文件、材料转给变更申请单位，并做好变更台账、材料归档等痕迹化管理；未批准的变更，应将未批准的理由反馈给变更申请单位。若变更涉及工程施工，变更审批人应当对风险管控措施进行现场校核。

4. 变更实施

变更应当严格按照变更审批确定的内容和范围实施，变更申请单位应对变更实施过程进行管理。

变更申请后、实施前，变更申请单位要对参与变更实施人员、管理和操作人员进行技术方案、安全风险和防控措施、应急处置等相关内容进行技术交底或培训。重大变更实施前由变更所属专业管理部室组织公示。

变更实施过程中，应加强风险管控，确保实施过程安全。严格执行相关作业许可制度，高风险作业应当开展 JSA 分析。

变更投用前，变更批准单位应组织投用前的条件确认。主要确认对变更所涉及的管理、操作和维护人员的培训情况，对相关单位的告知情况，重大变更公示情况，对变更涉及的管理制度、操作规程、PID 图、工艺参数等技术文件和相关信息系统数据修改情况。确认具备投用条件的报变更申请审批人签批后投用。

5. 变更关闭

变更关闭工作原则上在变更投用后的 2 个月内完成，考察验证时间不低于 2 周，特殊情况根据实施进度调整。建设项目变更关闭与建设项目评价验收一同完成，风险评估结合建设项目评价验收情况。

风险评估分析小组对变更进行后评估，由变更申请单位提交变更关闭申请，填写变更关闭表，并收集完整的变更资料，包括变更申请表，实施方案、风险评估及预防措施、培训记录、修改完善的制度(文件)及投用后的运行情况。各专业管理部(科)室、油库要做好本单位变更资料留档工作，并建立变更台账。变更流程如图 6-4-12 所示。

表 6-4-12　变更流程

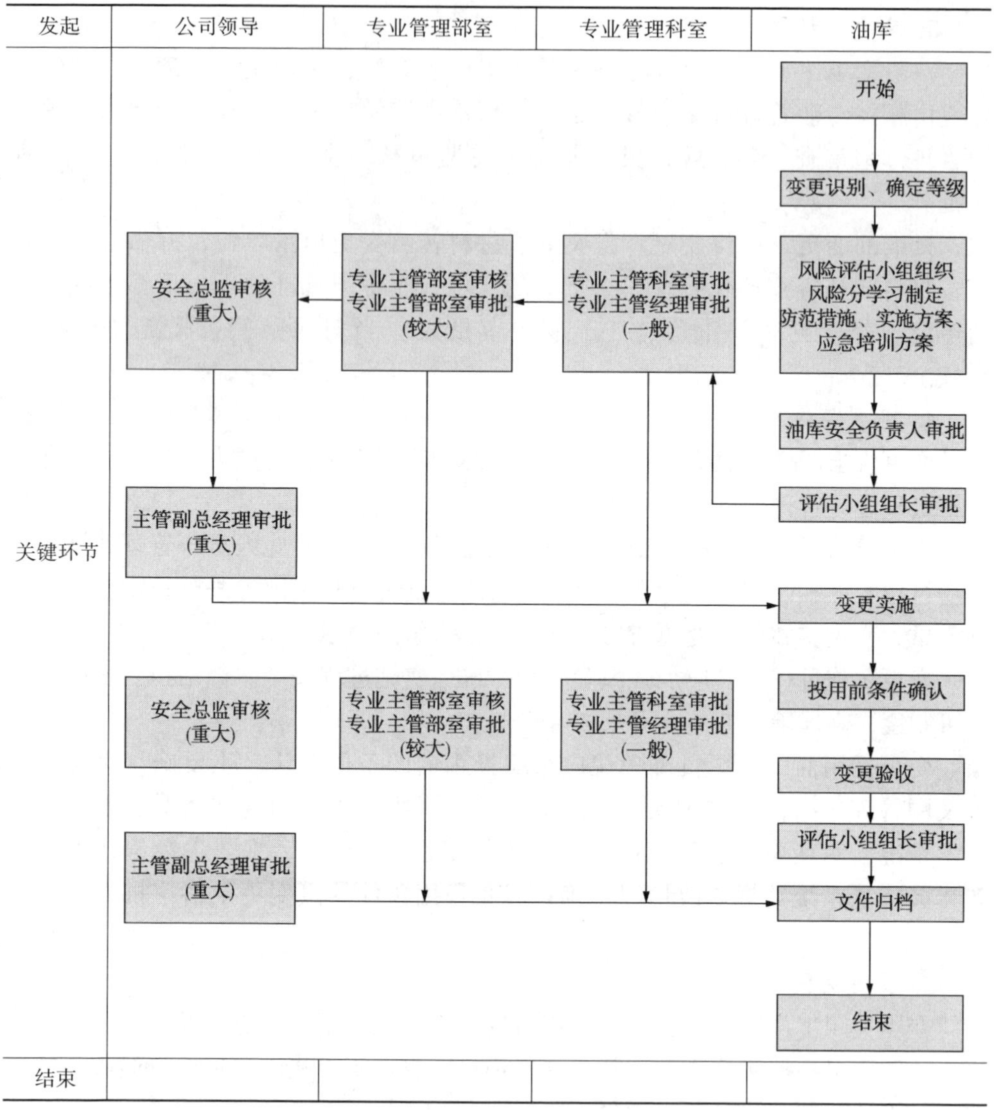

(三) 变更管理事故案例

1. 英国 Flixborough 己内酰胺厂爆炸事故

1974 年 6 月 1 日，位于英国 Flixborough 的 Nypro 公司己内酰胺厂发生爆炸事故。发生前 2 个月，发现第 5 级反应器有渗漏，装置停工后将其拆下并送到制造厂维修，为维持生产，决定采用一条直径 500mm 的临时管道连接第 4 级和第 6 级反应器，临时管道与上、下游两台反应器间用膨胀节连接，并用脚手架支撑临时管道，执行上述变更时，临时管道没有经过正规计划，有关人员没有考虑到压力条件下膨胀节的径向力、管道和其中物料的质量以及物料在管道内流动时的震动情况。

6月1日16时53分，临时管道上的膨胀节突然破裂，物料快速喷出，从而导致事故发生。发生爆炸的装置为环已烷氧化装置，该装置通过环已烷氧化生产环已酮和环已醇的混合物，爆炸前约40t环已烷泄漏并形成一个直径为100～200m的蒸气云团，蒸气云与空气形成可燃性的混合物，被点火源引燃，随后发生爆炸。事故造成28人死亡，经济损失达6000万美元。

2. 添加低闪点的溶剂引发火灾事件

某工厂一个涂装车间对有机废气采取的工艺是高压吸附，曾不间断地发生起火事件，工艺和维修一直在设备上找问题，还去其他公司和国外学习设备的防护等情况，并查工艺、油漆成分是否有改变，一直没查到，3～4个月后，又继续排查油漆的成分，发现厂家在油漆里添加了没有报备的添加剂。结果是这套高压吸附装置对闪点28℃以上的液体都没问题，不会发生起火事件，而厂家添加的添加剂会导致油漆的闪点低于28℃，导致在高压房不间断地起火。

六、报警管理

报警主要是指油库设备设施超出正常和安全操作范围、机械设备故障、系统自身故障或物料、能源中断时发出的报警，操作人员须做出响应的听觉和视觉的提醒手段，使操作人员和设备设施处于安全状态的系统。控制系统报警设置应与报警台账一致，严禁操作人员擅自屏蔽、关闭报警。

1. 报警分类

（1）工艺报警：工艺控制指标（含出库温度）的相关报警。

（2）生产报警：储运系统的相关报警。

（3）设备报警：机泵、仪表本身、仪表自动控制、电气系统等的相关报警。

（4）安全环保报警：可燃气、有毒有害气体、重点源、废气污水环保等的相关报警。

2. 报警优先级

（1）紧急报警：严重事件报警。包括但不限于：可能导致泄漏、着火、爆炸、人身伤亡的事件；可能造成大范围非计划停输的事件；可能造成群体环境污染的事件；其他可能造成严重经济损失的事件。

（2）重要报警：重要事件报警。包括但不限于：除严重事件以外的安全联锁参数；油库关键设备安全运行参数；可能造成油库非计划停输、影响上下游油库平稳运行等事件。

（3）一般报警：一般事件报警。包括但不限于：油库工艺卡片，除紧急、重要报警外可能影响局部异常的参数。

3. 报警级别

报警分为两级，即高低报警、高高低低报警。

（1）高低报警：高限或低限报警，超出正常操作范围，即高报、低报。

（2）高高低低报警：高高限或低低限报警，超出安全操作范围，即高高报、低低报。

4. 报警点及报警值的设置

设置报警的参数包括但不限于：

（1）带联锁的参数；

（2）工艺卡片参数；

（3）环保监测参数；

（4）影响设备安全的参数。

报警值的设置应符合以下要求：

（1）操作人员有足够的响应时间；

（2）使工艺参数不超过工艺或设备的约束值，并应考虑工艺或设备约束值的不确定性；

（3）紧急和重要报警应设置高低和高高低低报警，一般报警应设置高低报警，并根据实际需要设置高高低低报警；

（4）报警值设置不能与仪表量程重合，且应设置在仪表最大量程的 10%～90%范围以内；

（5）高低报警和高高低低报警不能设置为同一个数值。

5. 报警显示与提示音

（1）报警显示的颜色和提示音应便于操作人员识别和响应，颜色要区别于控制系统流程画面颜色。

（2）按照报警优先级设置报警显示状态，报警声光信号应易于区分。紧急报警可采用红色、高频音；重要报警可采用黄色、中频音；一般报警可采用橙色、低频音。

6. 报警的处置

操作人员是报警处置第一责任人，控制系统发生报警时，操作人员要在 15s 内确认报警点，并采取正确的操作进行调整，消除报警。严禁只消除报警声音而不进行报警点、报警原因的确认及调整，超出能力范围时，应立即上报油库管理人员。

7. 报警处置程序

（1）一旦发生报警，岗位操作人员必须及时查找原因，根据报警情况安排外操或仪表等相关人员进行现场确认，调整并恢复到正常操作的范围。

(2) 对正常操作调整后无法消除报警的参数，须及时向油库管理人员汇报。

(3) 紧急与重要报警发生时，岗位操作人员应立即查找原因并处置，必要时通知油库主管人员，避免事态恶化。

(4) 发生对油库安全运行影响较大的紧急报警并不能处置时，油库应及时上报上级专业管理部门，由所属专业管理部门及时组织相关专家进行专项分析与整改。

(5) 技术人员应组织分析紧急与重要报警触发的具体原因，并制定和跟踪改进措施。

(6) 所有报警均应及时填写报警记录，记录报警时间、报警内容、分析报警原因，处置措施，报警记录人及处理完成时间，报警及记录必须手写。因设备故障不能及时销项的报警，将设备故障记录在设备故障记录中，因仪表调试产生的报警，要有相应的仪表调试作业票。

第五节　承包商和直接作业环节安全管理

一、总体要求

油库需将承包商纳入本单位 HSE 管理，实行“统一标准、统一管理、统一要求、统一考核”。定期召开承包商安全会议，开展承包商安全检查，督促整改发现的问题。实行总承包的项目，总承包单位须将分包单位纳入统一管理，不得以包代管、包而不管。要科学设定项目的合理工期，任何单位不得擅自压缩合同约定的工期，如压缩工期，应按重大变更实施管理。因不可抗力或甲方(业主)原因影响工期的，应按照合同约定执行。如工期确需调整或优化，建设单位应组织专家对安全的影响或带来相关的风险进行论证和评估，制定相应的施工组织措施和安全保障措施，由项目负责人签发后执行。

二、承包商管理

(一) 安全资质审查

招标前，项目主管部门应审查招标文件中承包商的施工、安装资质等级及安全资质要求，确保与承担的施工项目相适应，工作业绩能满足项目的需要。

承包商安全资质审查的内容包括但不限于：

(1) 政府部门颁发的安全生产许可证情况。

(2) HSE 管理体系或安全管理体系、安全生产标准化的建立及运行情况。

(3) 主要负责人、项目负责人、专职安全生产管理人员取得政府部门颁发的安全生产考核合格证书情况，特种作业人员和特种设备作业人员持证情况。

(4) 近三年的安全业绩情况(主要包括安全事故率、损失工时率、总伤害率及事故简要描述等)。

总承包单位负责分包商施工资质和安全资质审查，并报建设单位批准或备案。

(二) 合同签订过程中的安全管理

(1) 确定承包商单位后，应与施工单位签订合同。

(2) 开工前承包商必须对参加项目的所有员工进行安全培训，并将培训记录报业主单位审核。

(3) 承包商应对施工作业过程中的事故负责。

(4) 承包商应遵守国家及行业有关规范、制度，服从油库安全管理，遵守油库的日常有关规定。

(5) 项目负责人，安全负责人、质量负责人、施工负责人名单，不得擅自更换，明确特种作业人员和关键工种人员的资格要求、报审程序，进场前报项目主管部门审查。

(6) 承包商应承担施工人员所需的功能完好的施工机械、工具、设备；承担施工人员必备的符合标准要求的劳保用品。

(7) 签订工程合同时应同时签订安全生产管理协议，将其作为合同附件。

(三) 分包过程安全管理

实施分包的工程，安全责任不能分包。总承包商、分包商应按照分包合同中的安全管理要求实施管理，若变更安全管理职责、界面，应重新修订分包合格。禁止项目转包、违法分包。施工总承包单位进行专业分包时，不得扣减脚手架费用和安全防护措施费用；总包单位对脚手架工程单独分包时，不得以管理费名义扣减任何费用。不得以劳务分包的名义进行专业分包。进行劳务分包时，施工现场管理机构应由劳务分包单位组建，技术文件由发包单位负责编制，安全劳动保护用品等均由发包单位负责提供。劳务人员应有相应资质，业务技能与从事的施工项目相使用。劳务分包项目中的关键工种应杜绝临时零星用工。发包单位应对劳务人员中的特种作业人员、特种设备作业人员工程需要的其他人员进行业务技能培训、考评，完善班组建设，并报送建设单位备查。分包单位应对劳务人员中的身份证复印件、特种作业操作证、特种设备作业人员证或上岗证复印件进行建档保存，并报送建设单位备查。

(四) 开工前安全管理

1. 承包商人员要求。参加项目的承包商所有人员应有(职业)健康体检合格证明，无从事作业所涉及的工作禁忌证，现场施工人员的年龄不应超过法定退休年龄，从事高空作业及特种作业的人员年龄不宜超过 50 周岁，女性不宜超过 45 周岁。所有人员已经过当地公安系统进行身份信息采集、比对，防止非法人员进入现场。承包商人员参与体检如图 6-5-1 所示。

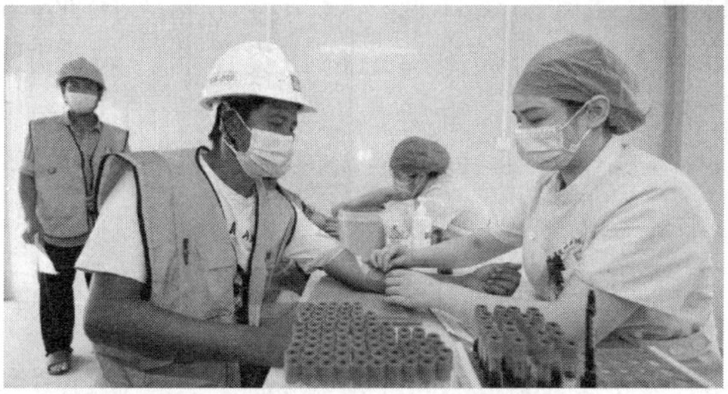

图 6-5-1　承包商人员参与体检

2. 培训要求。承包商已对参加项目的所有人员进行了安全培训，特种作业人员、特种设备作业人员持有政府部门颁发的“特种作业操作证”“特种设备作业人员证”，并已经建设单位考评、验证。建设单位应对承包商项目管理人员（项目负责人、项目安全管理人员、现场技术负责人）进行专项安全培训，考核合格后方可开工。建设单位应对承包商参加项目的所有人员进行入厂（场）前的安全教育，考核合格后发给“合格证”。如图 6-5-2 所示。

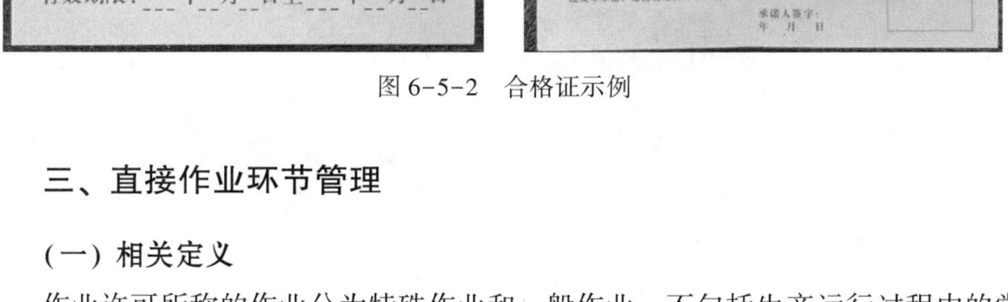

图 6-5-2　合格证示例

三、直接作业环节管理

（一）相关定义

作业许可所称的作业分为特殊作业和一般作业，不包括生产运行过程中的常规操作，包括但不限于：工艺参数调整类操作，工艺流程切换类操作，设备参数调整类操作，设备启停、切换类操作，油气装卸、输转、加注类操作，常规采样类操作，计量检测、检尺量油类操作，巡查巡检类操作，常规维护保养类操作。

1. 特殊作业是指动火、受限空间(含无氧作业)、盲板抽堵、高处、吊装、临时用电、动土(断路)等7项作业。

2. 一般作业是指在生产区域进行的不涉及特殊作业的其他作业。包括但不限于在生产区域进行的土建施工类作业，设备外防腐类作业，保温类作业，绿化施工类作业，道路维修类作业，喷涂管道标识类作业，防火层维修类作业，地面清理、保洁类作业，空调维修类作业等作业。

3. 非常规作业是指一般作业中风险较高的、缺乏对应作业规程(作业指导书)、无规律、无固定频次的作业，包括但不限于临近高压带电体类作业，设备(管线)试压类作业，拆卸、设备打开类作业，高压清洗类作业，油气管线连头类作业，非常规采样类作业，化学品临时接卸类作业。

4. 作业升级是指一定范围内作业许可需要提高管控级别的情况，分为票证升级和管理升级。分等级的作业，应票证升级，提高票证级别；未分等级的作业，应管理升级，提高审批权限。

（二）人员要求

1. 作业开票人、监护人、审批人应经过作业许可管理培训合格，取得相应资格。作业过程中，监护人、作业人等不得随意更换。如更换，必须做好工作交接，并在作业许可证上签字。监护人不得擅自离开现场，确需离开时，应收回作业许可证，暂停作业。

2. 特种作业和特种设备作业人员应取得相应资格证书，持证上岗；《职业禁忌证界定导则》(GBZ/T 260)规定的职业禁忌证者不应参与对应作业。以登高架设作业为例，证件如图6-5-3所示。

图6-5-3　特殊作业证件示例(高处作业)

（三）作业许可管理

按照“管业务必须管安全”“风险管控最有利”和“谁签字谁负责、谁审批谁负责”的原则，油库结合实际，确定参与作业许可证的办理人员，按专业制定并落实风险防控措施。开票人对该项作业制定的风险防控措施落实情况的确认具体负责。所有作业(含企业员工自行开展的作业)未经许可，严禁作业。作业许可证的会签与审批应在作业现场进行。禁止超作业许可时间、范围作业。

1. 作业前准备

(1) 编制方案

作业前必须制定作业专项方案，并根据作业级别上报相关部门审批，作业要严格按照方案及批复意见实施，严禁无方案、无批复、无安全措施作业。需制定施工方案的“双边”作业，方案中的安全技术措施必须由业主和承包商共同制定。

(2) 开展 JSA

建立作业预约管理制度，对非临时性抢修作业至少在作业前一天由油库发起，油库负责人组织相关专业人员、施工单位负责人召开作业对接会，针对作业内容组织开展作业安全风险分析(JSA)，并研究风险防控措施。

1) JSA 基本步骤

JSA 分析时应采用集体讨论的方式进行。由多个有作业经验的人员在一起对所从事的工作进行讨论，基本步骤包括：

——成立工作小组；

——分解工作任务到具体步骤；

——识别每一步骤的危害和现有的控制措施；

——制定相应的补充控制措施。

2) 成立 JSA 小组

作业前成立 JSA 小组，分析组长应接受 JSA 培训，并具备组织开展 JSA 的能力。小组成员应了解作业活动及所在区域环境、设备和相关的操作规程。

基层单位的生产作业应由基层单位负责人制定分析组长，小组成员一般由设备专业、工艺专业、安全专业和作业人员组成。若情况比较复杂，应请相关专业的技术专家参与。

长期停用的设备设施重新投用前，应组织该设备设施的相关专业人员、操作人员和安全人员开展 JSA 工作，必要时分析小组成员还应包括设备设施的供应商。

边生产边进行的作业活动，JSA 组长应由属地人员担任，组织属地和检维修单位人员共同开展 JSA 工作。

大型建设项目的施工作业，应实施网格化安全管理，由施工单位进行JSA工作。施工方的网格负责人制定分析组长，小组成员由施工管理人员、施工技术人员、作业人员、安全人员和监理人员、监护人员组成，业主单位进行监督和审核。

施工作业涉及多项作业许可的，应按照作业活动的工序进行作业步骤分解，由相应的负责人组织开展综合性的JSA工作。

(3) 风险防控措施落实

各专业人员应根据作业安全分析结果，逐项落实相关风险防控措施，并确认签字。涉及易燃易爆、高温高压、有毒有害介质以及低温、负压(真空)、富氧、缺氧环境等作业，应在盲板抽堵点、法兰拆卸点、动火开口点、管线割断点、管线接续(碰头)点、设备打开点、电缆切割点等作业部位及拟拆除的废旧管线全线设置醒目标识。拆卸或打开设备人孔和管线前，应将放空、导淋等有效打开，并确认设备、设施内部已恢复常压，残余能量(热能、电能、机械能、压力能、化学能等)已有效消除。

(4) 安全双交底

作业前，开票人应确认相关专业对风险防控措施落实情况后，在作业现场向监护人、作业人员进行作业安全交底(图6-5-4)，将JSA分析的风险及防控措施进行详细说明，现场贴挂标识(图6-5-5)，明确作业部位，并在作业许可证上签字。在开票人、有关专业技术人员、监护人及施工单位现场负责人对现场作业风险防控措施落实情况逐条签字确认后，作业许可证由审批人于作业前在现场签字生效。

图6-5-4　施工单位交底现场

施工作业点标识

作业点（部位）及作业内容	
作业时间	
作业人	
监护人	

图6-5-5　施工作业点标识

(5) 现场确认

进场机具设备已由建立单位检查、验收确认。现场的临时设施已按要求建设到位并经项目管理部检查、验收确认。现场安全标准化工地建设工作符合合同的约定。自然灾害敏感区域施工的，已制定自然灾害安全措施。施工现场已设置安全风险及职业危害告知牌，公布项目存在的安全风险及职业危害因素、防护措施。施工现场的危险部位已按要求设置各种警示标识。气瓶检查如图 6-5-6 所示，气瓶使用如图 6-5-7 所示。

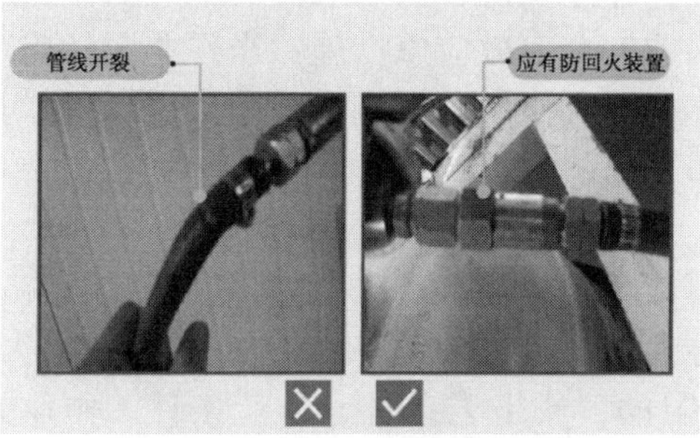

图 6-5-6　气瓶检查

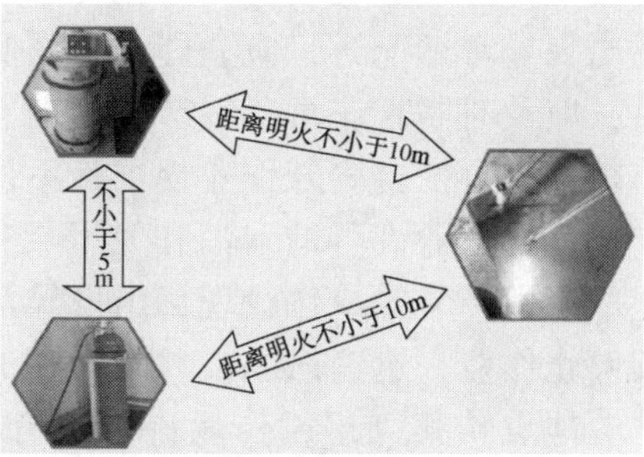

图 6-5-7　气瓶使用

2. 作业期间安全监管

(1) 作业监护

作业期间应设监护人并实行分类管理，分为双监护、单监护、区域监护、巡查监护等四类监护形式，定义见表 6-5-1。特级动火作业、一级动火作业、情况复杂的受限空间作业（含无氧作业）、一级吊装作业、非常规作业，应由油库和施工单位实施作业现场“双监护”；其他作业，由企业结合实际制定详细的监护细则，明确各类作业的监护方式及要求。特殊作业不得实行巡查监护。

表 6-5-1　监护分类与定义

监护形式	定义
双监护	指某一项施工作业项目，业主单位和施工单位双方各委派一名作业监护人，按照《化学品生产单位特殊作业安全规范》（GB 30871）规定的监护人职责要求进行旁站安全监护
单监护	指某一项施工作业项目，业主单位或施工单位委派一名监护人，按照《化学品生产单位特殊作业安全规范》（GB 30871）规定的监护人职责要求进行旁站安全监护
区域监护	指业主单位或施工单位监护人在施工现场一定区域内，按照《化学品生产单位特殊作业安全规范》（GB 30871）规定的监护人职责要求，同时对多项施工作业实施安全监护的一种监护方式。区域内的所有作业应在监护人的有效视野监控范围内
巡查监护	指业主单位或施工单位监护人施工作业过程中，定时进入施工现场进行安全巡查的一种监护方式。巡查监护人每半天至少对作业点巡查一次

监护人应由具有生产、作业实践经验的人员担任，并佩戴明显标识。监护人的通用职责包括但不限于：作业前，检查作业许可证与作业内容相符并在有效期

内，许可证中各项风险防控措施得到落实，作业部位已贴挂标识。核查相关作业人员的有效资格证书。对作业时使用的脚手架、起重机械、电气焊(割)用具、手持电动工具等各种工器具的合格标识进行确认。检查作业人员配备和使用的个体防护装备满足作业要求。对作业人员的行为和现场安全作业条件进行检查与监督，负责作业现场的安全协调与联系，确保作业全过程安全风险受控。当作业现场出现异常情况时，应立即中止作业并采取安全有效应急措施；当作业人员违章时，应及时制止违章，情节严重时，应收回作业许可证、中止作业。作业期间，监护人不得擅自离开作业现场且不得从事与监护无关的工作。

(2) 作业许可的取消和关闭

当生产装置或作业现场出现异常，可能危及作业人员安全时，作业人员应立即停止作业，迅速撤离，并及时通知基层单位。作业内容变更、作业范围扩大、作业地点转移、超过作业许可证有效期限的，或工艺条件、作业条件、作业方式、作业环境改变导致风险防控措施失效的，应重新办理作业许可证。作业完毕，基层单位应组织对现场进行检查，确认无遗留安全隐患并清除所贴挂标识后进行完工验收，办理作业许可。

第六节　应急与事故事件管理

一、应急管理

对于油库应对突然发生的，造成或者可能造成危害及影响，需要采取应急处置措施予以应对的生产安全、环境污染、自然灾害、公共卫生和社会安全类等事件。通过规范的应急管理，可以提高突发事件的应急救援反应速度和协调水平增强综合处置突发事件的能力，预防和控制次生灾害的发生，保障企业员工和公众的生命安全，最大限度地减少财产损失、环境破坏和社会影响，维护企业形象和声誉，促进公司安全发展。

应急管理实行属地为主、分级负责、分类指导、综合协调、动态管理的原则。应急管理工作遵循“属地负责、专业管理、分级响应、统一协调”的原则。

应急处置原则应遵循：1 分钟内应急响应，及时采取能量隔离、切断物料等关键操作动作，确保事态不扩大；3 分钟内退守稳态，由班长研判并下达指令，岗位员工 3 分钟内实施退守稳态操作；5 分钟内消气防联动，消气防救援力量于 5 分钟内到达现场，与属地单位配合开展应急处置工作；10 分钟内协议救援力量到达现场。

(一) 应急预案编制

油库应识别出可能发生的突发事件，编制与上下级单位、当地政府及相关部门相衔接的应急预案。应急预案明确规定应急响应级别，明确各级应急预案激动的条件。应针对油气管道泄漏、公用工程系统、危险化学品泄漏和中毒、重大危险源、突发环境事件、特种设备、火灾爆炸、气防救援等重大突发事件，制定专项应急预案。在应急预案中应明确不同层级、不同岗位人员的应急处置职责、应急处置方法和注意事项。企业应根据现场处置方案编制岗位应急处置卡，明确各层级、各岗位人员在紧急状态下“做什么”“怎么做”和现场“谁来做”。

综合应急预案是企业为应对各种生产安全事故而制定的综合性工作方案，是本单位应对生产安全事故的总体工作程序、措施和应急预案体系的总纲；专项应急预案是企业为应对某一种或者多种类型生产安全事故，或者针对重要生产设施、重大危险源、重大活动防止生产安全事故而制定的专项性工作方案；现场处置方案是油库根据不同生产安全事故类型，针对具体场所、生产设备、设施所制定的应急处置措施。编制流程见如图 6-6-1 所示。

1. 编制流程

应急预案的编制应当遵循以人为本、依法依规、符合实际、注重实效的原则，以应急处置为核心，明确应急职责、规范应急程序、细化保障措施。

应急预案的编制应包括成立应急预案编制工作组、资料收集、风险评估、应急资源调查、应急预案编制、桌面推演、应急预案评审和批准实施 8 个步骤。

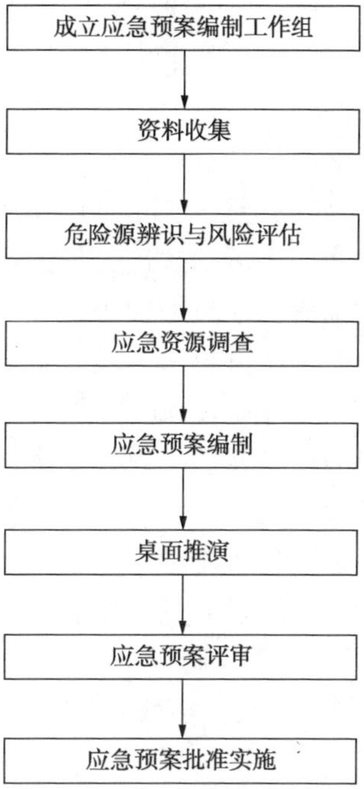

图 6-6-1　应急预案编制流程

(1) 成立应急预案编制工作组

企业应结合本单位职能和分工，成立以主要负责人为组长，单位相关部门人员(如生产、技术、设备、安全、行政、人事、财务人员)参加的应急预案编制工作组，明确工作职责和任务分工，制订工作计划，组织开展应急预案编制工作。预案编制工作组中应邀请相关救援队伍以及周边相关企业、单位或社区代表参加。

(2) 资料收集

应急预案编制工作组应收集下列相关资料：

① 适用的法律法规、部门规章、地方性法规和政府规章、技术标准及规范性文件；

② 企业周边地质、地形、环境情况及气象、水文、交通资料；

③ 企业现场功能区划分、建(构)筑物平面布置及安全距离资料;

④ 企业工艺流程、工艺参数、作业条件、设备及风险评估资料;

⑤ 本企业历史事故与隐患、国内外同行业事故资料;

⑥ 属地政府及周边企业、单位应急预案。

(3) 危险源辨识与风险评估

① 危险源辨识的原则为:横向到边、纵向到底、不留死角。

② 在危险源调查之前,首先确定所要分析的系统。例如,是对整个公司、油库,还是某个生产区域的一个工艺过程,然后要从危险因素(强调突发性和瞬间性)和危害因素(强调在一定时间范围内的积累作用)两个方面着手对所分析的系统进行调查。

③ 危险源辨识的方法是辨识危险源的主要工具,许多系统安全分析、评价方法,都可用来进行危险、危害因素的辨识。选用那种方法要根据作业性质、特点和辨识人员的知识、经验和习惯来定。危险源辨识的方法主要包括:直观经验法、基本分析法、安全查表法、工作安全分析法、安全质量标准化法等。

④ 在确定危险源后,应对危险源所产生的风险进行评估。分析可能发生的事故类型及后果,评估事故的危害程度和影响范围,评估结果应包括:发生响应事故的可能性、多种事故同时发生的可能性、环境异常的可能性和情况、对人员造成的伤害类型、对财产造成的破坏类型、对环境造成的破坏类型等,评估确定相应事故类别的风险等级。

⑤ 在风险评估的同时还应进行脆弱性分析。脆弱性分析就是指一旦发生危险事故,本单位哪些位置和环节容易被破坏和影响,会产生哪些相应的次生事故

(4) 应急资源调查

全面调查和客观分析本单位以及周边单位和政府部门可请求援助的应急资源状况,撰写应急资源调查报告,其内容包括:

① 本单位可调用的应急队伍、装备、物资、场所;

② 针对生产过程及存在的风险可采取的监测、监控、报警手段;

③ 上级单位、当地政府及周边企业可提供的应急资源;

④ 可协调使用的医疗、消防、专业抢险救援机构及其他社会化应急救援力量。

(5) 应急预案编制

应急预案编制工作组掌握相关信息、完成危险源辨识与风险评估后,即可开始编制应急预案或修订现有应急预案。应急预案编制应当遵循以人为本、依法依规、符合实际、注重实效的原则,以应急处置为核心,体现自救互救和先期处置的特点,做到职责明确、程序规范、措施科学,尽可能简明化、图表化、流程

化。应急预案编制要能够做到与相关部门和单位应急预案相衔接。

应急预案编制工作包括：

① 依据事故风险评估及应急资源调查结果，结合本单位组织管理体系、生产规模及处置特点，合理确立本单位应急预案体系；

② 结合组织管理体系及部门业务职能划分，科学设定本单位应急组织机构及职责分工；

③ 依据事故可能的危害程度和区域范围，结合应急处置权限及能力，清晰界定本单位的响应分级标准，制定相应层级的应急处置措施；

④ 按照有关规定和要求，确定事故信息报告、响应分级与启动、指挥权移交、警戒疏散方面的内容，落实与相关部门和单位应急预案的衔接。

（6）桌面推演

按照应急预案明确的职责分工和应急响应程序，结合有关经验教训，生产管理部门组织相关部门及其人员可采取桌面演练的形式，模拟生产安全事故应对过程，逐步分析讨论并形成记录，检验应急预案的可行性，并进一步完善应急预案。

（7）应急预案评审

应急预案编制完成后，企业应按法律法规有关规定组织评审。参加应急预案评审的人员应包括有关安全生产及应急管理方面的、有现场处置经验的专家；应急预案论证可通过推演的方式开展；采用表决示评审，必须有 2/3 以上出席会议的专家同意方为通过，并形成书面意见并签字。

应急预案评审内容主要包括：风险评估和应急资源调查的全面性、应急预案体系设计的针对性、应急组织体系的合理性、应急响应程序和措施的科学性，应急保障措施的可行性、应急预案的衔接性。

（8）应急预案批准实施

通过评审的应急预案，由企业主要负责人签发实施，应急预案发布实施 20 个工作日内完成向地方政府应急管理部门的备案。

2. 编制内容

（1）综合应急预案编制

综合应急预案内容应包括：总则、应急组织机构及职责、应急响应、后期处置、应急保障 5 项内容，如图 6-6-2 所示。

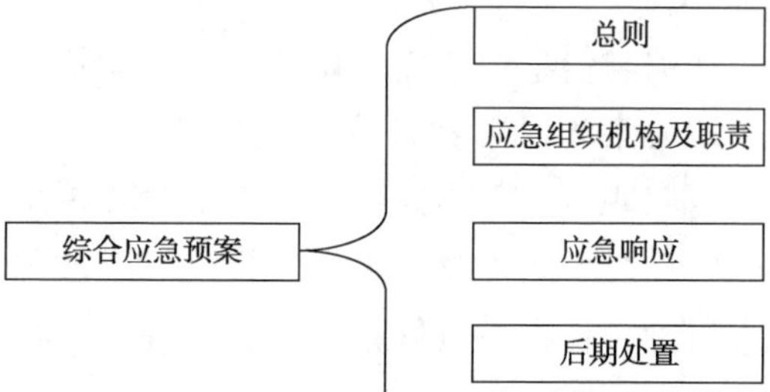

图 6-6-2　综合应急预案基本内容

① 总则

总则应包括：编制目的、编制依据、使用范围、应急预案体系、应急工作原则。

② 应急组织机构及职责：

明确企业应急组织形式(可用图示)及构成单位(部门)的应急处置职责。应急组织机构可设置相应的工作小组，各小组具体构成、职责分工及行动任务应以工作方案的形式作为附件。

③ 应急响应：应急响应分为响应分级、响应程序、处置措施和应急结束4个部分。

应急响应应根据事故性质、严重程度、影响范围和可控性，结合响应分级明确的条件，可由应急领导小组作出响应启动的决策并宣布，或者依据事故信息是否达到响应启动的条件自动启动。

响应程序应根据事故级别和发展态势，描述应急指挥机构启动、应急物资调配、应急救援、扩大应急等响应程序。

处置措施应针对事故风险和危害程度明确事故现场的警戒疏散、人员搜救、医疗救治、现场监测、技术支持、工程抢险及环境保护方面的应急处置措施，并明确人员防护的要求。

应急结束应明确现场应急结束的基本条件和要求。

④ 后期处置

明确污染物处理、生产秩序恢复、人员安置方面的内容。

⑤ 应急保障

保障措施应包括通信与信息保障、应急队伍保障、物资装备保障、其他保障四部分。

通信与信息保障需明确应急保障的相关单位及人员通信联系方式和方法，以及备用方案和保障责任人。应急队伍保障需明确相关的应急人力资源，包括专家、专兼职应急救援队伍及协议应急救援队伍。物资装备保障需明确本单位的应急物资和装备的类型、数量、性能、存放位置、运输及使用条件、更新及补充时限、管理责任人及其联系方式，并建立台账。根据应急工作需求而确定其他相关保障措施(如：能源保障、经费保障、交通运输保障、治安保障、技术保障、医疗保障及后勤保障)。

(2) 专项应急预案编制

专项应急预案的基本内容应包括：适用范围、应急组织机构及职责、响应启动、处置措施、应急保障 5 项内容，如图 6-6-3 所示。

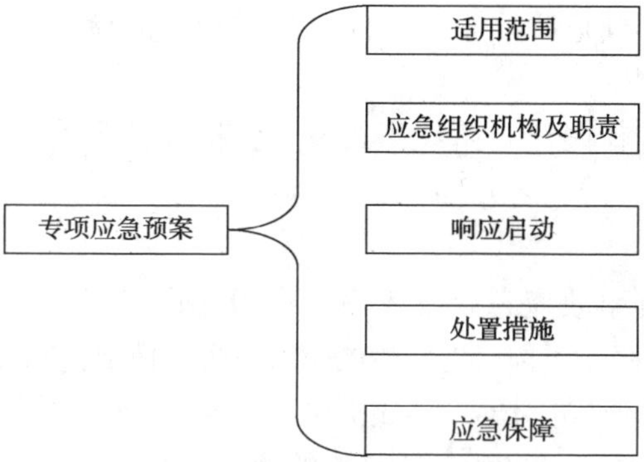

图 6-6-3　专项应急预案基本内容

① 适用范围

说明专项应急预案适用的范围，以及与综合应急预案的关系

② 应急组织机构及职责

明确应急组织形式(可用图示)及构成单位(部门)的应急处置职责。应急组织机构以及各成员单位或人员的具体职责。应急组织机构可以设置相应的应急工作小组，各小组具体构成、职责分工及行动任务建议以工作方案的形式作为附件。

③ 响应启动

明确响应启动后的程序性工作，包括应急会议召开、信息上报、资源协调、信息公开、后勤及财力保障工作。

④ 处置措施

针对可能发生的事故风险、危害程度和影响范围，明确应急处置指导原则，制定相应的应急处置措施。

⑤ 应急保障

根据应急工作需求明确保障的内容。

3. 现场处置方案编制

现场处置方案的基本内容包括：事故风险分析、应急工作职责、应急处置、注意事项。如图 6-6-4 所示。

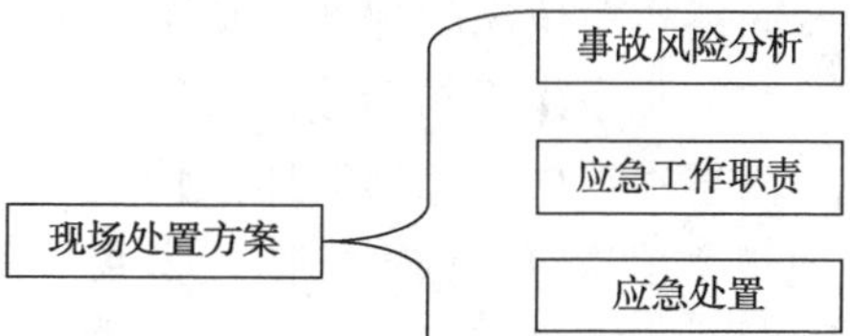

图 6-6-4　现场处置方案基本内容

① 事故风险分析

本节包括油库简介与事故风险辨识评估两部分。油库简介主要说明地理位

置、功能分区、周边布局、人员组成以及与企内专业救援机构的距离；事故风险辨识评估结合油库现有风险清单、HAZOP 报告、典型事故案例等资料，识别了各个生产区域内的不同危险因素、可能事故类型、危险等级及影响范围。

② 应急工作职责

根据油库现场工作岗位、组织形式及人员构成，明确各岗位人员的应急职责及分工。

③ 应急处置

应急处置应做好事故应急处置程序、现场处置措施。

事故应急处置程序。根据可能发生的事故及现场情况，明确事故报警、各项应急措施启动、应急救护人员的引导、事故扩大及同生产经营单位应急预案的衔接程序。

现场应急处置措施。针对可能发生的事故从人员救护、工艺操作、事故控制、消防、现场恢复等方面制定明确的应急处置措施。

明确报警负责人以及报警电话及上级管理部门、相关应急救援单位联络方式和联系人员，事故报告基本要求和内容。

④ 注意事项

应注意佩戴个人防护器具方面的注意事项；使用抢险救援器材方面的注意事项；采取救援对策或措施方面的注意事项；现场自救和互救注意事项；现场应急处置能力确认和人员安全防护等事项；应急救援结束后的注意事项；其他需要特别警示的事项。

4. 应急预案附件编制

(1) 生产经营单位概况

简要描述本单位地址、从业人数、隶属关系、主要原材料、主要产品、产量，以及重点岗位、重点区域、周边重大危险源、重要设施、目标、场所和周边布局情况。

(2) 风险评估的结果

简述本单位风险评估的结果。

(3) 预案体系与衔接

简述本单位应急预案体系构成和分级情况，明确与地方政府及其有关部门、其他相关单位应急预案的衔接关系(可用图示)。

(4) 应急物资装备的名录或清单

列出应急预案涉及的主要物资和装备名称、型号、性能、数量、存放地点、运输和使用条件、管理责任人和联系电话等。

(5) 有关应急部门、机构或人员的联系方式

列出应急工作中需要联系的部门、机构或人员及其多种联系方式。

(6) 格式化文本

列出信息接报、预案启动、信息发布等格式化文本。

(7) 关键的路线、标识和图纸

警报系统分布及覆盖范围；重要防护目标、风险清单及分布图；应急指挥部(现场指挥部)位置及救援队伍行动路线；疏散路线、集结点、警戒范围、重要地点的标识；相关平面布置、应急资源分布的图纸；生产经营单位的地理位置图、周边关系图、附近交通图；事故风险可能导致的影响范围图；附近医院地理位置图及路线图。

(8) 有关协议或者备忘录

列出与相关应急救援部门签订的应急救援协议或备忘录。

5. *应急处置卡编制*

油库岗位应急处置卡结合现场处置方案的有关内容进行编写，按照简明、实用有效的原则设计，同时为便于职工携带和使用，制作成口袋式卡片。

岗位应急处置卡分为主卡和副卡两部分。

主卡即应急职责卡，针对班长等 4 个岗位和工艺处置等 3 个应急职能组进行编制，正面为岗位的处置程序、应急职责等通用内容，背面为联系方式等辅助信息。见表 6-6-1～表 6-6-3。

副卡即应急处置卡，针对操作岗位编制。卡片依据现场处置方案中的典型个案进行编制，内容为关键处置步骤。

表 6-6-1 某油库岗位应急职责卡

岗位：班长

处置程序	应急职责
发现异常、险情研判	1. 险情发生时，第一时间安排外操佩戴适用的防护用品、工器具到现场确认，启动应急响应。 2. 研判现场信息，安排采取必要的排险、控险措施。如果情况危急，立即下达停产、撤离指令
报告、报警	1. 将突发情况如实报告油库管理人员； 2. 将险情告移动消防现场守护；通知固定消防做好应急准备； 3. 根据险情控制或救人需要，及时通知急救医院 120、消防队 119
初期处置	1. 启动应急预案，集合班组成员，按照预案分工进行应急处置； 2. 提醒、督促、指导、协调班组人员快速切断或控制危险源，开展人员搜救，现场侦检、警戒隔离、污水堵截等必要的先期应急处置
事故控制	按照现场指挥指令，配合油库专业技术人员，带领班组采取必要的事故控制措施，防止事态扩大
终止响应与扩大	1. 响应终止后，根据现场指挥指令，带领班组人员参与生产恢复。 2. 响应扩大后，根据现场指挥指令，带领班组人员继续进行应急处置

岗位：中控值班员(内操)

处置程序	应急职责
发现异常、险情研判	1. 险情发生时(现场固定式可燃有毒气体报警仪报警、火灾报警控制器报警或工艺参数大幅波动等)应立即汇报班长，通知岗位其他人员做好应急准备。 2. 根据报警情况，进行研判分析，判断大致的泄漏位置、泄漏介质
报告、报警	1. 根据班长指令向生产调度汇报； 2. 根据班长指令及时通知急救医院 120、消防队 119
初期处置	1. 按照预案分工通过控制系统快速切断泄漏源，指导外操关闭相关阀门； 2. 及时调出工业电视监控系统相关画面，监控突发事件现场
事故控制	按照现场指挥指令，配合油库专业技术人员，采取必要的事故控制措施，防止事态扩大
终止响应与扩大	1. 响应终止后，根据现场指挥指令，参与生产恢复。 2. 响应扩大后，根据现场指挥指令，继续进行应急处置

岗位：中控值班员(外操)

处置程序	应急职责
发现异常、险情研判	1. 佩戴适用的个体防护用品、防爆工具、气体检测分析仪，两人以上到现场进行安全确认； 2. 对危险区域进行侦检、人员搜救、警戒隔离、疏散无关人员
报告、报警	1. 发现现场危险物质泄漏、报警仪报警或明火等异常情况时，立即报告班长，在保护好自身安全的前提下，采取关阀、断料等处置措施； 2. 若险情可能危及自身安全，必须紧急撤离现场
初期处置	1. 按照班长指令配合内操快速就近或现场远程切断泄漏源； 2. 救护受伤人员；扑救初期火灾；清除周边火源或临时用电
事故控制	按照现场指挥指令，接应救援，配合油库专业技术人员，采取必要的事故控制措施，防止事态扩大
终止响应与扩大	1. 响应终止后，根据现场指挥指令，参与生产恢复。 2. 响应扩大后，根据现场指挥指令，继续进行应急处置

岗位：现场指挥

处置程序	应急职责
报告	启动油库现场处置方案，成立油库现场指挥部；开展初期应急处置决策、指挥与协调，并及时向应急指挥中心及相关领导汇报
研判	第一时间研判现场风险，组织人员搜救；根据现场情况及时调整现场处置方案；紧急情况下，有权终止救援并下达紧急撤退指令
指挥	根据应急救援需要，及时调用本油库应急人员和应急器材、装备等
终止响应与扩大	负责确认应急响应终止条件，宣布响应终止

表 6-6-2 某油库应急职能组应急职责卡

组别	处置程序	应急职责
工艺抢险组	制订方案	负责制定、调整工艺处置方案
	安全确认	负责现场处置条件安全确认、报警、向相关单位通报险情
	工艺处置	负责工艺物料切断、工艺流程动改、紧急停输处置，雨污水流程切换
	影响终止	负责工艺条件确认；生产恢复等
灭火救援组	制订方案	收集现场信息，核实现场情况，制定消防灭火方案
	安全确认	调动和协调消防队、固定消防，调动应急救援物资，做好现场的环境监测
	灭火处置	负责初期火灾的扑救
	影响终止	清点人员，整理现场，对人员、车辆、器材进行现场洗消
	制订方案	收集现场信息，核实现场情况，制定消防灭火方案
后勤保障组	制订方案	负责警戒、疏散、车辆引导、医疗保障、宣传报道、过程记录工作
	安全确认	设置警戒隔离、清点人员
	综合保障	接应救援、保障消防物资和个人防护用品
	影响终止	收集整理应急处置相关资料等

职责卡背面

项目	辅助信息		
联系方式	公司应急指挥中心		电话：××××××
	二级单位应急指挥中心		电话：××××××
	油库移动消防队		电话：××××××
	医院急救		电话：××××××
	消防队		电话：××××××
	油库指挥	王某	电话：××××××
	工艺抢险组	张某	电话：××××××
	灭火救援组	李某	电话：××××××
	综合保障组	赵某	电话：××××××
注意事项	1. 保持镇定，研判险情，启动应急响应。 2. 停止现场所有作业，撤离无关人员。 3. 做好个体防护，确认现场安全条件，组织初期处置。 4. 保持通信联络畅通。 5. 随时向指挥汇报处置状况		

表 6-6-3　某油库岗位应急处置卡

储罐泄露应急处置卡	
岗位	处置措施
中控（内操）	1. 立即汇报班长、值班干部、生产调度，通知消防队； 2. 远程紧急切断罐根阀，停止收油作业； 3. 通过应急广播发布应急信息，告知周边人员疏散或撤离，无关人员不得进入，停止一切现场施工作业； 4. 视频监控对准泄漏区域； 5. 根据指令采取进一步工艺处置措施，确认罐区排水阀关闭、围堵泄漏原油，防止排到排水沟、暗涵等区域
中控（外操）	1. 巡检发现立即汇报内操、班长、值班干部； 2. 佩戴空气呼吸器等防护器具和可燃气体等检测仪器查看泄漏区域具体情况，现场启动紧急切断系统； 3. 疏散无关人员，查看周围排水沟、暗涵等； 4. 根据指令采取进一步工艺处置措施，确认罐区排水阀关闭、围堵泄漏原油，防止排到排水沟、暗涵等区域； 5. 通知抢修队伍
中控（班长）	1. 立即汇报值班干部，通知消防队，请求启动油库应急预案； 2. 下达指令紧急切断罐根阀，停止收油； 3. 通过应急广播发布应急信息，告知周边人员疏散或撤离，无关人员不得进入； 4. 视频监控对准泄漏区域； 5. 佩戴空气呼吸器等防护器具和可燃气体等检测仪器查看泄漏区域具体情况； 6. 疏散无关人员，查看周围排水沟、暗涵等； 7. 下达指令采取进一步工艺处置措施，确认罐区排水阀关闭、围堵泄漏原油，防止排到排水沟、暗涵等区域； 8. 通知抢修队伍

（二）应急预案的演练

1. 应急演练目的

发现应急预案中存在的问题，提高应急预案的科学性、实用性和可操作性；熟悉应急预案，提高应急人员在紧急情况下妥善处置事故的能力；完善应急管理相关部门、单位和人员的工作职责，提高协调配合能力；普及应急管理知识，提高参演和观摩人员风险防范意识和自救互救能力；完善应急管理和应急处置技术，补充应急装备和物资，提高其适用性和可靠性。

2. 应急演练原则

按照国家相关法律、法规、标准及有关规定组织开展演练；结合企业生产安全事故特点和可能发生的事故类型组织开展演练；以提高指挥协调能力、应急处置能力为主要出发点组织开展演练；在保证参演人员及设备设施安全的条件下组织开展演练。

3. 应急预案演练计划

(1) 应急管理归口部门每年12月组织编制次年综合演练应急演练计划表，按演练计划进行演练。

(2) 各突发事件专业管理部门每年12月编制次年专项演练应急演练计划表并向应急管理归口部门备案。

(3) 油库每年12月编制次年现场应急演练计划表，并向应急管理归口部门备案。

(4) 各单位应急演练计划发生变化时，提前通知应急管理归口部门，并重新提报应急演练计划表。

4. 应急预案演练频次

企业应急演练按照级别分为公司级、油库级；按照演练内容分为专项应急演练和综合应急演练；按照组织形式分为桌面演练和现场演练。

(1) 综合演练

公司每半年至少组织1次公司级现场综合演练。

(2) 专项演练

公司各突发事件专业管理部门每年至少组织1次本专业分管类型突发事件的公司级专项应急演练。其中，火灾爆炸、特种设备、环境污染、危险化学品泄漏和中毒4类突发事件每年由专业管理部门单独组织至少1次现场演练，演练计划要向应急管理归口部门报备，4类演练平均安排每个季度中；雨季来临前组织一次水体防控专项演练，其他类型突发事件专项演练可申请并综合演练。

(3) 油库级应急演练

油库按照应急处置“13510”原则，每月至少开展1次现场演练。

5. 应急预案演练内容

应急演练前应编制应急演练记录，主要包括：演练名称及形式、应急演练目的及要求、应急演练规模及时间、应急演练主要步骤、应急演练评估与总结。见表6-6-4。

表6-6-4 应急演练记录

演练单位	×××油库	演练形式	实战/桌面
演练名称	××	演练时间	××××年××月××日
评估小组	××、××(至少两人)		
演练目的	举例： 1. 提升“13510”应急处置能力。 2. 检验××现场处置方案的合理性和可操作性。 3. 检验××演练问题的整改效果。 ……		

续表

演练过程记录

（根据演练实际过程记录，不限于以下环节）

【第一发现人报警】

××分××秒　××向××报警：“我是××，发现……泄漏……”。

【应急启动】

××分××秒　值班干部××指令启动油库应急响应。（根据实际情况记录，有些事件需要现场确认后再启动应急响应）

××分××秒　值班干部下达哪些指令。

【信息传递】

××分××秒向消防、120、油库值班干部、上级调度等报警。

【人员救护】

××分××秒××、××到达现场，将伤员抬至安全区域。

【工艺处置】

××分××秒××切断……完成能量隔离。

××分××秒××调整……完成退守稳态。

【消防处置】

××分××秒××到达现场，使用灭火器、消防水、泡沫带等……

【环保防控】

××分××秒××确认污雨排阀门，××封堵……

【现场警戒】

××分××秒××在……布置警戒线

【现场指挥】

××分××秒　现场指挥到达现场，下达　　指令。

××分××秒　……

【抢险抢修】

××分××秒　……

【结束点评】

××分××秒　……

演练总结

简述演练总体效果、“13510”执行情况的亮点及不足等。

演练问题及整改

整改措施：

预案评估

本次演练涉及了《××现场处置方案》中的××个案。经过评估小组及参演人员讨论、分析，应急响应程序畅通，应急响应措施有效，是否存在问题、是否需要修订。

6. 应急演练评估与总结

演练完成后，评估组负责人应对现场演练过程中发现的问题和不足进行口头点评；评估人员针对演练中观察、记录以及收集的各种信息资料，依据评估标准对应急演练活动全过程进行科学分析和客观评价，并填写应急演练评估表。见表6-6-5。

表 6-6-5　应急演练评估表

序号	评估项目	评估要点	问题记录
1	事故预警	当班人员及时发现工艺、设备、仪表等异常险情信息，并及时报告	
		当班人员根据预警信息提前开展应急行动，如调整工艺操作、联系抢修设备等	
2	信息报告	第一发现人（如外操）在规定时间内向带班人员（如班长、值班干部等）、专职应急队伍完成报警，内容清晰准确	第一发现人报警时间：
		带班人员（如班长、值班干部等）在规定时间内向油库负责人、上级生产调度等报告，内容清晰准确	向消防队报警时间：向120报警时间：向油库领导报告时间：向调度报告时间： 通知维修单位时间：
3	预案启动与响应分级	油库按要求启动相应预案	
4	指挥与协调	根据要求成立现场指挥部，落实人员分工	△安排能量隔离指令时间：
		现场指挥部及人员标志明显	
		承担应急职责人员及时赶到现场，领受任务	
		（根据演练需求）明确紧急集结场地、疏散路线、组织现场气体检测、采取防水体等污染防控措施等	
		确保通信联络方式畅通（如对讲机、蹲点仪等）	

续表

序号	评估项目	评估要点	问题记录
5	油库初期应急处置	根据应急预案、操作规程等要求，现场带班人员（班长、值班干部等）组织当班人员迅速分工，指令清晰	
		当班人员根据要求及时采取工艺处置措施（如关阀断料、紧急停车），处置程序正确、规范	能量隔离完成时间： 达到退守稳态时间：
		（模拟火灾等事故时）当班人员有效操作现场应急消防设施（包括使用灭火器等进行初起火灾扑救、开启消防喷淋、泡沫等固定消防设施），操作熟练	
		现场操作人员个体防护装备齐全（包括按要求佩戴空气呼吸器、穿着防护服等），符合演练现场要求	
6	人员搜救与转移	第一时间开展受伤人员救护，及时转移离开现场，必要时采取有效急救措施（如心肺复苏等）	
		及时联系专职应急队伍或外部医疗机构接走伤员，救护车及时到达现场，停车位置合理	
		专职医疗人员检测生命体征、包扎伤口、氧气袋吸氧等操作正确，合理正确使用车上吸氧、负压吸引等装置	
7	警戒与疏散	负责警戒与疏散人员及时接到信息、快速就位	
		（根据有毒气体泄漏、火灾爆炸等影响范围）合理划分警戒区域，及时通知并疏散警戒区域以内无关人员（包括承包商）	
		警戒线等设施明显有效，警戒区域有人监控值守，阻止无关人员进入事故现场和危险区	
		疏散人员按照要求（沿上风向、疏散路线等）有序撤离	
8	应急队伍现场处置	应急人员及时到场，现场操作人员个体防护装备齐全（包括按要求佩戴空气呼吸器、穿着防护服等），符合演练现场要求	
		消防专业人员：消防车辆装备及时展开、消防车辆站位合理、灭火战术运用合理	消防队伍到达现场时间：
		气防专业人员：搜救并转运伤员，对现场有毒、可燃气体浓度进行检测	
		现场堵漏人员：选用工器具齐全且满足要求（如选用铜制防爆器具、堵漏用具等）	维修队伍到达现场时间：
		环保专业人员：对大气、水质等环境信息进行监测，开展污油、污水收集等工作	

续表

序号	评估项目	评估要点	问题记录
9	应急联动	按照应急预案等要求与地方政府、周边应急协议单位等进行有效应急联动	
10	资源保障	对讲机、防爆手机等通信系统畅通	
		应急信息平台、应急指挥中心及时投用，现场信息实现互联互通	
		各类应急物资齐全(如吸油毡、沙包等)	
11	应急终止	应急响应的解除程序符合实际，与应急预案中规定的内容相一致	
12	人员集合与讲评	演练结束后参演人员清点人数，组织现场讲评，明确存在的不足和发现的问题	

评估人签字：

注：1. 本表采用定性评估方式，适用于油库级演练，评估人每人一份，完成后签字。

2. 演练的评估不局限于本表的评估要点，其他问题如实记录。

3. 本次演练未涉及内容不进行评估。

7. 应急预案演练考评

企业成立应急演练考评组，结合系统内外事故事件和演练计划，每月编制演练专题，对各单位开展演练抽查，对演练情况进行点评并通报。

(三) 应急预案的培训

(1) 企业每年至少组织一次在岗管理人员应急预案培训；

(2) 油库每月至少进行一次应急预案培训。现场处置方案中的各类事件每年至少培训一次；

(3) 新版应急预案发布后1个月内，必须完成在岗人员培训；

(4) 以上各类应急培训完成后，填写应急培训记录表。

(四) 应急预案修订与评估

1. 应急预案修订

满足下列情况之一时，企业需对应急预案进行修订。

(1) 依据相关法律法规、规章制度、行业标准、上位预案等要求或有关规定发生变化的；

(2) 应急指挥机构及职责发生重大调整的；

(3) 生产工艺和技术发生变化的；

(4) 面临的风险、地域、环境发生重大变化的；

(5) 重要应急资源发生重大变化的;

(6) 在突发事件应对处置或应急演练中发现问题需要调整的;

(7) 应急指挥中心或应急管理归口部门统一组织的。

2. 应急预案的评估

(1) 企业各级应急预案自发布日起，每年至少进行1次评估，填写应急预案评估记录，并根据评估结果判定是否需要修订。

(2) 各级突发事件应急预案由应急管理归口部门组织突发事件专业管理部门进行评估。

(3) 现场处置方案由油库组织各编制专业进行评估。

(五) 应急物资管理

按照国家有关行业标准，并结合油库实际应急需求，明确油库应急救援物资的类型分为通信、侦检、防护、消防、警戒、环保、防汛、照明、救生、洗消、排烟、破拆、堵漏、输转、其他，共计15类。

应急救援物资管理工作遵循“属地管理、专业负责、统一协调”的原则。

日常管理应遵循:

(1) 应落实专人对应急救援物资库、存放点内的物资进行管理。

(2) 应急物资储存单位应建立应急物资记录，对应急物资入库、使用调用、台账进行动态管理，并将更新后的应急物资记录向上级应急管理归口部门备案。

(3) 应急救援物资应分类、定点摆放，贴标上柜，保持整洁。

(4) 应急物资应每月对应急物资进行一次检查。检查后填写应急物资检查记录。

应急物资检查见表6-6-6。

表6-6-6 应急物资检查表

储存单位		检查时间
检查项目	检查标准	发现问题
应急物资记录	应急物资记录符合制度要求，并及时更新	
账实相符	对照应急物资记录，现场物资与记录中物资明细一致	
备用状态	外观无损坏，配件齐全，电量充足	
储存地点	随时可快速调取，环境卫生干净，物资摆放整齐	

续表

其他问题或要求：		
检查人签字		油库领导签字

（六）应急预案的启动与终止

按照突发事件的性质、严重程度、可控性、影响范围等因素，将突发事件分为公司级、二级单位级、油库级。如图 6-6-5 所示。

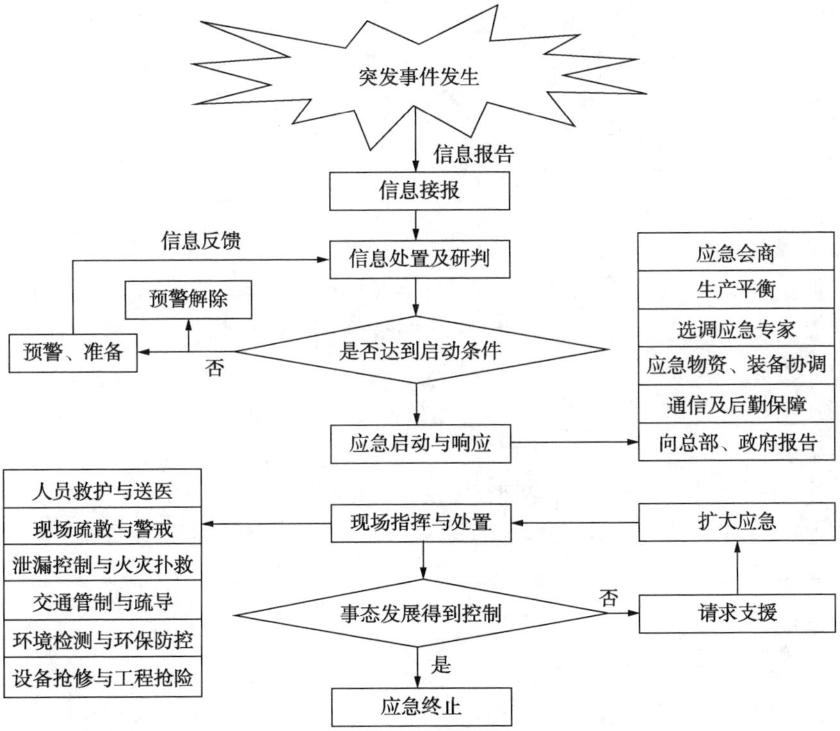

图 6-6-5　应响应基本流程图

（七）附件：某油库应急演练方案

附件：某油库应急演练方案

一、应急预案演练目的

（1）检验油库在“储油罐遭雷击着火”情况下应急反应和处置能力，强化职工的风险意识，提高处理突发事件的能力。

（2）通过演练，消防有关部门的应急救援联动机制，提高应急协调配合能力。

（3）通过现场演练，提高“13510”应急处置能力，提高油库各岗位间的协作水平和实战能力。

（4）通过对火灾事故预案的演练，检验预案的可操作性。通过演练充分暴露抢险过程中各环节存在的问题，为修正预案提供依据。

二、应急预案演练组织机构及职责

1. 演练领导小组

组长：主任

副组长：书记、副主任

2. 演练组织机构

（1）现场应急指挥部

总指挥：主任

成员：书记、副主任

职责：负责下达灭火预案的启动和终止工作；负责应急演练的指挥工作。

（2）消防灭火组

组长：安全员

副组长：油库消防队长

成员：专职消防队员、固定消防值班人员

职责：按灭火救援预案内容进行灭火救援，按照指挥部指令行动。

（3）工艺抢险组(工艺处置队)

组长：生产副主任

副组长：工艺员、设备员

成员：综合运行班长及值班人员

职责：值班干部在现场指挥部人员赶到之前全权负责灭火应急指挥工作；负责及时向油库以及上级应急办公室、上级调度汇报情况；负责通知消防、公安、安检以及周边企业负责现场设备的启停、生产工艺流程切换；检查罐区外排雨水阀门是否关闭；检查泄漏在防火堤内的油品是否通过雨水系统排出；负责事故现场生产设备的抢修工作，负责通信设备的检查，确保畅通；负责通知抢险单位到达现场；负责检查确认防火堤有无渗漏。

(4) 综合保障组

组长：书记

副组长：综合管理员

成员：门卫、后勤人员

职责：负责对现场中毒人员进行救治，并送医院治疗；负责事故的车辆保障，提供必要的物资；并安排人员打开消防通道大门接应外部消防车及增援力量；负责布置油库安全警戒，禁止无关人员进入。

三、事件情况设定

油库工艺运行状况：

假定受强雷电袭击，9#储油罐浮盘西侧边沿一二次密封处可燃性混合气体被点燃，在罐壁与堰板之间的环形带发生燃烧(初期着火)，着火面积 $2m^2$ 左右，罐位9m，码头卸船，9#罐收油作业。

四、演练时间

××年××月××日 14：00 开始至 14：30 左右结束。

五、演练准备工作

(1) 演练前组织对消防系统进行维护保养、试运，保证消防系统设备设施正常投用，并确保通信系统畅通，消防车辆完好备用，现场指挥部标识及警戒线准备好。

(2) 事先与各相关部门协调好有关事宜。

(3) 演练前罐区内施工作业暂停。

(4) 参加演练人员认真学习演练程序。

(5) 协调外部车辆离开演练区域。

(6) 对油罐光纤光栅报警系统、工业视频监控系统和手动火灾报警系统进行测试。

六、事故演练主要科目

科目一：初期处置

1. 固定消防处置

(1) 14点9#储罐遭受雷击，感温光栅火灾报警，消防值班人员经过工业电视确认储油罐发生二次密封处着火；

(2) 固定消防值班人员通过消防自控系统启动9#罐泡沫系统及喷淋系统，对油罐进行灭火；报告中控室和消防队，要求库内消防队立即出警赶赴现场灭火。

2. 移动消防处置

(1) 消防队拉响警报，消防队出动全部消防力量赶赴现场；

(2) 到达现场后进行侦察、监测，包括固定消防灭火情况；火焰燃烧位置在西侧，火焰燃烧面积，火势大小和发展趋势，罐区内油气浓度和硫化氢浓度及人员伤亡情况；

(3) 确定攻防路线、阵地；

(4) 组织供水路线，确保消防用水量；

(5) 对着火油罐持续冷却；

(6) 经研判具备登罐灭火，消防队员登罐灭火。

3. 生产处置

(1) 中控值班人员立即报告值班干部、值班领导、公司调度。

(2) 紧急停止收油，并通知码头调度，立即切断9#罐及罐组内其他储罐进出油罐根阀。

(3) 中控班长安排人员关闭9#罐雨水外排阀门，关闭罐区外排雨水阀门。

科目二：应急响应

1. 应急响应

(1) 值班领导启动油库级应急预案，成立现场指挥部，向上级应急办和119报告并通知周边企业、居民和所在地政府，研判和制定处置措施，开展应急处置，油库主任及相关各应急小组成员赶赴事故现场。

(2) 指派各应急小组组长，按应急预案开展应急救援工作。

(3) 信息及时向公司应急指挥中心和当地政府报告应急处置进展情况。

(4) 经现场应急指挥部确认满足应急预案终止条件，下达演练终止指令。

七、总结评价

(1) 应急演练结束后，各岗位人员、油库消防队到达指定地点集合。

(2) 召开评估会议，评价人员应对演练过程中发现的问题提出改进和预防措施，不断完善应急预案，提升企业初期应急处置和企地联动协作能力。

八、演练注意事项及要求

(1) 参演人员必须按照劳保着装的要求规范着装，遵守生产区封闭化管理规定。

(2) 演习前消防管线内充水带压。

(3) 参与演练的所有人员不得采取危及自身或其他人员安全的行动，不得接触不必要的危险。

(4) 演练人员应将演练事件或信息当作真实事件或信息做出响应，将模拟的危险条件当作真实情况采取应急行动，不得出现“这是一次演习等词语”。

(5) 所有演练人员应该遵守各项安全规定，服从指令。

二、事故事件管理

(一) 事故定义

生产安全事故火灾、爆炸、中毒和窒息、高处坠落、物体打击、车辆伤害、起重伤害、机械伤害、触电、淹溺、灼烫、坍塌、生产事故、设备事故、场(厂)内交通事故、其他事故等16类。

(1) 火灾事故。在生产经营活动中，由于各种原因引起的火灾，造成人员伤亡或财产损失的事故。

(2) 爆炸事故。在生产经营活动中，由于各种原因引起的爆炸，造成人员伤亡或财产损失的事故。

(3) 中毒和窒息事故。有毒物质通过不同途径进入体内引起某些生理功能或组织器官受到急性健康损害，或机体因急性缺氧晕倒甚至死亡的事故。

(4) 高处坠落事故。在高处作业中发生坠落造成伤亡的事故，不包括触电坠落事故。

(5) 物体打击事故。物体在重力或其他外力的作用下产生运动中，打击人体造成的人身伤亡事故，不包括因机械设备、车辆、起重机械、坍塌等引发的物体打击。

(6) 车辆伤害事故。企业机动车辆在场(厂)内或管辖区道路行驶中引起的人体坠落或物体倒塌、下落、挤压、撞车或倾覆等造成的人身伤亡事故，不包括起重设备提升、牵引车辆和车辆停驶时发生的事故。

(7) 起重伤害事故。各种起重作业(包括起重机安装、检修、试验)中发生的挤压、坠落(吊具、吊重)、折臂、倾翻、倒塌等引起的对人的伤害。

(8) 机械伤害事故。机械设备运动(静止)部件、工具、加工件直接与人体接触引起的夹击、碰撞、剪切、卷入、绞、碾、割、刺入等伤害。

(9) 触电事故。电流流经人体或带电体与人体间发生放电而造成的人身伤害。

(10) 淹溺事故。人落水之后，因呼吸阻塞导致的急性缺氧致窒息而造成的伤亡事故。

(11) 灼烫事故。由于火焰烧伤、高温物体烫伤、化学灼伤(酸、碱及酸碱性物质引起的体内外灼伤)、物理灼伤(光、放射性物质引起的体内外灼伤)而引起的人身伤亡事故。

(12) 坍塌事故。物体在外力或重力作用下，超过自身的强度极限或因结构稳定性破坏而造成的陷落和倒塌事故，如土石塌方、脚手架坍塌、堆置物倒塌等。

(13) 生产事故。由于各种原因造成的停产、减产以及泄漏、跑油、跑料、串料等事故。

(14) 设备事故。由于设计、制造、安装、施工、使用、检维修、管理等原因造成机械、动力、电气、仪表、容器、运输设备、管道等设备及建(构)筑物等损坏，造成损失或影响生产的事故。

(15) 场(厂)内交通事故。车辆在场(厂)内因过错或者意外造成的人身伤亡或者财产损失的事件。在社会道路上发生的负同等及以上责任的交通事故，应开展内部事故调查。由政府交通管理部门负责调查的交通事故，不统计为生产安全事故，但事故单位要按照生产安全事故进行管理。

(16) 其他事故。

(二) 事故分级

根据事故造成的人员伤亡、直接经济损失，以及事故造成的社会影响，上报集团公司级事故分为特别重大事故、重大事故、较大事故、一般事故(分为A级、B级、C级)，见表6-6-7。

表6-6-7 生产安全事故级别划分

序号	级别	类别	造成的后果及影响
1	上报集团公司及生产安全事故	特别重大事故	指造成30人以上死亡，或者100人以上重伤(包括急性工业中毒，下同)，或者1亿元以上直接经济损失的事故
2		重大事故	指造成10人以上30人以下死亡，或者50人以上100人以下重伤，或者5000万元以上1亿元以下直接经济损失的事故
3		较大事故	指造成3人以上10人以下死亡，或者10人以上50人以下重伤，或者1000万元以上5000万元以下直接经济损失的事故。发生火灾、爆炸或危险化学品泄漏等事故，并造成重大社会影响的，视同较大事故管理
4		一般事故A级	指造成1~2人死亡，或者3人以上10人以下重伤，或者10人以上轻伤，或者300万元≤直接经济损失<1000万元，或者造成较大影响的火灾爆炸、井喷事故
5		一般事故B级	指造成1~2人重伤，或者3人以上10人以下轻伤，或者100万元≤直接经济损失<300万元，或造成较大影响的泄漏、未造成较大影响的井喷、持续燃烧30分钟以上的火灾爆炸事故
6		一般事故C级	指造成一定影响的泄漏，或持续燃烧30分钟以内且未造成较大影响的火灾爆炸事故
7	公司级事故		一次事故造成2人轻伤，或者10万元≤直接经济损失<100万元，或者造成一定负面社会影响的事故

续表

序号	级别	类别	造成的后果及影响
8	二级单位级事故		一次事故造成 1 人轻伤，或者 6 万元≤直接经济损失<10 万元的事故
9	油库级事故		人身伤害事件或者直接经济损失<6 万元的事故。人身伤害事件主要包括：损失工作日事件、工作受限事件、医疗处理事件、急救箱事件和未遂事件等
10	需提级管理的事故(提级管理是指在事故调查、责任追究上进行提级，在事故统计上仍按照原级别进行统计上报)		党中央、国务院领导高度关注，并有明确批示或者指示的事故
11			受到公众广泛关注，引起省部级以上主流媒体报道，对集团公司造成重大负面社会影响的事故
12			被政府挂牌督办，确定提级管理的事故
13			隐瞒不报、被举报的事故
14			已经查出的隐患未及时治理、安全防范措施不落实引发的事故

注：所称的“以上”包括本数，“以下”不包括本数。

损失工作日事件是指：任何与工作有关的、致使员工或承包商在受伤后第二天无法上班且严重程度未达到轻伤标准的人身伤害或职业相关疾病。损失工作日应包括休息日、周末、法定节假日。

工作受限事件是指：任何与工作有关的、致使员工或承包商受伤后不能完全承担其原先工作安排的人身伤害事件或职业相关疾病。但其能够从事的工作必须是有意义的、事先就有的或是一份常规工作的实质性的一部分。

医疗处理事件是指：员工或承包商工作时受到伤害，需要专业医生处方、治疗或护理人员处理，但不需要住院治疗的人身伤害或职业相关疾病。

急救箱事件是指：员工或承包商工作时受到伤害，可以通过使用急救箱内物品、药品或类似措施处理，不需要专业医生处方、治疗或护理人员处理的事件。

未遂事件是指：员工或承包商在其生产、工作和作业区域内发生的可能导致健康损害、人员伤(亡)、财产损失、环境破坏或声誉损害等人们所不期望的后果，但尚未产生疾病、伤害、损坏、污染或其他损失的事件。

可记录事件是指：除未遂事件以外的所有人身伤害事故、事件(含承包商在属地范围内发生的所有人身伤害事故、事件)。

(三) 事故报告

1. 报告管理程序

(1) 发生生产安全事故，事故现场负责人或有关人员应当立即向本车间报告，车间初步判定事故类别和级别，向本作业部生产调度中心和安全监管科室报告，生产调度中心和安全监管科室接到报告后，应当于20分钟内分别向公司级应急指挥中心和安全监管部门电话报告。

（2）经判断为公司及以下级生产安全事故的，事故发生单位于4小时内按照事故类别，以“生产安全事故事件快报”的形式，书面报送公司应急指挥中心、各类事故归口管理部室，同时抄报公司安全监管部门。

（3）经判断为上报集团公司级生产安全事故的，公司应急指挥中心接报后，报送集团公司生产调度中心，相关信息如下：

① 在接报后半小时内，公司应急指挥中心向集团公司生产调度指挥中心、办公厅总值班室电话报告，安全监管部门向集团公司事业部、安全监管部门电话报告。

② 2小时内，公司应急指挥中心和安全监管部门按照“生产安全事故快报”格式向集团公司相关部门进行书面报告。

③ 根据事故发展和抢险救援情况，公司应急指挥中心和安全监管部门以“突发事件信息报送单”形式每半小时向集团公司相关部门报告。

④ 事故处置结束后24小时内，进行终报，并由公司领导签发书面报告报集团公司生产调度指挥中心及相关管理部门、事业部(专业公司)。

（四）事故处置

（1）事故发生后应立即启动相应级别的应急预案，全力组织事故处置和抢险工作。

（2）在事故处置和抢险过程中，任何单位和个人不得故意破坏事故现场、毁坏或篡改仪表监控数据、视频监控、记录等相关证据。因抢救人员、防止事故扩大以及疏散交通等原因，需要移动事故现场物件时应作出标记，妥善保存现场重要痕迹和物证。

（3）党委宣传部统筹安排对生产安全事故舆情实行监测，并对有关舆情信息进行汇总分析，依据舆情发展趋势，采取措施。

（五）事故调查

（1）二级单位级生产安全事故由事故发生单位组织调查；公司级、一般B级、一般C级生产安全事故由公司组织调查；一般事故A级及以上级生产安全事故由公司和事故发生单位相关人员配合集团公司、政府等上级部门调查。

（2）事故调查必须成立事故调查组，事故调查组一般由安全、生产、设备、技术、消防、治安保卫、交通、人力资源部、监督等管理部门和工会组成，必要时可聘请外部专家参与调查。调查组由技术组、管理组构成，必要时可根据需要增设其他工作组。

5W1H式提问：
WHY：为什么会这样？(目的)
WHAT：您能否说说到底是怎么回事儿？(对象)
WHERE：在什么地方？(地点)
WHEN：什么时间的事儿？(时间)
WHO：当时还有谁在场？(人员)

① 调查人员对当事人、证人谈话询问时，应采用5W1H式提问，对要解决问题的目的、对象、地点、时间、人员和方法提出一系列具体的问题，有助于尽可能全面的掌握细节。

② 重建时间事件链。进行事故调查的关键步骤之一是记录整理时间事件顺序，简称"时间事件链"。应用事件和状态分析，找出关键因素。

③ 对导致事故发生的关键因素，要从职责、制度、能力、资源、考核等做到问题"五个回归"("谁来做"看管理职责是否具体明确、"怎么做"看制度规程是否规范完整、"会不会做"看人员能力是否满足要求、"能不能做"看资源配置是否到位充分、"做的如何"看检查考核是否及时有效)，通过溯源分析问题，精准查找相关人员"失职"之处，进一步实现提出考核、处理意见时的"精准问责"。

(3) 原则上二级单位级事故10天内、公司级事故20天内、一般事故30天内，提交"生产安全事故事件调查报告"，较大及以上事故原则上调查组在事故发生之日起60天内提交调查报告。特殊情况下，提交事故调查报告的期限可适当延长，延长期最长不得超过60天。

(4) 事故调查按照集团公司、公司生产安全事故相关管理规定进行，由事故调查组根据事故性质和事故责任，对责任者提出处理建议。

（六）事故整改与防范

(1) 事故单位要举一反三吸取事故教训。对照事故暴露出的问题，逐条制定整改措施并抓好落实。整改措施必须包括工程技术措施和管理措施等。整改措施落实情况在事故报告批准后1个月内报送公司级安全监管部门。

(2) 其他单位要对照事故暴露出的问题，逐条分析本单位是否存在类似问题和隐患，防止类似事故重复发生。

(3) 建立事故警示经验分享工作机制。事故专业安全管理部门要将事故单位列为重点监管和督查对象，下发事故通报，以起到警示和教育作用；二级单位要及时收集有关事故案例，分门别类研究事故机理和发生规律，制成卡片发至油库、班组开展经验分享。

（七）事故结案

原则上在事故发生后60天内提交事故结案材料。结案材料主要包括事故调查报告、地方政府调查报告和人员问责文件、整改情况报告等。

（八）事故归档

事故档案是指事故调查报告、事故调查和处理过程中形成的具有保存价值的各种分析、检测报告、图表、照片、录像、有关人员笔录等材料。

事故档案管理应与事故调查处理同步进行。事故调查组应安排专门人员负责收集、整理事故调查和处理期间形成的文字材料，并在事故调查结束后及时移交安全管理部门存档。

事故档案主要包括：

(1) 事故调查报告及领导批示。

(2) 事故调查组织工作的有关材料，包括事故调查组成立批准文件、内部分工、调查组成员名单及签字等。

(3) 事故抢险救援报告。

(4) 现场勘查报告及事故现场勘查材料，包括施工现场图、照片、录像，勘查过程中形成的其他材料。

(5) 事故技术分析、取证、鉴定等材料，包括技术鉴定报告，专家签订意见，设备、仪器等现场提取物的技术检测或鉴定报告，以及物证材料或物证材料的影像材料，物证材料的后事处理情况报告等。

(6) 安全生产管理情况调查报告。

(7) 伤亡人员名单，尸检报告或死亡证明，受伤人员伤害程度鉴定或医疗证明。

(8) 调查取证、谈话、询问笔录等。

(9) 其他有关认定事故原因、管理责任的调查取证材料，包括事故责任单位营业执照、有关资质证书复印件、作业规程等。

(10) 事故经济损失的材料。

(11) 与事故调查工作有关的会议记录。

(12) 其他与事故调查有关的文件材料。

(13) 事故处理决定、批复或结案通知。

(14) 对事故责任单位和责任人责任追究落实情况的文件材料。

(15) 其他与事故处理有关的文件材料。

第七节　职业卫生管理

一、职业卫生相关术语

(1) 职业卫生是指职工的健康在职业活动过程中免受有害因素侵害为目的的对工作领域及在法律、技术、设备、组织制度和教育等方面所采取的相应措施。

(2) 职业性危害因素是指在职业活动中产生的可直接危害劳动者身体健康的

因素，按其性质分为物理性危害因素、化学危害因素和生物性危害因素。

（3）职业病是指企业、事业单位和个体经济组织的从业人员在职业活动中，因接触粉尘、放射性物质和其他有毒、有害物质等因素而引起的疾病。

（4）职业接触限值是指劳动者在职业活动过程中长期反复接触，对接触者的健康不引起有害作用的容许接触水平，是职业性有害因素的接触限制量值。

二、职业病危害因素检测和申报

（一）职业病危害因素检测

职业病危害因素检测是指主要存在的危害因素检测工作场所空气中毒物浓度、工作场所物理因素的检测。存在职业病危害的用人单位委托具有相应资质的职业卫生技术服务机构，每年对工作场所进行 1 次职业病危害因素检测、评价。

（二）职业病危害因素申报

存在或者产生职业危害的单位，每年应及时、如实向相关管理部门申报职业危害。申报流程如下：

（1）对工作场所进行职业病危害因素检测，确定企业存在的职业病危害因素。职业病危害因素检测、评价由具有资质认可的职业卫生技术服务机构进行。

（2）根据职业卫生技术服务机构出具的《检测报告》，对接触职业病危害因素的劳动者进行职业健康检查。职业健康检查由具有相关资质的医疗机构进行。

（3）填报系统：登录“职业病危害项目申报系统”，网址为 https：//www. zybwhsb. com，如图 6-7-1 所示。

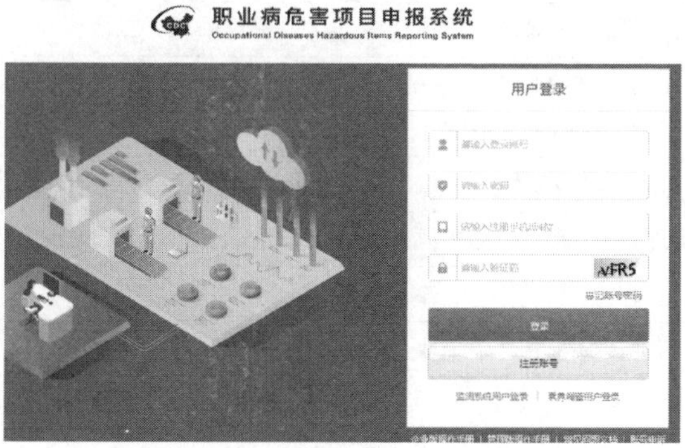

图 6-7-1　职业病危害项目申报系统

① 注册并登录用人单位账号，如实填写用人单位基本情况、职业病危害因素种类、职业病危害因素检测情况、职业健康监护开展情况等。

② 填报完成后，根据要求打印申报表、盖章、上传提交。审核通过后即可

打印申报回执单存档，完成本次申报。

三、油库职业病危害因素及人员接触分布

经过职业病危害因素检测，油库存在的职业危害因素包括化学因素：硫化氢、溶剂汽油和物理因素：噪声。见表 6-7-1。

表 6-7-1　职业病危害因素接触种类

岗位名称	作业地点	危害因素
输油工	储罐取样、检尺	硫化氢
	化验室检测操作	硫化氢、溶剂汽油
	输油泵棚	噪声
固定消防员	消防泵房柴油泵	噪声

四、职业病防护措施

（一）职业病防护设施设计防护

对照某油库建设项目职业病防护设施设计，对职病防护设施设计情况进行汇总，见表 6-7-2。

表 6-7-2　职业病防护设施设计防护情况汇总表

职业病防护设施设计
各储罐采取露天布置，输油泵站采用棚式结构，有利于自然通风和有毒物质的扩散、稀释
储罐采取外浮顶储罐，浮顶采用双盘式浮顶结构，浮顶密封采用一二次密封，可有效减少油品挥发
每座原油储罐拟设置一套旋转喷射混合系统，可更好地防止原油中沉积物的堆积。罐内介质均匀，从而减少罐内油泥的产生量，从而降低清罐作业的频次
维修间、泡沫站、污水处理站设置轴流风机，及时排出室内有害气体
化验室设置通风柜和万向吸气罩等局部排风系统，用于排除分析化验过程中散发的有害气体
装置选用低噪声电机
储罐搅拌选用低噪声的旋转喷射混合系统取代传统的噪声较高的储罐挂壁式搅拌器
防高温和低温措施设计
装置采用自动化控制，大幅度减少了工人连续露天作业时间
有人工作的建筑物，配备冷暖空调
个体防护用品设计
根据岗位的不同危险因素配置各种必需的防护用具和用品，包括阻燃服工作服、安全防护眼镜、鞋、手套、耳塞、安全帽、耳罩、防寒服等

续表

职业病防护设施设计
应急救援措施设计
各罐区储罐设置有事故围堰
单独设置一套可燃和有毒气体检测系统(GDS)对罐区及附属设施的可燃(有毒)气体进行监控，在中心控制室设置 GDS 监视站
为外操人员配备便携式气体检测器，随时监测环境中可能出现的有毒有害物质浓度
在污水处理站设置 1 台紧急淋浴器和洗眼器
在罐区内有可能泄漏有害物料的危险场所高处可视范围内，设置色彩明显的风向标
在控制室设置气防柜，至少应配备两套空气呼吸器
罐区按规范要求设置消防通道，可兼做安全疏散、急救通道，和外围的道路相通
警示标识设计
在生产装置入口处设置公告栏
对产生严重职业病危害的岗位，在醒目位置设置职业病危害告知卡
使用可能产生职业病危害的化学品，在使用岗位设置醒目的警示标识和中文警示说明

（二）危害标识与告知

1. 职业病危害因素作警示说明

对产生职业病危害因素，在醒目位置设置警示标识和中文警示说明，警示说明应当载明可能产生的职业病危害、职业病防护以及应急救治措施等内容。如图 6-7-2、图 6-7-3、图 6-7-4 所示。

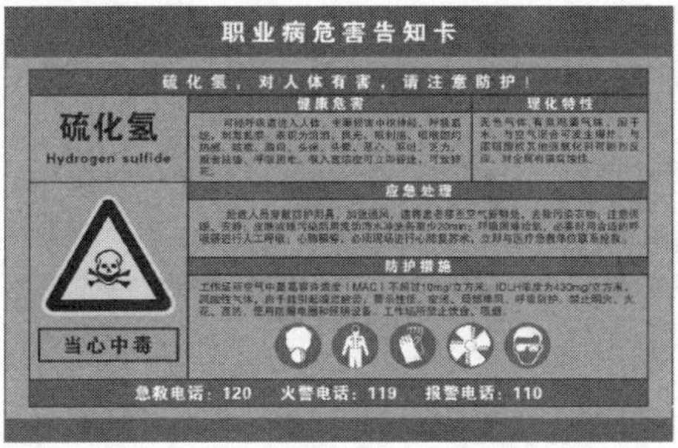

图 6-7-2 职业病危害告知卡(硫化氢)

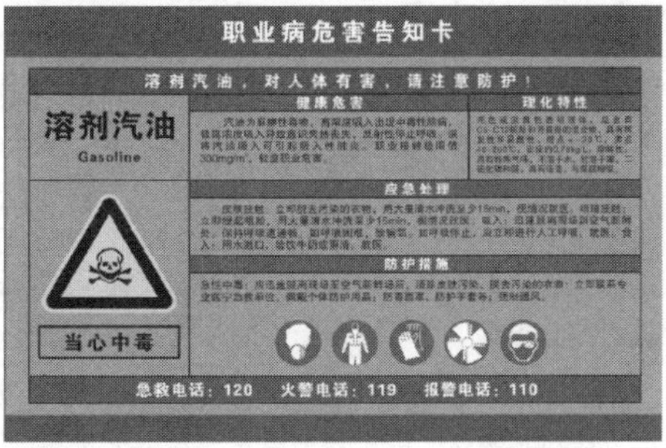

图 6-7-3 职业病危害告知卡(溶剂汽油)

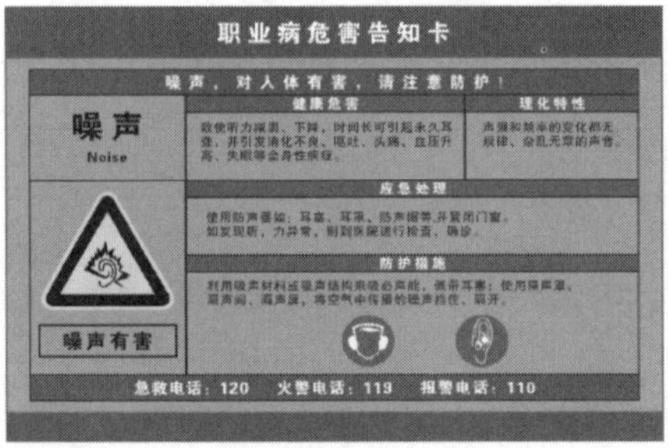

图 6-7-4　职业病危害告知卡(噪声)

2. 职业病危害因素告知

(1) 岗前告知：签订合同时，应将工作过程中可能产生的职业危害及其后果、职业危害防护措施和待遇等如实告知。职业危害告知书示例见表 6-7-3。

表 6-7-3　职业病危害告知书示例

根据《职业病防治法》第三十四条的规定，用人单位(甲方)在与劳动者(乙方)订立劳动合同时应告知工作过程中可能产生的职业病危害及其后果、职业病防护措施和待遇等内容：

(一) 所在工作岗位、可能产生的职业病危害、后果及职业病防护措施：

所在部门及岗位名称	职业病危害因素	职业禁忌证	可能导致的职业病危害	职业病防护措施
××油库输油工	噪声	各种原因引起永久性感音神经性听力损失中度以上传导性耳聋Ⅱ期和Ⅲ期高血压器质性心脏病	神经衰弱综合征	耳塞、耳罩

(二)甲方应依照《职业病防治法》及《职业健康监护技术规范》(GBZ 188—2014)的要求，做好乙方上岗前、在岗期间、离岗时的职业健康检查和应急检查。一旦发生职业病，甲方必须按照国家有关法律、法规的要求，为乙方如实提供职业病诊断、鉴定所需的劳动者职业史和职业病危害接触史、工作场所职业病危害因素检测结果等资料及相应待遇。

(三)乙方应自觉遵守甲方的职业卫生管理制度和操作规程，正确使用维护职业病防护设施和个人职业病防护用品，积极参加职业卫生知识培训，按要求参加上岗前、在岗期间和离岗时的职业健康检查。若被检查出职业禁忌证或发现与所从事的职业相关的健康损害的，必须服从甲方为保护乙方职业健康而调离原岗位并妥善安置的工作安排。

(四)当乙方工作岗位或者工作内容发生变更，从事告知书中未告知的存在职业病危害的作业时，甲方应与其协商变更告知书相关内容，重新签订职业病危害告知书。

(五)甲方未履行职业病危害告知义务，乙方有权拒绝从事存在职业病危害的作业，甲方不得因此解除与乙方所订立的劳动合同。

(六)职业病危害告知书作为甲方与乙方签订劳动合同的附件，具有同等的法律效力。

甲方(签章)　　　　　　　　　　乙方(签字)

年　月　日　　　　　　　　　　年　月　日

(2) 现场告知：在油库现场醒目位置设置公告栏(图 6-7-5)，公布有关职业危害防治的规章制度、作业场所职业危害因素检测和评价的结果等。

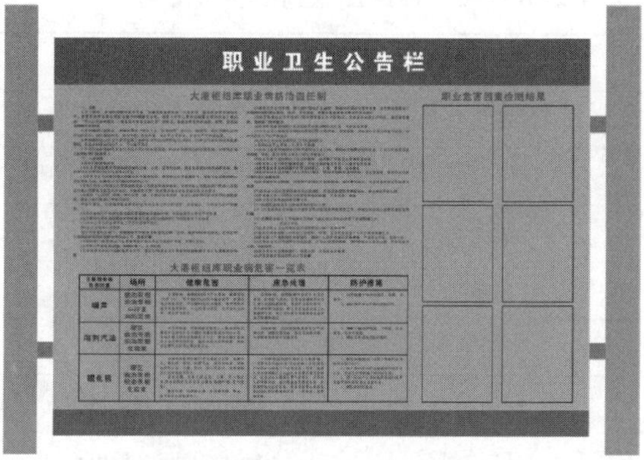

图 6-7-5 职业卫生公告栏

(3) 检查结果告知：体检结果应如实告知员工本人，员工应书面确认被告知，签字归档。员工离开单位时，如索取本人职业健康监护档案复印件，单位应如实、无偿提供，并在所提供的复印件上签章。见表 6-7-4。

表 6-7-4 职业健康检查结果告知台账

序号	单位	部门	体检类别	体检编号	姓名	职业性体检结果	告知日期	职工签字
1								
2								
3								
4								
5								

(三) 劳动过程中的职业病防护与管理

日常管理中应重点关注以下几项内容：

(1) 设置职业卫生管理机构，配备专职或者兼职的职业卫生人员负责职业病防治工作。

(2) 化验室须设置通风橱和机械通风设施。

(3) 劳动者进行上岗前(及转岗)的职业卫生培训和在岗期间的定期职业卫生培训，正确使用职业病防护设备和职业病防护用品。

(4) 培训内容应包括职业健康法律、法规与标准，职业健康管理制度，发生事故时的应急救援措施、基本技能等职业健康基本知识。

(5) 应急救援设施、器材和药品应定期维护、更新。

油库急救应急药箱药品清单(急救箱)参见表 6-7-5。

表 6-7-5　油库应急药箱参考配备清单

序号	药品名称	规格	数量
1	弹性创可贴	70mm×20mm	1 盒 100 片
2	一次性 CPR 屏障消毒面膜		50 片
3	脱脂棉	—	1 袋 50g
4	急救毯	—	1 袋
5	烧伤辅料	400mm×600mm	1 袋
6	烧伤辅料	600mm×800mm	1 袋
7	三角绷带	96cm×96cm×136cm	1 袋
8	医用透气胶带	1. 25cm×5m	1 卷
9	医用脱脂纱布片	10cm×10cm	1 袋
10	医用脱脂纱布片		1 袋
11	口对口呼吸面罩(巾)	20cm×20cm	1 袋
12	医用外科口罩	一次性	2 个
13	眼垫	—	1 袋
14	酒精棉片	60mm×30mm	1 盒 50 片
15	医用高分子夹板	11cm×46cm	1 卷
16	止血带	卡扣式	1 盒
17	弹性绷带	7. 5cm×4. 5cm	1 卷
18	乳胶手套		2 付

(四) 职业病危害控制重点措施

1. 噪声监护

岗位等效声级大于或等于 80dB 的员工及存在噪声 85dB 的设备、作业场所，必须实施听力保护措施。噪声监护应首先考虑工程控制措施，从源头控制作业场所的噪声强度，同时重点加强接触噪声作业人员现场耳塞、耳罩佩戴的监督与管理。

2. 硫化氢防护

(1) 硫化氢防护工作的重点环节或部位主要为收发球、排气、密闭空间(指在油库范围内，与外界相对隔离、进出口受限、雨水及泄漏物可在其中存积或流动的受限空间，如储罐、污油罐、排水沟、管沟、暗涵、泵房、计量间等）。

（2）现场管理

在可能有硫化氢泄漏的工作场所应设置固定式硫化氢检测报警仪。固定式硫化氢检测等报警仪表低位报警点应设置在 10mg/m^3，高位报警点均应设置在 20mg/m^3。上述场所操作岗位应配置便携式硫化氢检测报警仪，其低位报警点应设置在 10mg/m^3，高位报警点均应设置在 20mg/m^3。凡进入装置必须随身携带硫化氢报警仪，硫化氢检测报警仪在低位报警点发生报警时，作业人员应检查泄漏点并准备防护用具。在高位报警点报警时，作业人员应佩戴防护用具方可进入作业现场并向上级报告，同时疏散下风向人员，禁止用火等作业，及时查明泄漏原因并控制泄漏。抢救人员进入戒备状态。硫化氢浓度持续上升而无法控制时，要立即疏散人员并实施应急方案。

五、职业健康监护

（一）体检种类

职业健康监护分为上岗前检查、在岗期间定期检查、离岗时检查、应急健康检查。

1. 上岗前检查

上岗前健康检查的主要目的是发现有无职业禁忌证，建立接触职业病危害因素人员的基础健康档案。上岗前健康检查均为强制性职业健康检查，应在开始从事有害作业前完成。下列人员应进行上岗前健康检查：

（1）拟从事接触职业病危害因素作业的新录用人员，包括转岗到该种作业岗位的人员。

（2）拟从事有特殊健康要求作业的人员，如高处作业、电工作业、职业机动车驾驶作业等。

2. 在岗期间定期健康检查

长期从事按规定需要开展健康监护的职业病危害因素作业的劳动者，应进行在岗期间的定期健康检查。定期健康检查的目的主要是早期发现职业病患者或疑似职业病患者或劳动者的其他健康异常改变；及时发现有职业禁忌证的劳动者；通过动态观察劳动者群体健康变化，评价工作场所职业病危害因素的控制效果。

3. 离岗时健康检查

（1）劳动者在准备调离或脱离所从事的职业病危害的作业或岗位前，应进行离岗时健康检查。主要目的是确定其在停止接触职业病危害因素时的健康状况。

(2) 如最后一次在岗期间的健康检查是在离岗前的90日内，可视为离岗时检查。

4. 应急检查

当发生急性职业病危害事故时，对遭受或者可能遭受急性职业病危害的劳动者，应及时组织健康检查。依据检查结果和现场劳动卫生学调查，确定危害因素，为急救和治疗提供依据，控制职业病危害的继续蔓延和发展。应急健康检查应在事故发生后立即开始。

(二) 体检结论

体检结论可分为以下5种：

(1) 目前未见异常：本次职业健康检查各项检查指标均在正常范围内。

(2) 复查：检查时发现与目标疾病相关的单项或多项异常，需要复查确定者，应明确复查的内容和时间。

(3) 疑似职业病：检查发现疑似职业病或可能患有职业病，需要提交职业病诊断机构进一步明确诊断。

(4) 职业禁忌证：检查发现有职业禁忌的患者，需写明具体疾病名称。

(5) 其他疾病或异常：除目标疾病之外的其他疾病或某些检查指标的异常。

(三) 职业禁忌证、职业病患者的处理

(1) 对于体检中发现的职业禁忌证人员，要及时调离，妥善安置。

(2) 疑似职业病患者要及时进行诊断、治疗、安置；对于确诊的职业病患者，依法享受国家规定的职业病待遇。

六、劳动防护用品

劳动防护用品是保障劳动者安全和健康的最后一道防线，是预防职业危害的必备物品。

(一) 劳动防护用品的概念及作用

(1)《劳动防护用品监督管理规定》(国家安全生产监督管理总局局长令第1号)中规定，劳动防护用品，是指由生产经营单位为从业人员配备的，使其在劳动过程中免遭或者减轻事故伤害及职业危害的个人防护装备。劳动防护用品一般也称为个人防护用品、个体防护用品、个人防护装备等。

(2) 在生产劳动过程中，劳动防护用品是必不可少的生产性装备，用人单位要提供必要的防护用品，劳动者要按照劳动防护用品使用规则和防护要求正确使用劳动防护用品。

(3) 劳动防护用品是劳动保护的辅助性措施，它是劳动者防止职业毒害和伤害的最后一项有效措施。劳动防护用品的使用属于劳动保护的辅助性措施。

（二）劳动防护用品的分类

根据《劳动防护用品分类与代码》(LD/T 75—1995)，劳动防护用品分为：

(1) 头部防护用品，如安全帽、工作帽、防寒帽。

(2) 呼吸器官防护用品，如防尘口罩(防颗粒物呼吸器)、防毒面具、空气呼吸器等。

(3) 眼(面)部防护用品，如防冲击护目镜、防强光、紫外线、红外线护目镜或面罩、焊接面罩、防腐蚀液护目镜等。

(4) 听觉器官防护用品，如耳塞、耳罩。

(5) 手部防护用品，如防寒手套、耐酸碱手套、防静电手套等。

(6) 足部防护用品，如防砸鞋、防静电鞋、绝缘鞋等。

(7) 躯干防护用品，如一般防护服、焊接防护服、阻燃防护服等。

(8) 防坠落及其他防护用品，主要用于保护高处作业人员，防止坠落事故的发生，如安全带。

（三）个体劳动防护用品配备

油库在各岗位主要配备了防噪声耳塞和耳罩、半面罩、安全帽、空气呼吸器、阻燃服、防静电鞋等个体防护用品，按要求配备了硫化氢报警仪。

1. 劳动防护用品的选用和配备

应在全面识别作业过程中的潜在危险、有害因素的情况下，选用与作业环境风险相适应，能满足作业安全要求的劳动防护用品。

2. 头部防护用品

主要为安全帽。进入油库巡检、有碎屑飞溅的作业应佩戴安全帽(图 6-7-6)。

3. 眼面部防护用品

包括防冲击护目镜(图 6-7-7)、洗眼设备等。主要用于油库计量化验室、巡检作业、施工作业环境。

图 6-7-6　安全帽

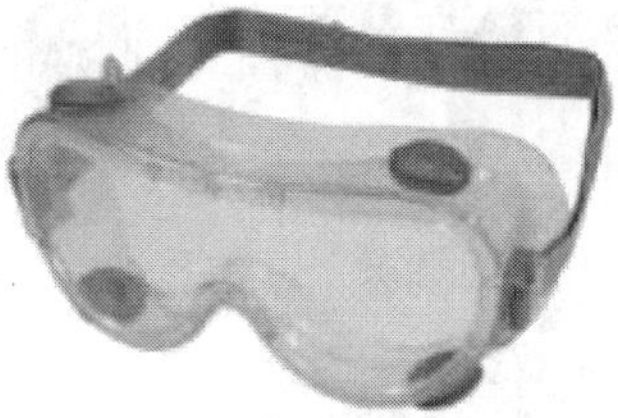

图 6-7-7　护目镜

4. 听觉器官防护用品

包括耳塞(图 6-7-8)和耳罩(图 6-7-9)。长期在 85dB(A)以上或短时在

115dB(A)以上环境中工作时应使用听觉器官防护用品。油库作业场所有输油泵房、消防泵房等。

图 6-7-8　耳塞

图 6-7-9　耳罩

5. 身体防护用品

油库身体防护用品主要是夏季、冬季和春秋阻燃服(图 6-7-10)。

6. 脚部防护

油库脚部防护用品主要包括：防静电鞋(图 6-7-11)、电绝缘鞋等。

7. 手部防护用品

油库手部防护用品包括：一般防护手套(图 6-7-12)、耐酸碱手套、防寒手套、防油手套等。

图 6-7-10　阻燃服

图 6-7-11　防静电鞋

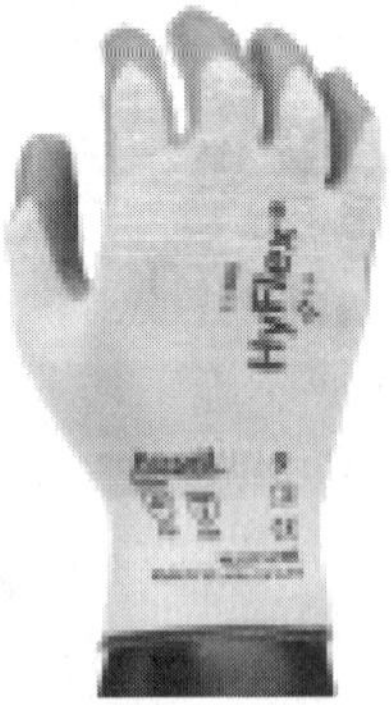

图 6-7-12　防护手套

8. 呼吸器官防护用品

常见的有：自吸过滤式防毒面具、正压式空气呼吸器。如图 6-7-13、图 6-7-14 所示。

图 6-7-13　自吸过滤式防毒面具

图 6-7-14　正压式空气呼吸器

9. 正压式空气呼吸器佩戴步骤：

(1) 检查

① 检查全面罩的面窗是否清洁、无划痕、裂纹，环状橡胶密封垫无灰尘、断裂等影响密封性能的因素存在；检查系带、导管、连接处有无松动、断裂。

② 气瓶压力检验。正常备用压力 24~30MPa；气瓶备用压力低于 24MPa 时，应当停止使用，进行充气。

③ 系统泄压检查。打开气瓶阀，观察压力表，待压力表指针稳定后关闭气瓶阀，1 分钟内压力下降应小于 0.5MPa。

④ 报警器报警压力检查。打开气瓶阀待压力达到气瓶报警压力后，关闭气瓶阀；然后缓慢打开冲泄阀，当压力降至(5±0.5)MPa 时，报警器应开始报警，声音应达到 90dB。

⑤ 面罩气密性能检查。佩戴好面罩，用手掌捂住面罩与供气阀连接处，深吸一口气，检查面罩是否有泄漏，不符合要求的必须更换后方可使用。

⑥ 呼吸性能检查。面罩气密性能检查合格后，打开气瓶阀，将面罩佩戴好，再将供气阀与面罩连接，关闭供气阀上的冲泄阀，深呼吸数次，应感觉呼吸舒畅，打开和关闭冲洗阀开关 2 次，开关应灵活，供气阀应能正常打开。

(2) 佩戴

① 打开气瓶。将气瓶的阀门全部打开，观看压力表是否正常。

② 佩戴装具。将气瓶阀向下背上气瓶，通过拉肩上的肩带，调节气瓶的上下位置和松紧，直到感觉舒适为主。

③ 扣紧腰带。将腰带插头插入座内，然后将腰带左右两侧的伸出段同时像两侧拉紧。

④ 收紧腰带。把面罩带挂在劲上，把面罩放在胸前，戴上安全帽放于后脑。

⑤ 佩戴面罩。先放松所有面罩带，抓住头带底部，把下颚套在下颚托上，把头带向头后部位，把面罩密封处的头发理顺，然后按顺序拉紧面罩带(顺序是

底部、中部、上部)，直到舒适贴紧为止。

⑥ 检查面罩气密性。用手撑捂住面罩接口处，通过深呼吸检查面罩密封是否良好，否则调整位置，收紧头带或重新佩戴面罩。

⑦ 连接供气阀。先将供气阀的接口与面罩口结合，然后顺时针选择 90°，当听到咔嗒声即安装完毕。

⑧ 扶正安全帽，佩戴完毕后，深呼吸几次，激活供气阀，当呼吸畅通后，方可进入作业区域。

(3) 卸下

① 用手指按住供气阀上的卡扣按钮，用力下拨，使供气阀和面罩脱离。

② 把头带扣向前拉，松开头带，将面罩摘下。

③ 松开腰带，向上拉肩带扣，松开肩带，卸下呼吸器。

④ 关闭气瓶阀开关，打开供气阀上的大功率供气按钮，排出系统内的气压。

10. 硫化氢检测仪

固定式硫化氢检测仪：主机安装在中控室，传感器安装在现场硫化氢容易泄漏和溢出的地方。

便携式硫化氢检测仪：油库人员进入储罐现场佩戴。如图 6-7-15 所示。

图 6-7-15　便携式硫化氢检测仪

第八节　消防安全管理

油库储存进口低凝点原油，原油具有易燃的特性，闪点<28℃，火灾危险类别为甲$_B$，密度比水轻，泄漏后能在水面和地上流动扩散，遇明火后可发生池火。原油中轻组分的挥发油气与空气混合能形成爆炸性混合物。浮顶罐的火灾主要是密封圈处着火、浮顶塌陷引起火灾及冒顶引起的火灾三部分组成，其中以密封圈处着火为最多，火灾是储运过程主要不安全因素。

一、火灾危险因素

罐体及设施缺陷：罐体及管线焊接质量不达标，造成焊缝处龟裂，原油渗漏，遇明火发生火灾。

腐蚀原因：原油中含有少量有机硫及环烷酸等酸性成分，对罐体尤其是连接处部位及焊缝处导致腐蚀穿孔，造成泄漏，遇明火发生火灾。

罐基础沉降不均：由于地面发生不均匀沉降，造成罐体倾斜，罐体受力不均，导致焊缝开裂，原油泄漏，遇明火发生火灾。浮顶排水系统故障，下暴雨时可能造成浮顶翻船和塌陷。

维修问题：罐浮顶密封圈、管线连接法兰、阀门密封处，由于维护保养不够，可能发生渗油、漏油，遇明火发生火灾。

操作失误：进油时操作失误，导致充装过满，超过安全高度，甚至冒顶溢油，遇明火发生火灾。罐区附近违章动火作业、违章使用明火、使用火柴、打火机、吸烟等。

雷电：雷电产生的电火花可引燃储罐上方的油气，引起爆炸或起火。

静电：人体或油品输送过程中产生静电，静电火花可能引发火灾。

地震：地震可能造成罐体损坏，引起油品泄漏，遇明火发生火灾。

控制系统故障：液位指示失灵或流程切换有误，有可能发生冒顶事故，遇明火发生火灾。

二、防火安全措施

根据油罐火灾危险的特点，防火安全本着“以防为主，防消结合”的原则，从预防火灾、防止火灾蔓延和消防灭火三方面采取措施，确保防火安全。

（一）平面布置

油库内各罐组周围设有环形消防道路，消防道路宽度为 11.0m，其中路面宽度为 7.0m，路肩宽度为 2.0m。消防道路内边缘转弯半径均为 12.0m，如图 6-8-1 所示。车道的转弯半径满足消防车转弯的要求，消防车道与建筑之间未设置妨碍消防车操作的树木、架空管线等障碍物，消防站距离油库内最远的消防点，行车时间小于 5 分钟。

图 6-8-1　消防道路

（二）危险物料的安全控制

原油的输送和储存，始终密闭在各类设备和管道中，各个连接处采用可靠的密封措施。原油采用浮顶罐存储，浮顶油罐的一次密封采用三芯软密封，二次密封采用带油气隔膜的密封结构。将挥发到环境的可燃物质量降至最低。油罐露天布置，可保证良好的通风条件，使可燃气体不易聚积。

原油储运过程控制采用自动控制，对液位、温度、流量等进行测控。各相关罐进出口罐根阀与高、低液位报警自动连锁，使储运系统生产操作、管理达到安全、高效。为保证操作人员和油库的安全，在罐区内每个罐的前后和排水口附近、机泵以及有可燃气体可能泄露的地方设置了可燃气体检测报警器。

（三）防雷、防静电及接地

油罐均做防雷接地，每罐接地点的间距沿油罐周长不大于 18m，接地电阻小于 4Ω，地下接地网连成环形。浮顶与罐体做电气连接，连接导线不少于 2 根，每根导线选取截面积不小于 $50mm^2$ 扁镀锡软铜绞线。如图 6-8-2 所示。

与罐体相接的电气配线采用金属管屏蔽保护。配线金属管上下两端与罐壁做电气连接。在相应的被保护设备处，安装与设备耐压水平相适应的浪涌保护器。

在储罐扶梯口处，设置人体静电消除装置，在罐顶取样口两侧 1.5m 之外设一组接地设施，以消除人体静电及取样绳索、检尺工具等接地。

平行敷设于地上或管沟的金属管道，其净距小于 100mm 时，用金属线跨接，跨接点的间距小于 30m。管道交叉点净距小于 100mm 时，其交叉点用金属线跨接。

变电所接地网电阻不大于 4Ω，工作接地、保护接地、防雷防静电接地共用接地网，接地电阻不大于 4Ω。

图 6-8-2　人体静电消除装置

（四）供电安全

油库电负荷为一级、二级，部分为三级负荷。正常情况下，双回路同时送电，每回路负担全油库的一半负荷，当一回路故障或检修时，另一回路能满足油库全部一级、二级负荷的用电要求。配电柜如图 6-8-3 所示。

图 6-8-3 配电柜

(五) 建筑物防火

各类钢结构防火按照现行国家标准规定执行，钢构件做防火处理，耐火极限满足其相关规定。建筑物有防火、抗爆要求的外墙及内墙上的开洞，做防火封堵。可燃管线用阻火圈封堵，一般管线穿洞处用防火发泡砖，膨胀型防火胶封堵。建筑物内部设常闭防火门，设闭门器，以保证能自行关闭。内外两侧能手动开启，双扇平开防火门安装顺序器，设在室内疏散走道上的防火门为常开防火门，常开防火门安装了信号控制关闭和反馈装置。如图 6-8-4 所示。

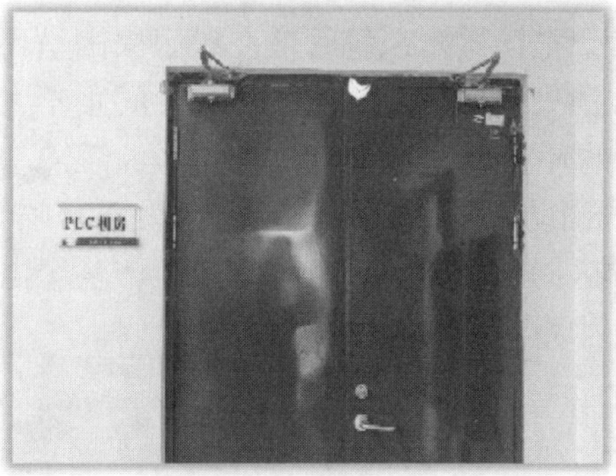

图 6-8-4 防火门

三、消防系统

(一) 消防流程简述

油库消防系统采用逻辑程序控制。当某油罐发生火灾时：设置于该油罐密封圈处的感温探测器检测到火灾后，或操作人员现场巡检时发现火灾在现场按动防爆手动报警按钮，报警信号传送到控制室内的报警盘上进行声光报警显示。微机监控管理系统接收到自动火灾报警信号或人工报警信号后，经工业电视监视系统确认火灾，人工按下相应油罐的联锁控制启动按钮，自动启动泡沫灭火系统及消防给水系统的相关电动阀、消防泵等。为防止误操作，在控制台上设紧急停止按钮且操作台上设手动/自动切换按钮。消防自控系统如图 6-8-5 所示。

图 6-8-5　消防自控系统

（二）消防配套设施

1. 消防冷却水系统

油库消防给水采用稳高压消防给水系统。消防给水系统管道在罐区周围呈环状布置，在环状管道上按规范要求设置地上式消火栓及切断阀门，消火栓间距不大于60m。罐区内消防冷却水由设置在罐区周围的环状消防给水管道供给。油罐冷却采用固定式消防喷淋系统，罐壁上设置固定式消防冷却水环管，环管上设水幕喷头；消防冷却水堤内供水管道通过电动阀接至罐区周围的消防水系统管道上，各个电动阀门的开闭均可远程控制。固定式消防冷却水系统如图 6-8-6 所示。

图 6-8-6　固定式消防冷却水系统

2. 泡沫灭火系统

灭火采用固定式泡沫灭火系统。泡沫混合采用机械泵入式比例混合流程。浮顶油罐在罐壁顶部设置泡沫产生器，每两个泡沫产生器在立管下端合用一根泡沫混合液管道。向每个储罐提供泡沫混合液的管道上分别设有电动阀，该阀的开关均可远程控制。采用3%水成膜泡沫液灭火剂。自动泡沫灭火系统：当发生火灾时，相应油罐的联锁控制启动按钮启动：按程序启动泡沫消防泵、泡沫站配泡沫用消防水管道电动阀、相应油罐泡沫混合液管道电动阀及泡沫站内泡沫混合液管道出口电动阀。泡沫站配泡沫用消防水管道与稳高压消防给水系统连通，正常情况下维持稳高压状态。泡沫罐、平衡式比例混合装置、泡沫产生器如图 6-8-7 所示。

图 6-8-7　泡沫罐、平衡式比例混合装置、泡沫产生器

3. 灭火器、消火栓

在油罐附近设手提式干粉灭火器，供扑灭流散火灾。在每个罐组外配备灭火毯 4 块及灭火沙 $2m^3$。罐顶消防器材箱、室内灭火器箱如图 6-8-8 所示。

图 6-8-8　罐顶消防器材箱、室内灭火器箱

油库消火栓和泡沫栓涂为红色，进行编号管理，要有明显分色或文字说明，便于辨识。在建筑物内按现行国家标准规定设置室内消火栓。室内消火栓采用 DN65 栓口，配有水枪、消防软管卷盘。如图 6-8-9、图 6-8-10 所示。

图 6-8-9　消火栓和泡沫栓示意图

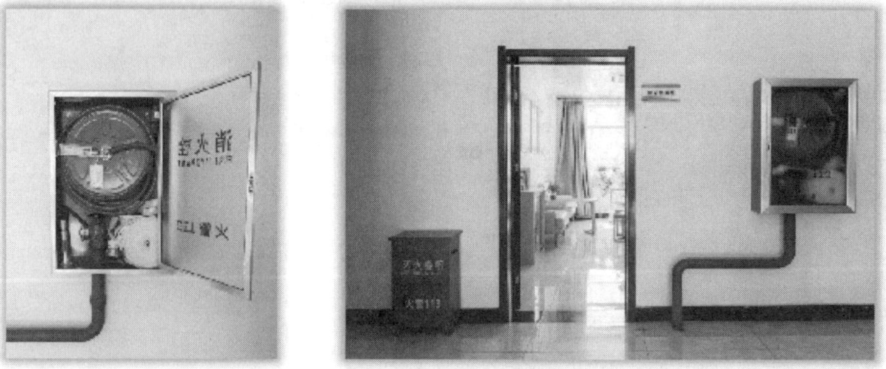

图 6-8-10　室内消火栓

4. 消防沙箱和消防器材箱

油库消防沙箱进行编号管理，标明容量。沙箱旁需配置消防器材箱，器材箱内禁止出现无关工具、杂物等物品。每个罐组、消防泵房、输油泵棚、变电所等重点部位配备 2m^3 消防沙箱。如图 6-8-11、图 6-8-12 所示。

图 6-8-11　消防沙箱、消防器材箱

图 6-8-12 消防器材箱内装备、消防器材箱及四定卡

5. 火灾自动报警系统

为有效预防火灾，及时发现和通报火情，保障油库安全，除采用行政电话"119"报火警外，设火灾自动报警系统。

（1）自动电话报警

当火灾报警控制器接收到某个报警终端设备发出的报警信号时，操作人员可根据情况利用行政电话机"119"直接向消防队报告。

（2）火灾自动报警和消防控制系统

所有火灾报警控制器将通过环网连接，线路敷设结构采用星型。报警信号送至调度中心、消防泵站和消防站。消防控制室设置在调度中心，在消防控制室、消防站和消防泵站内，分别设火灾报警系统的图型显示终端，监控和管理整个油库的火灾报警情况。

火灾自动报警系统由各类报警装置、警报装置、火灾报警控制器和图型显示终端组成。

浮顶油罐的火灾，最初阶段一般都是发生在浮盘的密封圈处。在每个油罐浮盘的圆周敷设光纤火灾感温探测器，实时监测储罐温度。感温探测器的信号处理器集中设置在调度中心内，并接入调度中心的火灾报警控制器。光纤探测器的探测距离不大于 1m。

在调度中心、机柜室、变配电所等火灾危险性较大或较重要的建筑物内设点式火灾探测器、手动报警按钮和声光警报器；在罐区周围道路旁设防爆手动报警按钮和声光报警器；在变配电间电缆夹层的电缆桥架内设线型感温探测器。

在有人员值守的建筑物内设置火灾声光警报器及消防应急广播。每个报警区域内均匀设置火灾声警报器及消防应急广播。火灾光警报器设在每个楼层的楼梯口、建筑内部拐角等处的明显部位。

火灾自动报警系统与电视监控系统和扩音对讲电话系统联网。

当发生火警时，报警信号送至所连接的火灾报警控制器上，并在消防控制室火灾报警控制器和各控制终端上显示，同时联锁扩音对讲系统及消防应急广播系统做出应急广播指示。对于罐区部分，报警后联动控制相应的摄像机，在消防控制室启动消防设施；消防站通过图像确认火情后，组织消防人员投入灭火工作。

为了在火灾发生时能迅速组织指挥消防人员投入灭火工作，在消防站内设1套有线广播系统。有线广播采用定压式扩音机。扬声器设置在消防站内的宿舍、室内走廊、车库和训练场。室内场所采用音箱，室外场所采用号筒式扬声器。火灾自动报警系统如图6-8-13所示。

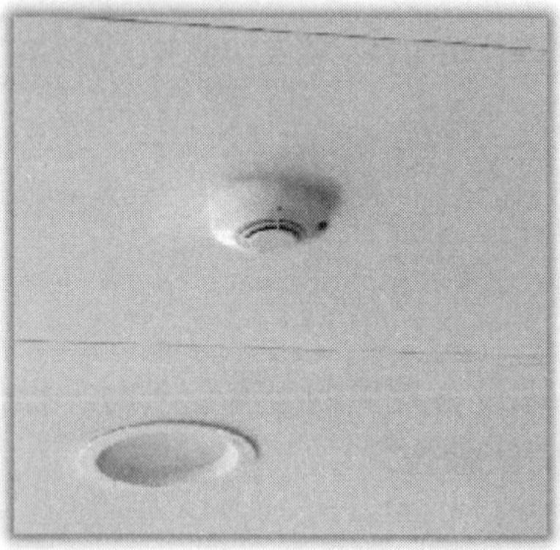

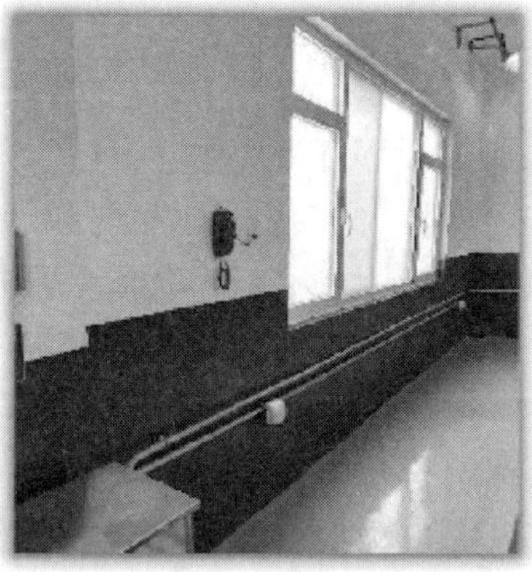

图6-8-13　火灾自动报警系统

四、消防安全合法性

（一）消防“三同时”管理

消防“三同时”是指新建、改建、扩建工程项目和实施新工艺、新技术、新材料、新设备的改造、运用及调试项目，消防设施必须与主体工程同时设计、施工、投入生产和使用。

（1）消防设计审查：建设单位向项目属地住建部门申请消防设计审查，未经批准的项目不得施工。应当提交下列材料：消防设计审查申请表；消防设计文件；建设工程规划许可证；依法需要批准的临时性建筑，应当提交批准文件；法律、法规规定的其他材料。

消防审计审查主管部门自受理消防设计审查申请之日起十五个工作日内出具书面审查意见，对于符合条件的出具消防设计审查合格意见。

（2）消防验收：项目完工后，建设单位向项目属地住建部门申请消防验收，未经批准的项目不得进行试生产。应当提交下列材料：消防验收申请表；工程竣工验收报告；涉及消防的建设工程竣工图纸；法律、法规规定的其他材料。

消防验收主管部门收到建设单位提交的消防验收申请之日起十五个工作日内出具消防验收意见，经过现场查验符合条件的出具消防验收合格意见。

（二）消电检、消防安全评估

（1）建筑消防设施是指建(构)筑物内设置的火灾自动报警系统、自动喷水灭火系统、消火栓系统等用于防范和扑救建(构)筑物火灾的设备设施的总称。常用的有火灾自动报警系统、自动喷水灭火系统、消火栓系统、气体灭火系统、泡沫灭火系统、干粉灭火系统、防烟排烟系统、安全疏散系统等系统。已投入使用一年或一年以上的建筑消防设施必须进行全面检测，并出具详细、客观、科学、公正、真实的检测报告，作为消防监督机关检查验收的依据；并且企业根据检测报告做出整改，消除火险隐患，杜绝火灾事故。

（2）电气设施消防安全检测是根据电气设施在运行过程中热辐射 、声发射、电磁发射等现代物理学现象，采用国际先进的高新技术仪器、设备，结合传统的检查方法对电气设施进行全方位的量化监测。从而更加全面、科学、准确在反映电气火灾隐患的存在、危险程度及其准确位置，并及时提出相应整改措施，从而消除隐患，避免电气火灾事故的发生。

（3）消防安全评估是指消防安全评估机构提供的一种服务活动，具体为对社会单位、场所、工矿企业等机构的消防综合情况进行评估。针对评估结果，依据消防法律法规、技术规范提出解决措施的一种服务活动。

评估的目的是为了辨识油库建筑类别、耐火等级、总平面布局、平面布置、建筑内部装修防火、防火分隔、防烟分隔、安全疏散、各类消防设施等，是否符合相关消防技术标准和消防设计文件要求。同时对油库的消防安全合法性、制度规程及灭火和应急疏散预案情况、消防安全培训等其他管理情况进行评估。通过消防安全评估，推动消防法律、法规和制度的贯彻执行，提升油库的消防安全管理。

《消防法》第十六条规定：对建筑消防设施每年至少进行一次全面检测，确保完好有效，检测记录应当完整准确，存档备查；第二十七条规定：电器产品、燃气用具的质量必须符合国家标准或行业标准，电器产品、燃气用具的安装、使用和线路、管路的设计、敷设必须符合国家有关消防安全技术规定。明确了建筑消防设施年检的必要性。因此，需要委托具有相关消防检测资质的中介机构，每年对油库开展一次建筑消防设施检测、电气设施消防安全检测及消防安全评估，确保油库依法合规。

五、消防安全管理

（一）消防安全责任制及消防安全制度

按照国家有关规定，结合油库的特点，建立健全各项消防安全制度和保障消防安全的操作规程，并公布执行。油库制定消防安全规章制度、职责、规程，包括：消防安全教育、培训制度；防火巡查、检查制度；安全疏散设施管理制度；消防控制中心管理制度；消防设施、器材维护管理制度；火灾隐患整改制度；用火用电安全管理制度；易燃易爆危险物品和场所防火防爆管理制度；灭火和应急疏散预案演练制度；消防安全工作考评和奖惩制度；消防安全重点部位管理制度；专职消防队组织管理制度；电气设备检查和管理制度；消防安全档案制度；电气线路设备安装操作规程；消防维护保养操作流程；消防安全重点单位职责。

（二）人员资质管理

《建筑消防设施的维护管理》(GB 25201—2010)5.1“负责消防设施操作的人员应通过消防行业特有工种职业技能鉴定，持有初级技能以上等级的职业资格证书，能熟练操作消防设施。”6.1.2“从事建筑消防设施巡查的人员，应通过消防行业特有工种职业技能鉴定，持有初级技能以上等级的职业资格证书”。

图 6-8-14　消防操作员证

《消防法》第二十一条规定：……进行电焊、气焊等具有火灾危险作业的人员和自动消防系统的操作人员，必须持证上岗，并遵守消防安全操作规程。

消防操作员证件公示如图 6-8-14 所示。

（三）消防安全培训及宣传教育

按照《火灾高危单位消防安全评估导则》(DB12/T 916—2019)第 6.3.4 条消防安全培训及宣传教育的相关要求，火灾高危单位应建立消防安全培训及宣传教育制度，并明确责任部门、职责、培训对象、培训方式、频次及考核办法。火灾高危单位应通过多种形式开展经常性消防安全培训，至少每季度组织 1 次全员消防安全培训。单位消防安全责任人、消防安全管理人、防火巡查检查人员应接受消防安全专业机构培训。新上岗和转岗的员工应进行上岗前的消防安全培训。火灾高危单位应通过多种形式开展经常性的消防安全宣传教育，设立固定的消防宣传阵地，普及常识，曝光隐患。属于人员密集场所的火灾高危单位应当在公共部位设置消防安全告知牌、安全疏散指示图，定时播放消防安全广播和消防公益广告视频。消防安全培训及宣传教育应建立记录，存档备查。

（四）防火检查巡查及火灾隐患整改

公安部第 61 号令第二十五条规定：消防安全重点单位应当进行每日防火巡查，并确定巡查的人员、内容、部位和频次，其他单位可以根据需要组织防火巡查。防火巡查人员应当及时纠正违章行为，妥善处置火灾危险，无法当场处置的，应当立即报告。发现初起火灾应当立即报警并及时扑救。防火巡查应当填写巡查记录，巡查人员及其主管人员应当在巡查记录上签名。第二十六条规定：机关、团体、事业单位至少每季度进行一次防火检查，其他单位至少每月进行一次防火检查；防火检查应当填写检查记录，检查人员和被检查部门负责人需在检查记录上签名。

（五）消防组织管理

《消防法》第三十九条：下列单位应当建立单位专职消防队，承担本单位的火灾扑救工作：(1)生产、储存易燃易爆危险品的大型企业；(2)储备可燃的重要物资的大型仓库、基地。第四十条：专职消防队的建立，应当符合国家有关规定，并报当地消防救援机构验收。油库单独设立消防站，站内设置自动报警、手动报警按钮系统的报警信号显示盘、电视安全监视系统的显示屏幕和自动灭火的反馈信号显示。消防车配备：1 辆多功能指挥车，1 辆高喷车，2 辆 12t 泡沫消防车(6t 水/6t 泡沫液)。消防站的人员编制为：通信员 2 人，定员 35 人。消防站配置如图 6-8-15～图 6-8-17 所示。

图 6-8-15　消防站

图 6-8-16　泡沫消防车(6t 水/6t 泡沫液)

图 6-8-17　泡沫充装站、消防站内战训装备

消防站上墙制度：消防接警程序、交接班制度、消防队队长职责、战斗员职责、消防队执勤实力动态栏。消防队执勤实力动态栏内容包括当天执勤队长、执勤班长、值日员，战备执勤车辆及执勤人员情况。模板如图 6-8-18、图 6-8-19 所示。

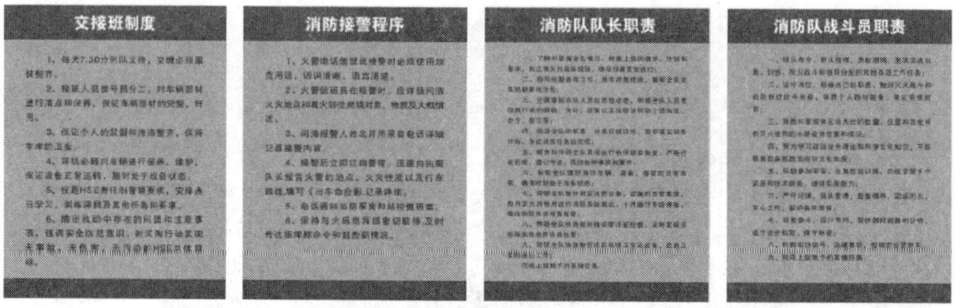

图 6-8-18　交接班制定、消防接警程序、消防队队长职责、战斗员职责

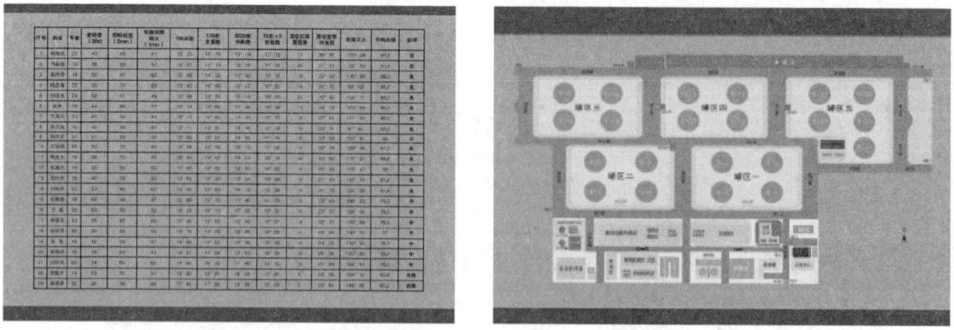

图 6-8-19　消防队月度考核公开栏、消防作战指挥图

（六）消防安全重点部位管理

油库一般将消防控制室、消防水泵房、变电所、罐区、泡沫站等定为消防安全重点部位。在消防安全重点部位处设置消防重点部位指示牌（图 6-8-20），明确消防安全责任人、消防安全管理人、消防安全承包人并标有应急电话号码。

消防安全重点部位	
部分名称	
消防(安全)责任人	
消防(安全)管理人	
消防(安全)承包人	
应急电话	

图 6-8-20　消防安全重点部位表及管理牌模板

1. 消防控制室

消防控制室内设置消防自控系统、火灾自动报警控制器、消防联动控制器、图形显示装置、消防电话、应急照明、消防应急广播控制装置等。控制室每日有专人值班，固定消防操作人员持证上岗，每班不少于 2 人，全天 24 小时不间断值班。室内上墙制度：消防岗巡检线路图、消防控制室应急处置程序、消防组织结构图、值班人员牌、消防工艺流程图。消防控制室配置如图 6-8-21～图 6-8-24 所示。

图 6-8-21　消防控制室消防控制系统、应急照明

图 6-8-22　消防电话、消防应急广播

图 6-8-23　火灾报警控制器、图形显示装置

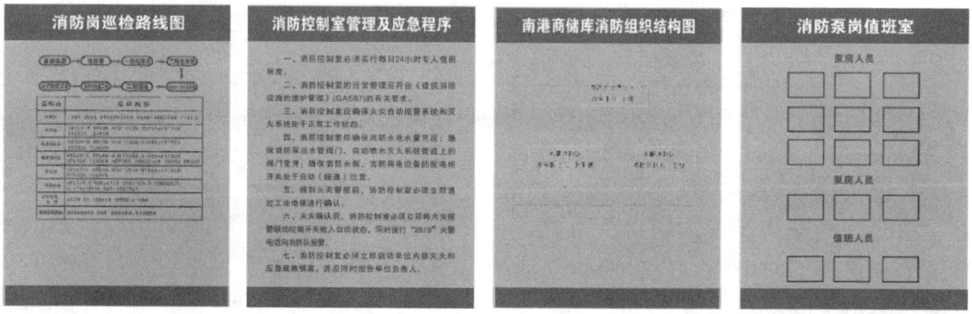

图 6-8-24　巡检路线图、应急处置程序、组织结构图、值班人员牌

机柜间内设备、工器具、材料摆放整齐规范，地面无明显积灰；设备设施外观干净整洁，设备、柜内接线、接地装置、开关等标志牌规范齐全。消防设备机柜间如图 6-8-25 所示。

图 6-8-25　消防设备机柜间

2. 变电所

首层设变压器、电缆室，二层设有开关室、直流屏、UPS 等。首层设有 2 台油浸自冷户外式变压器，该供电系统为 2 路供电。变配电室内电气线路采用线槽或穿管等保护措施。变电站设有火灾探测器、手动报警按钮、消防电话、应急照明灯、疏散指示标志、手提式二氧化碳灭火器、电柜前铺绝缘胶垫。变配电室有运行、巡视记录，墙面上张贴相关操作规程和制度等。户外罩棚内设有柴油发电机拖车作为应急供电。电缆室、变电所机柜间如图 6-8-26、图 6-8-27 所示。

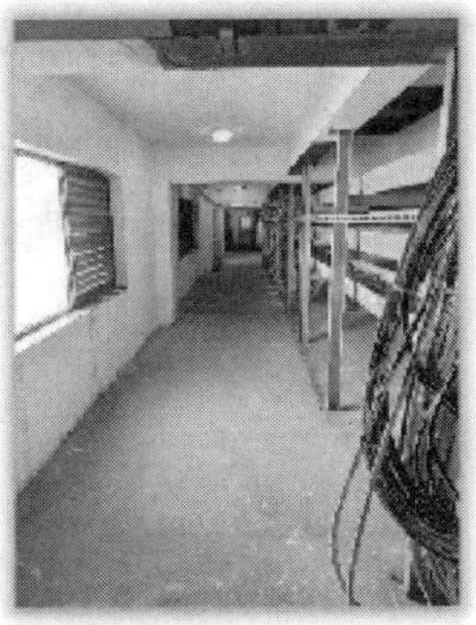

图 6-8-26 电缆室桥架内设线型感温火灾探测器

图 6-8-27 变电所机柜间绝缘胶垫

3. 储罐区

油库设消防水泵房 1 座，消防水罐 2 座。储罐区沿防火堤均匀设置地上式室外消火栓以及地上式泡沫栓，栓附近设有工具箱，栓上设有开启工具。储油罐设置固定式低倍数泡沫灭火系统，泡沫灭火系统管道采用刷红色漆作为标志，储罐区内设有泡沫站，使用水成膜泡沫灭火剂(3%，AFFF-10℃)。储油罐设置固定式冷却水系统，冷却水系统管道采用刷绿色漆作为标志。消防给水来自厂区内消防泵房，可实现自动、远程手动、现场手动启动。油库设有独立消防管网，在储罐区各罐组四周呈环状布置。储罐区周边设有手动报警按钮。储罐消防盘管、手报示编号如图 6-8-28 所示。

图 6-8-28 储罐消防盘管、手报示编号示意图

油库消防阀门和电动执行机构进行编号管理。上罐泡沫线与罐顶泡沫产生器相对应，并设置标志牌，标明泡沫产生器的型号等信息，如图 6-8-29 所示。

图 6-8-29　消防电动执行机构标识、消防汇管标识

4. 消防泵房

消防泵房内一般设电动消防水泵组 2 台；柴油机消防水泵组 2 台；电动泡沫消防水泵组 1 台；柴油机泡沫消防水泵组 1 台；另设稳压装置 1 套，包括稳压泵 2 台、变频控制柜 1 套。室内设置有手提式灭火器，灭火器平均布置；设置应急照明灯。

消防泵房门口处设置职业危害告知牌、监测公示牌。消防泵房内设置消防泵房设备承包牌(包括主要技术参数)、柴油安全技术说明书等。消防设备基础无开裂、表皮脱落、支撑悬空等问题，工艺管线无超限位移和沉降变形、设备设施各类标识清晰、齐全，泵机组附属电气仪表电缆布线、接线规范合理。消防水管线为绿色，设置流向、管径等内容的标识，如图 6-8-30、图 6-8-31 所示。

图 6-8-30　泵房设备标识

图 6-8-31 市政补水、稳高压系统

5. 泡沫站

泡沫站内设机械泵入式比例混合装置及泡沫液罐。油罐上设置的泡沫产生器采用传统的罐壁顶部设置方式。泡沫混合采用平衡式压力比例混合流程；采用3%水成膜泡沫液作为油库的灭火剂。泡沫站设置设备承包牌，阀门、管线标识标牌按照消防泵房内标准进行设置，泡沫管线涂成红色，清水管线涂成绿色，泡沫站承包牌，如图 6-8-32 所示。

图 6-8-32 泡沫站设备承包牌、管线标识

(一) 其他设施类

1. 火警值班室

火警值班室实行 24 小时值班，每班不少于 2 人。配置电脑，办公桌，对讲机，录音电话，警铃，物品放置整洁统一。如图 6-8-33 所示。

图 6-8-33　火警值班室

2. 室外训练设施

训练场设有单、双杠等军体设施。如图 6-8-34 所示。

图 6-8-34　训练军体设施

3. 室内体能训练室

地面铺设胶皮垫子或地毯，有多功能综合健身器、跑步机等常规健身器材，墙上张贴健身图片。如图 6-8-35 所示。

图 6-8-35　室内体能训练室

4. 库房

库房分为战训器材库、训练器材库等；配置执勤货架、整理箱、库房内摆放水带、水枪、抢险救援服、消防扳手、安全绳、空气呼吸器，器材分类摆放，设置相应器材标识。如图 6-8-36 所示。

图 6-8-36 战训器材库、训练器材库

六、移动消防管理

（一）日常管理

（1）以防火、灭火为中心，加强油库消防队组织、制度、纪律、作风建设，建设一支专业化、军事化、正规化消防救援队伍。

（2）油库消防队实行昼夜执勤制度，车辆装备、通信器材、防护器具、灭火药剂等应满足战备和灭火需要。每月底前将下个月执勤战备值班表报油库，发生变化要补充报送。

（二）执勤值班管理

建立执勤值班管理要求，规范值班报告和执勤检查，确保执勤车辆装备和人员保持战备状态。

1. 执勤值班组成

执勤值班设执勤队长、执勤班长（队值班员）和值日员（火警值班员）。执勤队长由队长、副队长轮流担任；执勤班长由班长轮流担任；值日员由队员轮流担任；执勤人数满足消防队出动需要。

2. 执勤值班报告

执勤队长、执勤班长、值日员和消防控制室值班员等执勤人员应主动向上级领导报告执勤情况。

（1）执勤队长报告内容

执勤情况：消防队总人数、执勤人数和执勤班长、值日员，掌握人员动态，清楚责任区范围；

车辆装备性能：执勤车辆类型、载液、流量、射程，掌握通信器材、破拆工具、避火服、移动炮、空呼器等信息；

固定消防设施运行情况：消防系统的运行情况，掌握消防泵流量、扬程及泡沫液、消防水等储存量等内容；

应急处置流程：预案响应程序，安排出动部署，熟练掌握初期处置方案的制订；

岗位职责和其他应报告情况。

（2）执勤班长报告内容

执勤情况：消防队总人数、执勤人数和执勤队长、值日员、战斗班长，掌握人员动态；

车辆装备性能：执勤车辆类型、载液、流量、射程，掌握通信器材、破拆工具、避火服、移动炮、空呼器等信息；

执勤部署：掌握接报警和应急处置流程，清楚第一出动力量布置，按照预案清楚本班作战任务，明确本班号员具体的任务，及时根据指挥部署的作战任务做好实施工作；

岗位职责和其他应报告的内容。

（3）值日员报告内容

执勤情况：消防队总人数、执勤人数和执勤队长、执勤班长，掌握人员动态，清楚责任区范围；

车辆装备：执勤车辆类型、载液、流量、射程，掌握通信器材、破拆工具、避火服、移动炮、空呼器等信息；

通信设备：通信设备名称、作用，会使用、检查、测试对讲机、应急广播和报警器等；

岗位应急处置：掌握消防队接出警程序，做好与现场指挥信息联络和其他岗位沟通联系；

岗位职责和其他应报告的内容。

（4）消防控制室报告内容

生产设施：熟悉固定消防系统服务的罐区（油罐容积、高度、数量、布置方式）、阀组区、输油泵区等内容。

消防设施：掌握火灾自动报警系统、工业电视监控系统、消防自控系统（含手动操作台）等设施运行情况和具体的操作步骤，掌握稳高压系统压力设定范围、火灾自动报警系统、自动灭火系统的联动方式，掌握消防泵的流量、扬程；消防水罐(池)、泡沫液储量等内容；

应急处置：掌握应急处置程序和储罐喷淋冷却、泡沫灭火的流程；

岗位职责和其他应报告的内容。

(三) 执勤战备管理

执勤战备设一级战备、二级战备和经常性战备。

1. 一级战备

国家或所在地区发生紧急事件且发布紧急状态或本单位发生重大事故事件时，应执行以下要求：宣布进入一级战备状态，通报紧急状态或重大事故事件信息，部署战备动员，根据任务部署战备方案；停止所有人员外出，召回所有外出和休假人员，补充执勤力量，检查消防装备、器材，根据紧急事件或事故事件提出物资保障方案，随时听从调动。

2. 二级战备

本单位举行重大活动或宣布紧急状态时，应执行以下要求：宣布进入二级战备状态，通报重大活动或紧急状态信息，部署战备动员，根据任务部署战备方案；停止现有消防队准备请假和外出人员，增强执勤力量，检查消防装备、器材，根据重大活动或紧急状态提出物资保障方案，随时听从调动。

3. 经常性战备

平时应处于经常性战备状态(三级战备)，应执行以下要求：昼夜执勤，确保执勤人员和车辆装备在位率和完好率；做好应急值班，接警后迅速出动，归队后补充油、水、灭火剂和装备器材，恢复战备状态。列入区域联防消防车应处于良好的状态。

(四) 训练、演练管理

1. 基本要求

依据训练大纲和应急能力评估要求编制训练大纲、演练计划，每月制定理论和体技能训练计划，专人负责训练和演练工作，定期开展评估考核。

严把消防员入口关，杜绝不符合要求人员进入消防队，为训练、演练打下基础。

2. 训练

体能训练：编制体能训练方案，兼顾体力和技巧能力训练，不宜开展不符合油库消防队的体能训练项目；每周体能训练课时累计不低于 7 小时，要与技能训练兼顾，室内和室外相结合。

技能训练：编制技能训练方案，结合灭火预案、作战方案以及油库实际情况，开展有针对性的技能训练科目，提升对灭火预案和作战方案的应用能力；每周技能训练课时累计不低于 20 小时。

理论培训：新消防员执行入队前进行消防安全培训，经过考核合格后方可进行执勤训练等任务；针对消防基础知识、灭火预案、作战方案、作业指导书等内容编制相应的培训方案，还要结合油库实际情况；建立个人学习手册，记录学习内容，应与其他培训学习合用，做到每次培训有检查、有签字；每周理论培训课时累计不低于 3 小时。

3. 消防演练

灭火预案：编制灭火抢险救援预案(以下简称灭火预案)，每年至少进行一次评估和修订，经油库负责人签发；编制应开展火灾风险分析和危害后果识别，进行队伍能力和应急资源调查，做到“一罐一案、一点一案”，灭火预案中应有固定消防系统的内容。

作战方案：消防队在火灾扑救、抢险救援等过程中，为战斗单元而编制的作业指导方案，一般包括：侦查检测、人员搜救、登罐灭火、流淌火扑救、动火监护等。

作战方案要以本消防队的车辆装备、人员配置情况等进行合理编制，明确到战斗单元的每个号员。汇总作战方案，增加应急处置程序、岗位职责以及联防联动等内容，形成消防队伍预案。

演练计划：根据灭火预案和作战方案编制年度演练计划，需要调整的应编制调整计划。每月至少开展 4 次演练，其中不少于 1 次夜间或恶劣天气演练；每周至少开展 1 次作战方案的推演或实操训练。

演练实施：演练采取桌面、实战、盲演等形式；有针对性开展夜间或恶劣天气演练；比较复杂的或未开展过的演练科目应提前编制方案、脚本，通过培训，确保演练达到效果；演练应明确负责人，做好组织工作。

演练讲评：现场点评由执勤队长负责组织，直接点评演练的总体情况和特别注意事项，起到警醒的目的。演练评估由队长或技术员组织，演练由班组长、关键性岗位等人员组成，通过自我评、相互评、评估人员评形式，深层次分析演练情况，找出存在问题。讲评主要包括：作战方案或灭火预案执行情况；作战方案或灭火预案的适应性；指挥员(包括队指挥和班指挥)、通信员、车辆装备操作员、侦检、灭火等人员应急处置能力；车辆装备、器材等性能或完好情况；人员安全防护情况；指挥部设置及处置方案的制定；现场通信和指令传达情况。

(五) 应急出动管理

(1) 火警值班室值日员接到报警后，应履行以下程序：

复核报警信息；立即拉响警铃，报告执勤队长和相关部门；填写“接出警记录”，并交由执勤队长；打开消防车库大门。

（2）执勤队长接到值日员报警后，应履行以下程序：

立即向油库值班领导报告，5 分钟内通过电话汇报公司，报告内容包括接警时间、事故发生地点及具体信息、出警时间、出动车辆及出警人数、出动负责人及电话；按照接出警单内容，调派车辆人员，安排出动路线和预展开；向所在单位现场指挥部和当地公安消防部门报告；在安全区域设置指挥部和车辆人员集结区域；组织人员进行侦检和人员搜救，并进行风险研判；根据侦检结果制定有针对性的初步处置措施地方消防队到达现场后，专职消防队应向地方消防队移将指挥权，并汇报火灾或突发事件处理经过；凡应急出动参与灭火救援或应急抢险任务，专职消防队队长应将灭火抢险任务内容上报至上级主管部门，并进行存档。

（3）战斗员接到警铃后，应履行以下程序：

以最快速度在消防车库集结、着装、登车；听从总指挥命令，按灭火预案和作战方案展开灭火救援；及时向总指挥汇报灭火救援工作进程。

（4）驾驶员接到警铃后，应履行以下程序：

迅速登车发动按照出动路线赶往事发地点；听从总指挥命令，将车辆停放在指定位置，应停靠在上风或侧风风向；按消防车辆作业指导书操作相应功能。

（5）事故应急处理结束后，执勤队长应履行以下程序：

清点人数，整理装备，恢复水源；灭火结束返回途中或到队后 15 分钟内通过电话汇报上级安全主管部门，报告内容包括到达现场时间，现场发生应急事件、负责具体任务和采取措施，完成应急处置具体时间，人员有无伤亡、车辆装备有无损坏、消防器材和消防药剂损耗情况。

（六）装备器材管理

1. 防火档案

由分管消防技术员负责建立“防火档案”，设置目录，内容包括：

（1）消防安全重点部位。

（2）消防设施档案（包括固定消防炮、消防水罐水池泡沫罐、消火栓、电动执行机构、消防阀门、电机柴油机、消防泵、消防管线）。

（3）消防器材档案（包括灭火器、消防水带、泡沫枪、消防水枪、拉梯、泡沫液）。

（4）消防装备档案（包括消防灭火服、消防扳手、战斗服头盔、抢险救援服、空气呼吸器、对讲机、安全绳、消防车辆、测试仪）。

（5）其他地方政府要求的内容。

每年 1 月由专职消防队长和技术员共同完成本油库防火档案的修订完善工作，交由分管消防油库领导审核签发。

2. 日常检查

（1）专职消防队定期检查消防车辆装备：驾驶员每日检查消防车辆装备情况；执勤队长每周检查消防车辆装备情况。

（2）专职消防队应定期检查油库消防设施器材：巡查人员按照检查规定路线每日进行检查；检查内容包括消防设备设施、重点防火部位、固定动火点、消防道路；巡查人员填写“消防设施巡检记录”；执勤队长每月对油库消防装备、器材进行抽查。

3. 故障处理

（1）驾驶员检查发现问题，应履行以下程序：

汇报执勤队长，由执勤队长汇报给技术员，技术员负责处理车辆故障问题；填写“消防设施缺陷（故障处理）记录”；将检查情况汇报给当班值日员，由值日员填写“执勤记录”中值班记事一栏。

（2）巡查人员检查发现问题，应履行以下程序：

立即汇报执勤队长，由执勤队长汇报给技术员，技术员负责处理设备器材故障问题；填写“消防设施缺陷（故障处理）记录”；将检查情况汇报给当班值日员，由值日员填写“执勤记录”中值班记事一栏。

（3）执勤队长检查发现问题，应履行以下程序：

汇报给技术员；填写“消防设施缺陷（故障处理）记录”；将检查情况汇报给当班值日员，由值日员填写“执勤记录”中值班记事一栏。

（4）车辆故障严重，需退出执勤战备维修，驾驶员需汇报给专职消防队长，专职消防队队长应履行以下程序：

立即报告上级主管部门审批；建立消防车停用应急预案。

七、固定消防管理

（一）日常管理

1. 交接班

交接班应履行以下内容：

（1）交接班由值班干部组织；

（2）交班人员对所有设备运行情况、稳高压运行时间、消防设施巡检情况、测试、演练、维护等内容进行详细交接，特别强调注意事项；

（3）接班人员对消防自控系统、火灾自动报警系统、消防系统操作站、消防泵机组及控制柜进行检查，检查完成后，向值班干部汇报检查情况；

（4）对情况无异议后，在交接班记录上签字确认；

（5）接班人员填写“固定消防岗位值班记录”；

(6) 交班人员应退出消防自控系统账号，接班人员登录系统消防自控系统账号。

2. 日常检查

固定消防值班员应定期检查以下内容：

(1) 严格按照巡检线路图进行检查；

(2) 每2小时察看火灾报警控制器功能，填写“火灾报警控制器日检记录”；

(3) 每日检查固定消防设施，填写“消防设施巡检记录”中相应部分，同时将检查情况填入“固定消防岗位值班记录”；

(4) 每班对消防泵进行盘车1次，将盘车情况记录在“固定消防岗位值班记录”中。

3. 故障处理

固定消防值班员检查发现问题，应履行以下程序：

(1) 填写“消防设施缺陷(故障处理)记录”；

(2) 向技术员报告；

(3) 将检查情况汇报给当班值日员，由值日员填写“固定消防岗位值班记录”中本班记事一栏。

固定消防值班员发现消防自控系统运行出现异常问题，应履行以下程序：

(1) 立即组织处理；

(2) 影响系统灭火的情况，执行抢维修，并及时报上级主管部门；

(3) 制定应急防范措施，落实责任人。

故障处理完毕后，由技术员负责现场验收，并在“消防设施缺陷(故障处理)记录”确认签字。

(二) 设备试运

(1) 固定消防值班员定期试运以下内容：

① 每周对所有消防水泵、泡沫液消防泵进行试运行；

② 每月对消防系统电动阀门手动开启一次；

③ 每季度对消防系统电动阀门远控试验一次。

(2) 非应急状态消防泵试运应履行以下程序：

① 固定消防值班员填写“固定消防系统操作票”；

② 技术员(消防分管领导)负责审批；

③ 固定消防值班员启泵前检查试运泵情况；

④ 固定消防值班员按照固定消防系统操作规程进行试运；

⑤ 试运结束后，消防自控系统恢复自动状态；

⑥ 固定消防值班员填写“消防设备设施测试记录”。

（三）系统测试

（1）固定消防值班员定期测试以下内容：

① 每月对所有储罐感温光栅检查测试，测试感温光栅报警功能；

② 每月对所有手报按钮测试、测试火灾报警控制器声光报警功能；

③ 每季度测试消防自控系统在自动、手动模式下的系统灭火逻辑执行过程；

④ 每季度对消防系统备用电源进行充放电实验测试，对主电源和备用电源切换实验测试；

⑤每季度分别用自动、手动模式测试消防泵的远控功能及工作状态；

⑥ 每半年对所有储罐消防喷淋系统进行喷水测试；

⑦ 每年雷雨季前对所有储罐进行泡沫系统喷水测试；

⑧ 每年对每座泡沫站进行一次泡沫系统上罐实验。

（2）非应急状态消防系统联动测试应履行以下程序：

① 编制测试方案(包括测试内容、测试要求、测试负责人和人员组成、安全防范措施)，测试方案经分管消防油库领导审批后实施；

② 固定消防值班员填写“固定消防系统操作票”，技术员(消防分管领导)负责审批；

③ 固定消防值班员填写“固定消防系统测试审批单”，技术员(消防分管领导)负责审批；

④ 固定消防值班员按照固定消防系统操作规程进行测试；

⑤ 测试结束后，消防自控系统恢复自动状态；

⑥ 固定消防值班员填写“消防设备设施测试记录”。

紧急情况或应急演练采取系统运行，不用填写操作票和审批单，结束后固定消防值班员填写“消防设备设施测试记录”，同时填写“固定消防岗位值班记录”记事一栏。

（四）维护保养

（1）建立消防设备承包制度，采取个人包、班组包、油库领导包的层层承包制度：

① 消防泵工承包消防泵房、消防水罐(水池)及泡沫站内的消防设备设施；

② 消防泵房、泡沫站、罐区消防设施设备承包到固定消防班组；

③ 固定消防设备设施专业分工承包到分管技术油库领导。

（2）固定消防值班员定期开展固定消防设备设施维护保养活动，内容包括：

① 每季度对消防泵进行润滑保养；

② 每月对泡沫管线进行放空，对金属软管进行外观检查；

③ 每半年对储油罐泡沫立管和消防水立管排渣，对排渣阀维护保养；

④ 每半年对消防管道、过滤器进行清理，清除泡沫发生器过滤网内杂物；

⑤ 每半年对主要消防设施进行保养，制定维保计划；

⑥ 维保结束后，填写“消防设备设施维护保养记录”。

（五）消防演练

(1) 固定消防值班员每月组织消防演练，包括以下内容：

① 演练前，分管消防油库领导明确演练主要场景及发生地点；

② 固定消防值班员检查固定消防设备设施处于完好状态；

③ 固定消防值班员立即按操作程序启动固定消防系统；

④ 固定消防值班员确认消防泵房和泡沫站流程导通，设备运行情况良好；

⑤ 固定消防值班员通过工业电视查看出水出泡沫液情况，同时报告消防队、调度、主管消防油库领导；

⑥ 每 5 分钟向现场指挥部反馈固定消防设施运行情况；

⑦ 演练结束，分管消防队领导组织讲评，对演练发现的问题提出整改措施；

⑧ 固定消防值班员填写“演练讲评记录”。

(2) 固定消防值班员接到火灾警报后，应履行以下程序：

① 查看工业电视，以最快方式确认；

② 立即确认火灾报警联动控制开关处于自动状态；

③ 拨打“119”报警，报警时说明着火单位地点、起火部位、着火物种类、火势大小、报警人姓名和联系电话；

④ 报告单位负责人。

第九节 安保管理

按照《石油石化系统治安反恐防范要求》(GA 1551—2019)要求，石油石化系统的油气田、炼油与化工、成品油和天然气销售、工程技术服务、运输等领域的企业须划分治安反恐防范重点目标等级，分级落实相应安全防范措施。

重点目标按等级由低到高分为三级重点目标、二级重点目标、一级重点目标，原油储存是国家关键性基础设施的重要组成部分，重点目标反恐防范工作直接关系国家能源安全，应按期完成一级反恐重点目标达标验收工作。

油库应设置专人从事相关管理工作，建立基础台账，点面结合，统筹布局，研究工作规划，分步骤有序推进，加强安防设施的日常检查和维护，形成适合本单位的公共安全管理长效机制。建立健全安全风险研判、防控协同、防范化解机制等方式，落实和完善油气重点基础设施安全保护、反恐怖防范、交通安全管理等方面的工作要求和措施，通过一级反恐重点目标达标验收工作。

一、日常管理重点工作

（1）按照规定做好门禁管理工作，做好公司内部及外来人员出入接待工作。

（2）做好安保技防、物防设施的使用、管理和维护工作。

（3）落实周界报警系统及视频安防监控等技防设施的日常测试维护工作，确保设备设施完好。

（4）做好门卫安保基础资料管理工作，落实各项安保防恐工作台账管理。

（5）强化油库治安巡逻管理工作，做好对保安人员监督、培训、考核工作。

（6）加强安保人员“五懂五会五能”，开展说岗活动，加强素质训练，打造良好精神风。

二、门卫准入要求

（1）当有外来人员、车辆来访时，门卫须第一时间出大门接待，敬手礼后使用礼貌用语询问对方来访目的及访问人。并指挥车辆停靠在门外指定位置。

若对方称其为外来施工人员，安保人员要检查其出入许可证，检查许可证上单位、日期、姓名是否相符，不相符者严禁放行。若施工人员第一次入场，安保人员要询问该施工项目油库内负责人，通过电话或对讲机联系负责人确认身份之后允许登记进入，登记时要通过人脸识别和身份识别系统对其进行核查，严禁有前科或不良案底人员进入厂区，检查核对其具有盖章的入场合格证以及二维码。施工人员进入厂区要由所在油库项目负责人或者现场代表带入，并对进出施工车辆接受检查。

（2）安检后通过人脸识别系统核实身份，办理信息登记。

（3）对讲机联系受访人员来门卫接引访问人员。若油库受访人员无法接引，经油库受访人员同意，由安保人员告知来访人员行走路线及会见人员办公地点，引导双方会面。

（4）受访人员陪同来访人员进入生产区入口前，安保人员通过金属探测仪对其进行二次安检，提醒来访人员将手机、打火机、香烟等易燃易爆违禁物品存放在指定的火种箱内。

（5）外来人员来访结束离开时，门卫要完善登记信息。

安保类标识牌如图 6-9-1～图 6-9-3 所示。

图 6-9-1　紧急疏散集合点标识牌　　图 6-9-2　限速、禁烟标识牌

图 6-9-3　摄录警示、出入登记、停车检查标识牌

三、技防测试要求

（1）每周：油库安保人员进行 1 次周界报警、安防视频监控系统检查测试，并填写测试记录签字存档。安保管理技术人员对厂界安防视频进行 1 次录像回放抽查，检查完毕填写好记录签字存档。

（2）每月：安保管理技术人员参与 1 次周界报警、安防视频监控、“一键报警”系统检查测试，油库安保防恐主管领导对厂界安防视频进行 1 次录像回放抽查，检查完毕填写好记录签字存档。

（3）测试要求：周界报警、安防视频监控系统检查测试必须逐个防区开展，确保各系统功能完好，安防摄像头预置位正确，要观察周界报警情况是否正常，周界摄像头联动是否正常，门卫周界声光报警器是否联动正常。一键报警系统要求测试前安保管理技术人员提前与公安部门沟通，测试完毕记录好测试时间、测试人，系统运行情况是否正常。

（4）测试闭环：发现问题及时处理，无法自主维修及时报修，3 天内未及时处置完毕向上级主管部门报备，并做好记录。

四、岗位巡检要求

（1）日常巡检点位要按照“沿油库直线围墙每100m至少设置1个必巡点，围墙转角处必须设置必巡点”的要求设置，安保人员要落实“看图识路、手指口述”开展岗位巡检，一级防范等级油库每2小时对油库围墙周界进行一次细致的巡查。“两特两重”期间要求适时加密巡检，每天组织对油库外围进行巡检。

（2）巡检人员进入生产区必须佩戴安全帽，配备防爆对讲机、防爆强光手电筒等安保器材。

（3）异常情况处置落实。安保人员巡检时发现生产区或是周界系统存在异常时，要及时记录并向值班干部汇报。发现周界系统报警后，要立即汇报值班干部，安保人员穿戴防刺服、防暴头盔，手持防爆盾牌和防爆钢叉到现场进行异常确认。

（4）安保人员每次巡检完后及时上传巡检数据，油库安保管理人员每日将巡检情况报至上级主管部门，以此进行监督检查。

五、其他要求

（1）安保工作台账配齐。包括人员车辆出入登记表、物资出入库记录、交接班记录、巡检记录、周界安防测试记录、安保组织机构文件、公共安全风险评估报告、“三防”设施台账、安保应急演练记录（每月一次）、门卫安保培训会议记录（每周一次）、门卫人员安全背景审查情况等安保台账，要求台账整齐摆放在门卫室，内容按实际填写，不能出现缺项漏项。

（2）安保制度、平面图配齐。须在保安室设置门卫管理制度、门卫交接班制度、巡逻管理制度、周界防区平面图、视频监控点位图并上墙。如图6-9-4、图6-9-5所示。

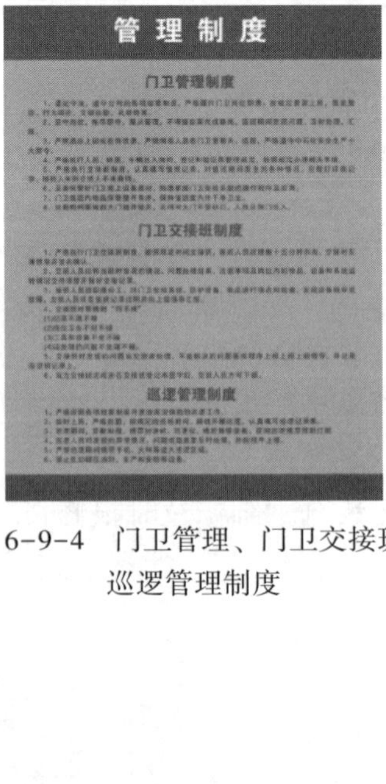

图6-9-4　门卫管理、门卫交接班、巡逻管理制度

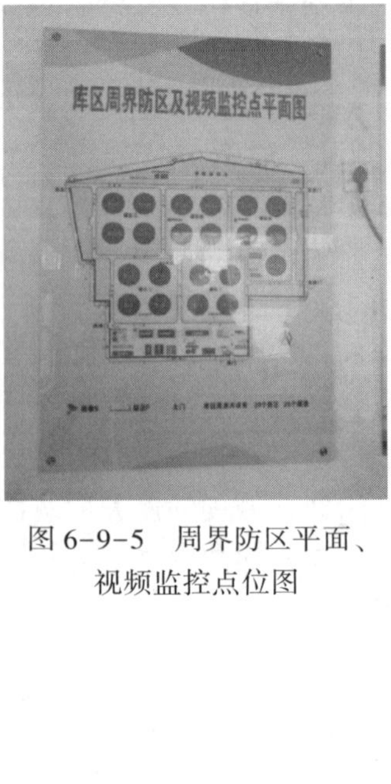

图6-9-5　周界防区平面、视频监控点位图

（3）物防设备设施配齐。包括通信设备（电话）、声光警报器（安装在值班室外侧）、灭火器、手持金属探测仪、防爆对讲机、手电筒、橡胶棒、巡更仪。一级防范等级油库配置防暴器具 2 套（防暴钢叉 1 根、防暴头盔 1 个、防刺背心 1 件、盾牌 1 面、防割手套 1 副等）和防爆毯 1 套，一次性防化口罩；一级防范等级油库配备洗消效果不低于 OPHC2 复合生物酶降解技术的个人手持防化洗消喷剂。如图 6-9-6、图 6-9-7 所示。

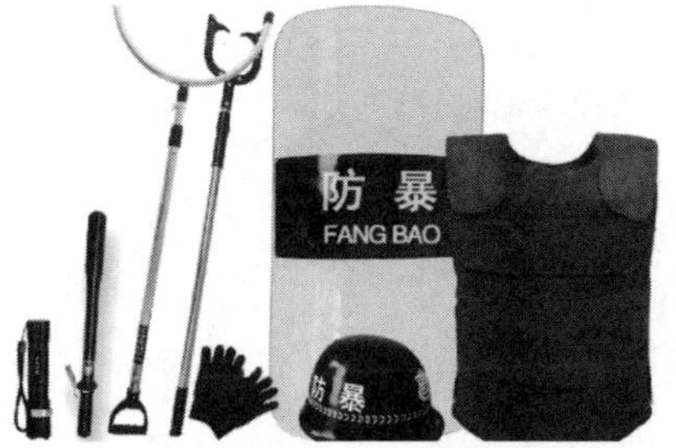

图 6-9-6　防暴装备

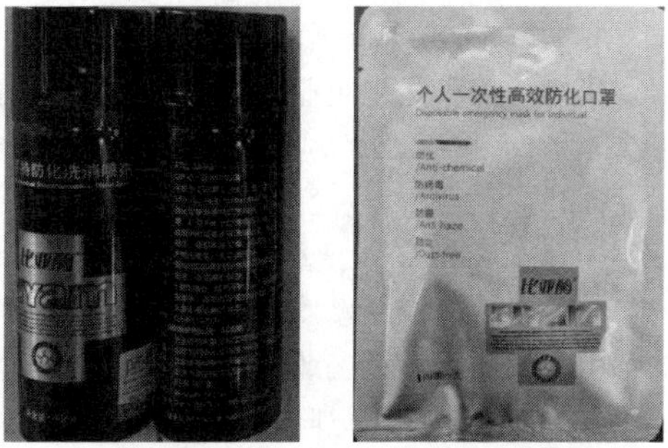

图 6-9-7　洗消喷剂、一次性防化口罩

（4）每周对消防大门开关活动一次，对锁润滑保养，在值班记录上记录相关信息。消防通道非电动门均实行双锁管理，钥匙分开保管。消防大门外安装拒马。同时，保持消防通道畅通。如图 6-9-8 所示。

图 6-9-8　门禁、拒马、路障器

参 考 文 献

[1] GB 50074—2014 石油库设计规范.

[2] GB 50650—2011 石油化工装置防雷设计规范.

[3] GB 50737—2011 石油储备库设计规范.

[4] GB 50052—2009 供配电系统设计规范.

[5] GB 50059—2011 35kV-110kV 变电站设计规范.

[6] GB 50054—2011 低压配电设计规范.

[7] SH 3038 石油化工企业生产装置电力设计技术规范.

[8] GB/T 29639—2020 生产经营单位安全生产事故应急预案编制导则.

[9] GB 18218—2018 危险化学品重大危险源辨识.

[10] HJ 1230—2021 工业企业挥发性有机物泄漏检测与修复工作指南.

[11] GB 37822—2019 挥发性有机物无组织排放控制标准.

[12] GB 12348—2008 工业企业厂界环境噪声排放标准.

[13] GB 18597—2001 危险废物贮存污染控制标准.

[14] GB/T 31962—2015 污水排入城镇下水道水质标准.

[15] LD/T 75—1995 劳动防护用品分类与代码.

[16] GBZ 1—2010 工业企业设计卫生标准.

[17] GBZ 188—2014 职业健康监护技术规范.

[18] 环境保护部令第 34 号：突发环境事件应急管理办法.

[19] HJ 589—2010 突发环境事件应急监测技术规范.

[20] GB/T 18664—2002 呼吸防护用品的选择、使用及维护.

[21] GB 11651—2008 个体防护装备选用规范.

[22] GB 50016—2014 建筑设计防火规范.

[23] 公安部令第 61 号：机关团体、企业、事业单位消防安全管理规定.

[24] GB 25201—2010 建筑消防设施维护管理规定.

[25] DB12/T 916—2019 火灾高危单位消防安全评估导则.

[26] GA 1551—2019 石油石化系统治安反恐防范要求.

[27] 中国航空规划设计研究总院有限公司组编. 工业与民用供配电设计手册[M]. 第 4 版. 北京：中国电力出版社，2016.

[28] 中国石油化工集团有限公司. 石油化工设备维护检修规程电气设备[M]. 北京：中国石化出版社，2019.